21世纪高等学校计算机教育实用规划教材

U0667341

SQL Server
数据库设计与项目实践

梁玉英　江　涛　主　编
林显宁　陈伟莲　赖小平　副主编

清华大学出版社
北京

内 容 简 介

全书围绕"成绩管理系统"这一项目案例,把数据库的理论知识分别贯穿在 10 个任务中,在各个任务中列举了成绩管理系统中的典型案例,介绍了应用 SQL Server 2008 进行数据库系统开发的过程。

任务 1 介绍数据库基础以及 SQL Server 2008 的安装和成绩管理系统在需求分析阶段的知识;任务 2～9 介绍数据库、数据表的创建和维护,表的约束和索引,数据库的查询,视图的应用和管理,存储过程的应用,触发器和游标的应用,数据库的安全性管理,数据的备份和恢复;任务 10 采用 ASP.NET＋SQL Server 2008 实现对学生信息的管理。每个任务后面都有小结和相应的实训。

图书在版编目(CIP)数据

SQL Server 数据库设计与项目实践/梁玉英,江涛主编.--北京:清华大学出版社,2015(2020.9 重印)
(21 世纪高等学校计算机教育实用规划教材)
ISBN 978-7-302-40610-5

Ⅰ.①S… Ⅱ.①梁…②江… Ⅲ.①关系数据库系统 Ⅳ.①TP311.138

中国版本图书馆 CIP 数据核字(2015)第 150467 号

责任编辑:付弘宇　薛　阳
封面设计:常雪影
责任校对:李建庄
责任印制:刘祎淼

出版发行:清华大学出版社
　　　　网　　　址:http://www.tup.com.cn,http://www.wqbook.com
　　　　地　　　址:北京清华大学学研大厦 A 座　　　　　　邮　　编:100084
　　　　社 总 机:010-62770175　　　　　　　　　　　　　邮　　购:010-62786544
　　　　投稿与读者服务:010-62776969,c-service@tup.tsinghua.edu.cn
　　　　质量反馈:010-62772015,zhiliang@tup.tsinghua.edu.cn
　　　　课件下载:http://www.tup.com.cn,010-83470236
印 装 者:三河市龙大印装有限公司
经　　销:全国新华书店
开　　本:185mm×260mm　　印　张:14.75　　　　　　字　　数:367 千字
版　　次:2015 年 9 月第 1 版　　　　　　　　　　　　　印　　次:2020 年 9 月第 6 次印刷
印　　数:4871～5370
定　　价:39.00 元

产品编号:065029-02

出 版 说 明

随着我国高等教育规模的扩大以及产业结构调整的进一步完善,社会对高层次应用型人才的需求将更加迫切。各地高校紧密结合地方经济建设发展需要,科学运用市场调节机制,合理调整和配置教育资源,在改革和改造传统学科专业的基础上,加强工程型和应用型学科专业建设,积极设置主要面向地方支柱产业、高新技术产业、服务业的工程型和应用型学科专业,积极为地方经济建设输送各类应用型人才。各高校加大了使用信息科学等现代科学技术提升、改造传统学科专业的力度,从而实现传统学科专业向工程型和应用型学科专业的发展与转变。在发挥传统学科专业师资力量强、办学经验丰富、教学资源充裕等优势的同时,不断更新教学内容、改革课程体系,使工程型和应用型学科专业教育与经济建设相适应。计算机课程教学在从传统学科向工程型和应用型学科转变中起着至关重要的作用,工程型和应用型学科专业中的计算机课程设置、内容体系和教学手段及方法等也具有不同于传统学科的鲜明特点。

为了配合高校工程型和应用型学科专业的建设和发展,急需出版一批内容新、体系新、方法新、手段新的高水平计算机课程教材。目前,工程型和应用型学科专业计算机课程教材的建设工作仍滞后于教学改革的实践,如现有的计算机教材中有不少内容陈旧(依然用传统专业计算机教材代替工程型和应用型学科专业教材),重理论、轻实践,不能满足新的教学计划、课程设置的需要;一些课程的教材可供选择的品种太少;一些基础课的教材虽然品种较多,但低水平重复严重;有些教材内容庞杂,书越编越厚;专业课教材、教学辅助教材及教学参考书短缺,等等,都不利于学生能力的提高和素质的培养。为此,在教育部相关教学指导委员会专家的指导和建议下,清华大学出版社组织出版本系列教材,以满足工程型和应用型学科专业计算机课程教学的需要。本系列教材在规划过程中体现了如下一些基本原则和特点。

(1) 面向工程型与应用型学科专业,强调计算机在各专业中的应用。教材内容坚持基本理论适度,反映基本理论和原理的综合应用,强调实践和应用环节。

(2) 反映教学需要,促进教学发展。教材规划以新的工程型和应用型专业目录为依据。教材要适应多样化的教学需要,正确把握教学内容和课程体系的改革方向,在选择教材内容和编写体系时注意体现素质教育、创新能力与实践能力的培养,为学生知识、能力、素质协调发展创造条件。

(3) 实施精品战略,突出重点,保证质量。规划教材建设仍然把重点放在公共基础课和专业基础课的教材建设上;特别注意选择并安排一部分原来基础比较好的优秀教材或讲义修订再版,逐步形成精品教材;提倡并鼓励编写体现工程型和应用型专业教学内容和课程体系改革成果的教材。

（4）主张一纲多本，合理配套。基础课和专业基础课教材要配套，同一门课程可以有多本具有不同内容特点的教材。处理好教材统一性与多样化，基本教材与辅助教材，教学参考书，文字教材与软件教材的关系，实现教材系列资源配套。

（5）依靠专家，择优选用。在制订教材规划时要依靠各课程专家在调查研究本课程教材建设现状的基础上提出规划选题。在落实主编人选时，要引入竞争机制，通过申报、评审确定主编。书稿完成后要认真实行审稿程序，确保出书质量。

繁荣教材出版事业，提高教材质量的关键是教师。建立一支高水平的以老带新的教材编写队伍才能保证教材的编写质量和建设力度，希望有志于教材建设的教师能够加入到我们的编写队伍中来。

21 世纪高等学校计算机教育实用规划教材编委会

联系人：魏江江 weijj@tup.tsinghua.edu.cn

前　言

　　数据库技术是计算机学科的一个重要分支,几乎所有软件系统都需要数据库的支持。本课程是计算机专业的主干课程,提供软件和应用开发人员必备的数据库知识。通过课程学习使学生系统地掌握数据库原理,能熟练使用数据库管理系统及其相关工具进行数据库和数据管理,并有设计和开发数据库应用程序的能力。

　　本书安排了 10 个任务,将学生熟悉的"成绩管理系统"的数据库案例融入各任务中,从成绩管理数据库的需求开始到数据库的设计、实现、查询、管理等,循序渐进、深入浅出地介绍数据库的基础知识,基于 SQL Server 2008 介绍数据库的创建、表的操作、索引、视图、数据完整性、SQL Server 函数、存储过程与触发器、SQL Server 的安全管理、SQL Server 编程等内容;将"成绩管理数据库"案例融入各子任务中;配有相应的实训并详细地介绍了 SQL Server 的上机实训操作步骤,以便读者更好地学习和掌握数据库的知识与技能。

　　本书由广东理工学院信息工程系的梁玉英、江涛、林显宁、陈伟莲和赖小平编写,共 10 个任务,其中任务 1、任务 2 由陈伟莲编写,任务 3、任务 4 由梁玉英编写,任务 5、任务 6、任务 9 由林显宁编写,任务 7、任务 8、任务 10 由江涛负责。在本书的编写过程中,广东理工学院李代平教授主审了教材的内容,软件技术教研室主任赖小平老师参与了教材的讨论,提供了许多宝贵意见、建议和教学经验,并负责统稿。在此表示衷心的感谢!

　　本书既可作为高等院校专科、高职高专计算机及相关专业教学使用,也可作为广大计算机爱好者学习数据库技术的参考书。

　　由于编者水平有限,书中难免有不足之处,恳请广大师生读者批评指正。

编　者

2015 年 7 月

目　　录

VII

任务 1　　成绩管理系统的数据库设计

　　数据库是信息系统的核心和基础,数据库设计是指对于一个给定的应用环境,构造最优的数据库模式,建立数据库及其应用系统,使之能够有效地存储数据,满足各种用户的应用需求(信息要求和处理要求),是规划和结构化数据库中的数据对象以及这些数据对象之间关系的过程,是信息系统开发和建设的核心技术。

　　数据库设计是根据用户的需求,在某一具体的数据库管理系统上,设计数据库的结构和建立数据库的过程。因此,开发数据库系统时,需要应用软件工程的原理和方法。此外,开发数据库系统还应当具备计算机科学的基础知识和程序设计技术,同时还应当具备应用领域的知识。

　　按照规范设计的方法,结合软件工程的思想,可将数据库设计分为以下 6 个阶段:需求分析阶段、概念结构设计阶段、逻辑结构设计阶段、物理结构设计阶段、数据库实施阶段、数据库运行和维护阶段。

　　任务 1 主要按照软件工程的思想,详细介绍数据库设计的每个阶段的详细任务及目标。

任务 1.1　数据库的需求分析

任务概述

　　完成简单的成绩管理系统中学生选课的数据库设计。系统用户为学生。系统功能是:学生进入系统可以进行选课和成绩查询。相应数据库设计要求如下:

　　(1) 一个学生可以选修多门课程,一门课程可以被多个学生选修,学生选修课程,有相应的课程成绩。

　　(2) 一个学生属于一个班级,一个班级有多个学生。

　　根据上述要求,用精简的文字描述任务概述中的需求规定。

知识与技能

　　需求分析就是了解并分析用户的需求。设计一个性能良好的数据库系统,明确应用环境对系统的要求是首要的和基本的。因此,应该把对用户需求的收集和分析作为数据库设计的第一步。需求分析的结果是否准确地反映了用户的实际要求,直接影响到后面各个阶段的设计,决定了在这个基础之上构建的数据库开发的速度和完成的质量。如果需求分析做得不好,可能会导致整个数据库设计返工重做,并影响到设计结果是否合理和实用。

1.1.1 需求分析的方法

1. 调查方法

进行需求分析首先是调查清楚用户的实际要求,与用户达成共识,然后分析与表达这些需求。调查、收集用户要求的具体做法是:

(1) 了解学生和课程之间的关系;

(2) 了解学生和班级之间的关系;

(3) 了解学生选修课程之后产生怎样的结果。

2. 需求分析方法

用于需求分析的方法有多种,主要方法有自顶向下和自底向上两种。

自顶向下的分析方法(Structured Analysis,SA)是最简单实用的方法。SA 方法从最上层的系统组织机构入手,采用逐层分解的方式分析系统,如图 1-1 所示。用数据流图(Data Flow Diagram,DFD)和数据字典(Data Dictionary,DD)描述系统。而自底向上的分析方法则分析方向正好相反,如图 1-2 所示。

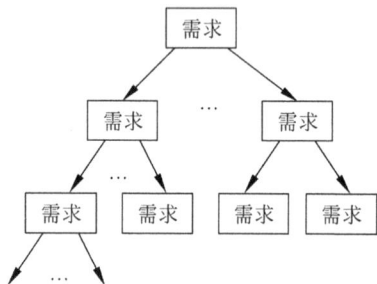

图 1-1　自顶向下分析方法 　　　　图 1-2　自底向上分析方法

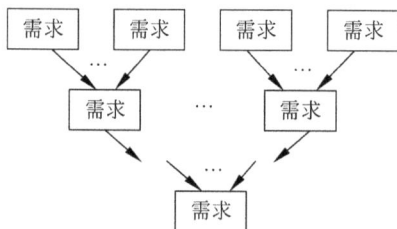

3. 数据流图与数据字典

数据流图(Data Flow Diagram,DFD)采用图形方式来表达系统的逻辑功能,数据在系统内部的逻辑流向与逻辑变换过程,是结构化系统分析方法的主要表达工具及用于表示软件模型的一种图示方法,表达了数据和处理的关系,如图 1-3 和图 1-4 所示。

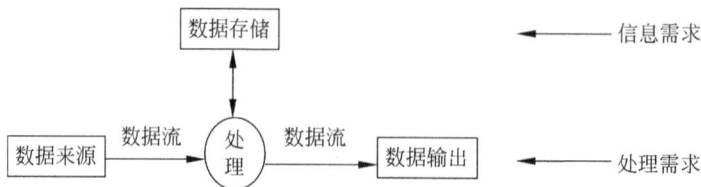

图 1-3　数据流图

数据字典是对系统中数据的详细描述,是各类结构和属性的清单。它与数据流图互为注释。数据字典贯穿于数据库需求分析直到数据库运行的全过程,在不同的阶段其内容和用途各有区别。需求分析阶段通常包含以下 5 部分内容。

1) 数据项

数据项是不可再分的数据单位。对数据项的描述包括若干项。

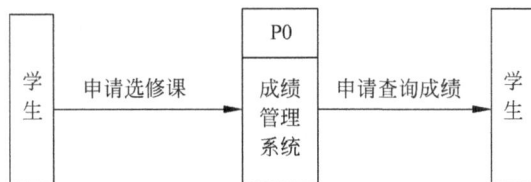

图 1-4　0 层数据流图示例

数据项描述 = {数据项名,含义说明,别名,数据类型,长度,取值范围,取值含义,与其他数据项的逻辑关系}

2）数据结构

数据结构反映了数据之间的组合关系。一个数据结构可以由若干个数据项组成。

数据结构描述 = {数据结构名,含义说明,组成}

3）数据流

数据流可以是数据项,也可以是数据结构,它表示某一处理过程中数据在系统内传输的路径,内容包括数据流名、说明、流出过程、流入过程,这些内容组成数据项或数据结构。

数据流描述 = {数据流名,说明,来源,去向,组成:{数据结构},平均流量,高峰期流量}

4）数据存储

数据存储是数据结构在系统内传输的路径。

5）处理过程

处理过程的具体处理逻辑一般用判定表或判定树来描述。

处理过程描述 = {名字,说明,输入:{数据流},输出:{数据流},处理:{简要说明}}

1.1.2　概念设计

概念设计就是将需求分析得到的用户需求抽象为信息结构,即概念模型。概念模型使设计人员先从用户角度观察数据及处理要求和约束,然后再把概念模型转换成逻辑模型。这样做有以下三个好处:

（1）从逻辑设计中分离出概念设计以后,各阶段的任务相对单一化,设计复杂程度大大降低,便于组织管理。

（2）概念模型不受特定的 DBMS(Database Management System,数据库管理系统)的限制,也独立于存储安排和效率方面的考虑,因而比逻辑模型更为稳定。

（3）概念模型不含具体的 DBMS 所附加的技术细节,更容易为用户所理解,因而更有可能准确反映用户的信息需求。

1. 概念模型的特点

概念模型作为概念设计的表达工具,为数据库提供一个说明性结构,是设计数据库逻辑结构即逻辑模型的基础。因此,概念模型必须具备以下特点:

（1）语义表达能力丰富。概念模型能表达用户的各种需求,充分反映现实世界,包括事物和事物之间的联系、用户对数据的处理需求,它是现实世界的一个真实模型。

（2）易于交流和理解。概念模型是 DBA（Database Administrator，数据库管理员）、应用开发人员和用户之间的主要界面，因此，概念模型要表达自然、直观和容易理解，以便和不熟悉计算机的用户交换意见，用户的积极参与是保证数据库设计成功的关键。

（3）易于修改和扩充。概念模型要能灵活地加以改变，以反映用户需求和现实环境的变化。

（4）易于向各种数据模型转换。概念模型独立于特定的 DBMS，因而更加稳定，能方便地向关系模型、网状模型或层次模型等各种数据模型转换。

人们提出了许多概念模型，其中最著名、最实用的一种是 E-R 模型，它将现实世界的信息结构统一用属性、实体以及它们之间的联系来描述。

2. E-R 图简介

E-R 方法："实体-联系方法"（Entity-Relationship Approach）是描述现实世界概念结构模型的有效方法，是一种用来在数据库设计过程中表示数据库系统结构的方法。用 E-R 方法建立的概念结构模型称为 E-R 模型，或称为 E-R 图。

E-R 图：实体联系图（Entity Relationship）是一种可视化的图形方法，它基于对现实世界的一种认识，即客观现实世界由一组称为实体的基本对象和这些对象之间的联系组成，是一种语义模型，使用图形模型尽力地表达数据的意义。

E-R 图的基本思想就是分别用矩形框、椭圆形框和菱形框表示实体、属性和联系，使用线段将属性与其相应的实体连接起来，并将联系分别和有关实体相连接，同时注明联系类型，如图 1-5 所示。

图 1-5　E-R 图的三种基本元素

3. E-R 图的绘制步骤

（1）首先确定实体类型。

（2）确定联系类型（$1:1$，$1:n$，$m:n$）。

（3）把实体类型和联系类型组合成 E-R 图。

（4）确定实体类型和联系类型的属性。

（5）确定实体类型的键，在 E-R 图中属于键的属性名下画一条横线。

例如：学生成绩系统中有学生、班级和课程三个实体，学号、姓名、性别、出生年月和班级编号等是学生实体的属性，班级编号、班级名称和班级描述是班级实体的属性，课程编号、课程名称、课程类型、课程学分和课程描述是课程实体的属性。

1.1.3　逻辑设计

逻辑结构是独立于任何一种数据模型的信息结构。逻辑结构设计的任务就是把概念结构设计阶段设计好的基本 E-R 图转换为与选用 DBMS 产品所支持的数据模型相符合的逻辑结构。

从理论上讲，设计逻辑结构应选择最适于相应概念结构的数据模型，然后对支持这种数据模型的各种 DBMS 进行比较,从中选出最合适的 DBMS。目前的 DBMS 产品一般支持关系、网状、层次三种模型中的某一种,所以设计逻辑结构时一般要分以下三步进行:

(1) 将概念结构转换为一般的关系、网状、层次模型;

(2) 将转换来的关系、网状、层次模型向特定 DBMS 支持下的数据模型转换;

(3) 对数据模型进行优化。

这里只介绍 E-R 图向关系数据模型的转换原则与方法。

E-R 图向关系模型的转换主要是如何将实体和实体间的联系转换为关系模式,如何确定这些关系模式的属性和码。

关系模型的逻辑结构是一组关系模式的集合。E-R 图则是由实体、实体的属性和实体之间的联系三个要素组成的。所以将 E-R 图转换为关系模型实际上就是要将实体、实体的属性和实体之间的联系转换为关系模式,这种转换一般遵循如下原则:

(1) 一个实体型转换为一个关系模式。实体的属性就是关系的属性,实体的码就是关系的码。

(2) 一个 1∶1 联系可以转换为一个独立的关系模式,也可以与任意一端对应的关系模式合并。如果转换为一个独立的关系模式,则与该联系相连的各实体的码以及联系本身的属性均转换为关系的属性,每个实体的码均是该关系的候选码。如果与某一端实体对应的关系模式合并,则需要在该关系模式的属性中加入另一个关系模式的码和联系本身的属性。

(3) 一个 1∶n 联系可以转换为一个独立的关系模式,也可以与 n 端对应的关系模式合并。如果转换为一个独立的关系模式,则与该联系相连的各实体的码以及联系本身的属性均转换为关系的属性,而关系的码为 n 端实体的码。

(4) 一个 m∶n 联系可以转换为一个关系模式。与该联系相连的各实体的码以及联系本身的属性均转换为关系的属性,而关系的码为各实体码的组合。

(5) 三个或三个以上实体间的一个多元联系可以转换为一个关系模式。与该多元联系相连的各实体的码以及联系本身的属性均转换为关系的属性,而关系的码为各实体码的组合。

(6) 具有相同码的关系模式可以合并。

1.1.4　关系模型术语

关系模式(Relational Schema):它由一个关系名以及它所有的属性名构成。它对应二维表的表头,是二维表的构成框架(逻辑结构)。其格式为:

关系名(属性名 1,属性名 2,…,属性名 n)

在 SQL Server 中对应的表结构为:

表名(字段名 1,字段名 2,…,字段名 n)

关系(Relation):表示多个实体之间的相互关联,每一张表称为该关系模式的一个具体关系。它包括:关系名,表的结构和表的数据(元组)。

联系集(Relationship Set):实体集之间的联系。

二元联系集(Dual Entities):两个实体集之间的联系集。

实体集(Entity Set)：性质相同的同类实体的集合，称为实体集。

元组(Tuple)：二维表的一行称为关系的一个元组，对应一个实体的数据。

属性(Attributes)：二维表中的每一列称为关系的一个属性。

域(Domain)：属性所对应的取值变化范围叫属性的域。

实体标识符(Identifier)：能唯一标识实体的属性或属性集，称为实体标识符。有时也称为关键码(Key)，或简称为键。

主键(Primary Key)：能唯一标识关系中不同元组的属性或属性组称为该关系的候选关键字。被选用的候选关键字称为主关键字。

外键(Foreign Key)：如果关系 R 的某一(些)属性 A 不是 R 的关键字，而是另一关系 S 的关键字，则称 A 为 R 的外来关键字。

候选键：一个属性集能唯一标识一个元组，且又不含有多余的属性。

1.1.5 关系特点

一个关系具有如下特点：

(1) 关系必须规范化，分量必须取原子值。

(2) 不同的列允许出自同一个域。

(3) 列的顺序无所谓。

(4) 任意两个元组不能完全相同。

(5) 行的顺序无所谓。

实际关系模型如图 1-6 所示。

任务实施

【例 1.1】 用精简的文字描述任务概述中的需求分析。

【需求分析】

- 选课系统有三个实体：班级、学生和课程。
- 学生的属性有学号、姓名、性别、出生年月和班级编号。课程的属性有课程编号、课程名称、课程类型、课程学分和课程描述。班级的属性有班级编号、班级名称和班级描述。一个学生可以选修多门课程，一门课程可以被多个学生选修，学生选修后，产生成绩属性，一个班有多个学生，一个学生属于一个班。

【例 1.2】 根据例 1.1 需求分析得出各实体 E-R 图以及各实体联系的 E-R 图，如图 1-7～图 1-12 所示。

【例 1.3】 将例 1.2 中的 E-R 图转换为关系模式，有下划线者表示是主键。

关系模式如下：

学生(学号,姓名,性别,出生年月,班级编号)

班级(班级编号,班级名称,班级描述)

课程(课程编号,课程名称,课程类型,课程学分,课程描述)

属于(学号,班级编号)

选修(学号,课程编号,成绩)

学生表

班级表

图 1-6 实际关系模型

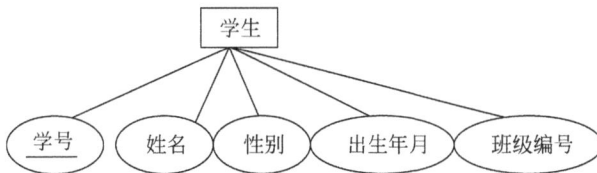

图 1-7 学生 E-R 图

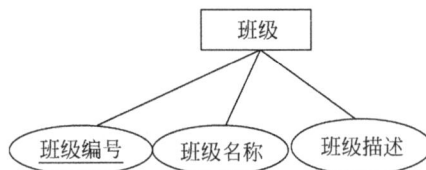

图 1-8 班级 E-R 图

成绩管理系统的数据库设计

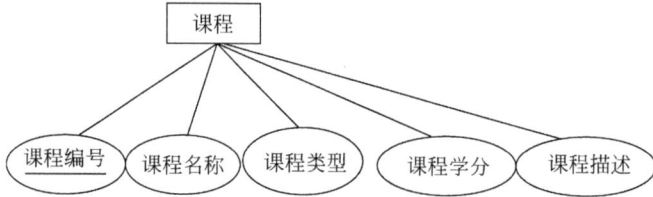

图 1-9　课程 E-R 图

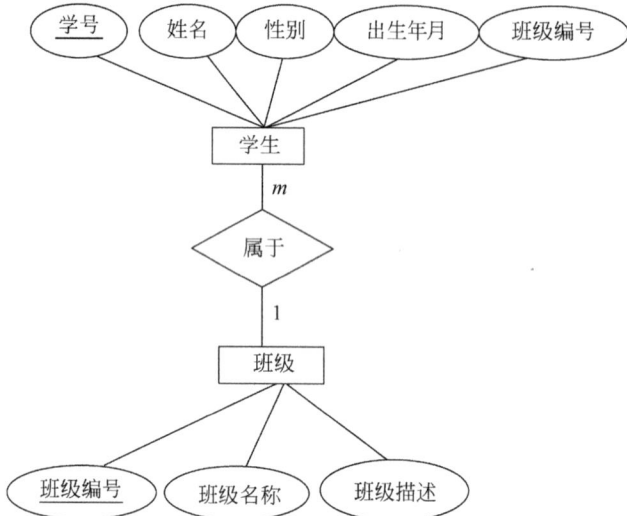

图 1-10　学生班级局部 E-R 图

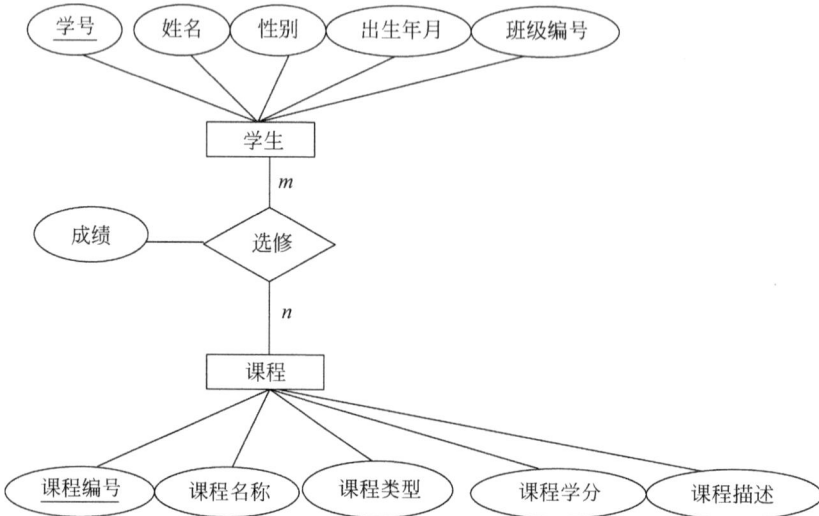

图 1-11　学生课程局部 E-R 图

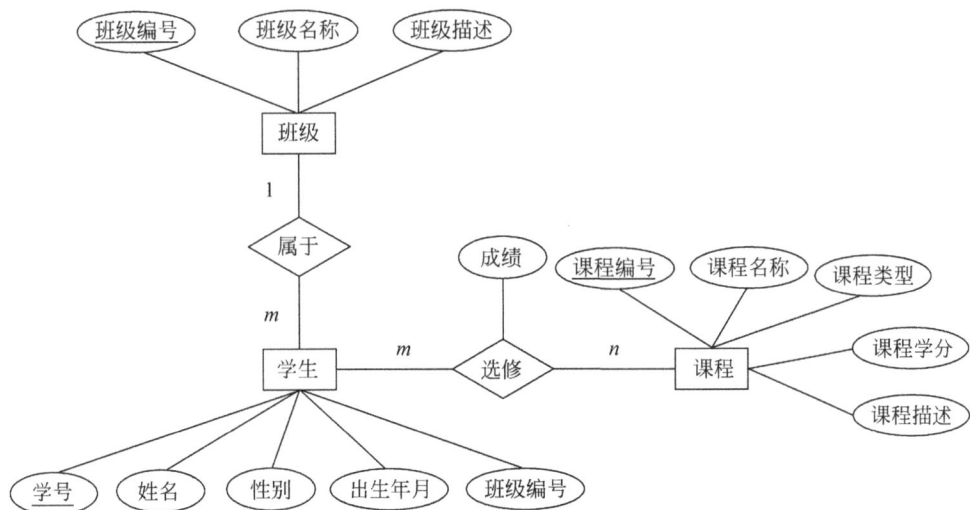

图 1-12 学生、班级、课程联系 E-R 图

任务 1.2   数据库设计规范

任务概述

解决成绩管理系统的数据库冗余和数据异常问题。

知识与技能

1.2.1   规范化问题的提出

要设计一个结构良好的关系数据库系统,关键在于对关系数据库模式的设计。那么一个好的关系数据库模型应该包括多少关系模式?每一个关系模式又应该包括哪些属性?如何将这些相互关联的关系模式组建成一个合适的关系模型?这些问题必须在关系数据库规范化理论的指导下逐步解决。因为在数据管理中,数据冗余一直是影响系统性能的大问题。

数据冗余是指同一个数据在系统中多次出现。

关系数据库规范化理论主要包括以下三方面的内容:

(1) 函数依赖;

(2) 范式;

(3) 模式设计。

1.2.2   数据依赖

在数据库中,数据之间存在着密切的联系。在数据库技术中,把数据之间存在的联系称为数据依赖,也就是说,数据依赖是关系模式中的各属性之间相互依赖、相互制约的联系。

数据依赖中最重要的是函数依赖（Functional Dependency，FD）和多值依赖（Multivalued Dependency，MVD）。在数据库规范化设计中，数据依赖起着关键的作用。其中，函数依赖是最基本的一种依赖。

1. 函数依赖的定义

例如，有以下联系：

（1）每个学生只有一个姓名；

（2）每门课程只有一个任课教师；

（3）每个学生学一门课程只有一个成绩。

以上这些联系，称为函数依赖。

定义设有关系模式 $R(U)$，X 和 Y 是属性集 U 的子集，函数依赖是形为 $X \to Y$ 的一个命题，只要 r 是 R 的当前关系，对 r 中任意两个元组 t 和 s，都有 $t[X] = s[X]$ 蕴涵 $t[Y] = s[Y]$，那么 FD $X \to Y$ 在关系模式 $R(U)$ 中成立，即有一个 X 值就只有一个 Y 值与之对应。

$t[X]$：元组在属性集上的值。

$X \to Y$：读作 X 函数决定 Y。

【例 1.4】 在一个关于学生选课、教师任课的关系模式

$R(\text{StudNo}, \text{StudName}, \text{CourseID}, \text{StudScore}, \text{CourseName}, \text{TeachName}, \text{TeaAge})$中：

属性分别表示学生学号、学生姓名、选修课程编号、学生成绩、选修课程名称、任课教师姓名和任课教师年龄等意义。

（1）如果规定，每个学号只能有一个学生姓名，每个课程编号只能决定一门课程，那么可写成下列 FD 形式：$\text{StudNo} \to \text{StudName}$，$\text{CourseID} \to \text{CourseName}$。

（2）每个学生每学一门课程，有一个成绩，那么可写 FD：$(\text{StudNo}, \text{CourseID}) \to \text{StudScore}$。

大家想想还可以写出哪些 FD。

2. FD 和关键码的联系

【例 1.5】 学生选课、教师任课的关系模式

$R(\text{StudNo}, \text{StudName}, \text{CourseID}, \text{Studscore}, \text{CourseName}, \text{TeachName}, \text{TeaAge})$中，如果规定：

（1）每个学生每学一门课程只有一个成绩；

（2）每个学生只有一个姓名；

（3）每个课程号只有一个课程名；

（4）每个课程只有一个任课教师。

根据这些规则，可以知道 $(\text{StudNo}, \text{CourseID})$ 能决定 R 的全部属性，这是一个候选键。虽然 $(\text{StudNo}, \text{StudName}, \text{CourseID}, \text{CourseName})$ 也能决定 R 的全部属性，但它只是一个主键，而不是候选键，因为其中含有多余的属性。

3. 函数依赖的性质

函数依赖有如下基本性质：

（1）投影性：一组属性函数决定它的所有子集。

（2）扩张性：若 $X{\rightarrow}Y$ 且 $W{\rightarrow}Z$，则 $(X,W){\rightarrow}(Y,Z)$。

（3）合并性：若 $X{\rightarrow}Y$ 且 $X{\rightarrow}Z$，则 $X{\rightarrow}(Y,Z)$。

（4）分解性：若 $X{\rightarrow}(Y,Z)$，则 $X{\rightarrow}Y$ 且 $X{\rightarrow}Z$。

1.2.3 范式理论

规范化的基本思想是消除关系模式中的数据冗余，消除数据依赖中不合适的部分，解决数据插入、数据删除时发生的异常现象。

数据库设计过程中必须遵循一定的规则。在关系数据库中，这种规则称为范式。范式是符合某一级别关系模式的集合。关系数据库中的关系必须满足一定的要求，即满足不同的范式。在关系数据库原理中规定了以下几种范式：第一范式（1NF）、第二范式（2NF）、第三范式（3NF）、Boyce-Codd 范式（BCNF）、第四范式（4NF）、第五范式（5NF）和第六范式（6NF）。在 1NF 的基础上进一步满足更多要求的称为 2NF，其余范式以此类推。一般来说，数据库设计时，只需满足 3NF 或 BCNF 就行了。

第一范式的定义：如果关系模式 R 的每一个关系 r 的属性值都是不可分的原子值，那么称 R 是 1NF 的模式，记作 $R{\in}1NF$。在进行关系数据库设计时，至少要符合 1NF 的要求。

第二范式的定义：如果关系模式 R 是 1NF，且每个非主属性完全函数依赖于候选键，那么 R 是 2NF 的模式。如果数据库模式中每个关系模式都是 2NF，则称数据库模式为 2NF 的数据库模式。

第三范式的定义：设 F 是关系模式 R 的 FD 集，如果对 F 中每一个非平凡的 FD $X{\rightarrow}Y$，都有 X 是 R 的超键，或者 Y 的每个属性都是主属性，那么称 R 是 3NF 的模式。

BCNF 范式：如果关系模式 R 是 1NF，且每个属性都不传递依赖于 R 的候选键，那么称 R 是 BCNF 的模式。如果数据库模式中每个关系模式都是 BCNF，则称其为 BCNF 的数据库模式。

关系模式规范化就是对原关系进行投影，消除决定属性不是候选键的任何函数依赖。具体可以分为以下几个步骤：

（1）对 1NF 关系进行投影，消除原关系中非主属性对键的部分函数依赖，将 1NF 关系转换成若干个 2NF 关系。

（2）对 2NF 关系进行投影，消除原关系中非主属性对键的传递函数依赖，将 2NF 关系转换成若干个 3NF 关系。

（3）对 3NF 关系进行投影，消除原关系中主属性对键的部分函数依赖和传递函数依赖，也就是说，使决定因素都包含一个候选键，得到一组 BCNF 关系。

任务实施

【例 1.6】 设有一个关系模式 StudScoreInfo(StudNo,CourseID,CourseName,TName)，其属性分别表示学生学号、选修课程的课程编号、选修课程的课程名称、任课教师姓名，如表 1-1 所示。

试分析该关系模式 StudScoreInfo 设计是否合理，从而清楚数据库设计规范化的重要性。

表 1-1　关系模式 StudScoreInfo

StudNo	CourseID	CourseName	TName
121130251211	C001	网页设计	zhuang
121130251212	C001	网页设计	zhuang
121130251213	C001	网页设计	zhuang
121130251213	C002	数据结构	li
121130251212	C002	数据结构	li
121130251214	C004	大学英语	chen

从表 1-1 可知：

（1）C001 课有三个学生选修，那么课程名（CourseName）"网页设计"和教师名（TName）zhuang 就会重复出现三次，这样就会产生数据冗余问题。

（2）C001 课程的任课教师改为 liu，则三个元组的教师姓名都要进行修改。若其中有一个没有修改，就会造成这门课的任课教师不唯一，产生不一致现象，这样就会导致修改异常。

（3）安排一门新课程（C007，网络基础，zhou），在尚无学生选修时，要把这门课程的数据值插入到关系中去，在属性 StudNo 上就会出现空值，这样就会导致插入异常。

（4）要删除学生 121130251214 的选课元组，那么就要把课程 C004 和任课教师都要删除，这也是一种不合适的现象，这样就会导致删除异常。

表 1-2 是符合 1NF 的学生信息表，每一个学生都占学生信息表的一行，且在该表中只出现一次。

表 1-2　符合 1NF 的学生表

学　　号	姓　　名	班级编号
121130250101	黄　迪	1211302501
121130250102	刘清平	1211302501
121130250103	陈伟昌	1211302501

第二范式（2NF）是在第一范式的基础上建立起来的，即满足第二范式必须先满足第一范式。第二范式要求数据库表中的每个实例或行必须能被唯一地区分。在第二范式中，要求实体的属性完全依赖于主关键字。简单地说，第二范式就是属性完全依赖于主键。

学生选课系统中，学生和课程之间存在"选修"关系，假定选修关系为（学号、课程编号、成绩），表 1-3 是符合 2NF 的学生、班级关系表。

表 1-3　符合 2NF 的学生表

（a）

StudNo	StudName
121130250101	黄　迪
121130250102	刘清平
121130250103	陈伟昌

（b）

CourseID	CourseName
A001	SQL
A002	JAVA
A003	计算机基础

（c）

StudNo	CourseID	StudScore
121130250101	A001	100.0
121130250102	A002	50.0
121130250103	A002	90.0

第三范式（3NF）是在第二范式的基础上建立起来的，即满足第三范式必须先满足第二范式。第三范式要求关系表中不存在非关键字对任一候选关键字的传递函数依赖。传递函数依赖，指的是如果存在 $A \rightarrow B \rightarrow C$ 的决定关系，则 C 传递函数依赖于 A。也就是说，第三范式要求关系表不包含其他表中已包含的非主键字段信息。

小　　结

数据需求分析阶段是一个重要而困难的阶段，设计人员应在用户的参与下，积极详细地了解用户的需求，为后续阶段奠定良好的基础。

本次任务介绍了成绩管理系统的 E-R 方法和规范化分析方法等。

动　手　实　践

实训目的

（1）了解需求分析。

（2）了解数据库的概念设计、逻辑设计。

（3）了解数据库设计的几个范式。

实训内容

（1）某商业集团的销售管理系统的数据库中有以下三个实体。

一是"商店"实体，属性有商店编号、名称、地址等；

二是"商品"实体，属性有商品编号、名称、规格、单价等；

三是"职工"实体，属性有职工编号、姓名、性别、业绩等。

商店与商品间存在"销售"联系，每个商店可销售多种商品，每种商品也可放在多个商店销售，商店销售商品有月销售量；

商店与职工间存在"聘用"联系，每个商店可聘用多个职工，每个职工只能在一个商店工

13

任务 1

成绩管理系统的数据库设计

作,商店聘用职工有聘期和月薪。

① 试画出 E-R 图,并在图上注明属性和联系的类型。

② 将 E-R 图转换成关系模式,并注明主键。

(2) 某简单的教学管理系统有以下三个实体:

① 学生　属性有学号、姓名、专业、班级等。

② 教师　属性有编号、姓名、授课班级、所属院系等。

③ 课程　属性有编号、名称等。

学生和课程间存在"选修"联系,一个学生可选修多门课程,而一门课程又可有多个学生选修;选修课程有学分、成绩。教师和课程之间存在"讲授"联系,一个教师至多可讲授三门课程,一门课程至多只有一个教师讲授,讲授有周课时的要求。

① 请画出该教学管理系统的 E-R 图,并在图上标出实体标识符、属性和联系的类型。

② 将 E-R 图转换成关系模式,并注明主键。

(3) 根据以下【需求分析】,完成【概念模式设计】和【逻辑结构设计】。

【需求分析】

某医院病房的管理如下:

有若干科室,一个科室有多个病房,多个医生,一个病房只能属于一个科室;一个病人可以由多个医生治疗,但主管医生只有一个;一个医生只属于一个科室,可负责多个病人的诊治。

科室属性有科室名、科地址、科电话。

病房属性有病房号、床位号。

医生属性有工作证号、姓名、职称、年龄。

病人属性有病历号、姓名、性别、出生日期。

【概念模式设计】

根据需求阶段收集的信息,设计实体联系图(E-R 图),并在图上注明联系类型。

【逻辑结构设计】

根据概念模式设计阶段完成的实体联系图,得出其关系模式(注明主键和外键)。

(4) 阅读下列说明,完成【概念模式设计】和【逻辑结构设计】。

【说明】某服装销售公司拟开发一套服装采购管理系统,以便对服装采购和库存进行管理。

【需求分析】

① 采购系统需要维护服装信息及服装在仓库中的存放情况,服装信息主要包括服装编码、描述、类型、销售价格、尺码和面料,其中,服装类型为销售分类,服装按销售分类编码。仓库信息包括仓库编码、位置、容量和管理员。系统记录库管员的库管员编码、姓名和级别。一个库管员可以管理多个仓库,每个仓库有一名管理员。一个仓库中可以存放多类服装,一类服装可能存放在多个仓库中。

② 当库管员发现一类或多类服装缺货时,需要生成采购订单。一个采购订单可以包含多类服装。每类服装可由多个不同的供应商供应,但具有相同的服装编码。采购订单主要记录订单编码、订货日期和应到货日期,并详细记录采购的每类服装的数量、采购价格和对应的多个供应商。

③ 系统需要记录每类服装的各个供应商信息和供应情况。供应商信息包括：供应商编码、名称、地址、企业法人和联系电话。供应情况记录供应商所供应服装的服装类型和服装质量等级。一个供应商可以供应多类服装，一类服装可由多个供应商供应。库管员根据入库时的服装质量情况，设定或修改每个供应商所供应的每类服装和服装质量等级，作为后续采购服装时，选择供应商的参考标准。

【概念模式设计】

根据需求阶段收集的信息，设计的实体联系图（不完整），请补充完整。

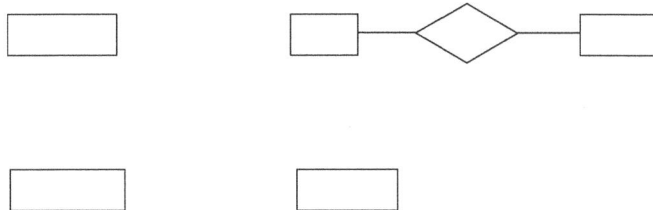

【逻辑结构设计】

根据概念设计阶段完成的实体联系图，得出其关系模式。

成绩管理系统的数据库设计

任务 2 成绩管理系统数据库的创建与维护

任务 2.1　SQL Server 2008 数据库管理系统

任务概述

在 32 位或 64 位操作系统中安装 SQL Server 2008。安装完成后使用 SQL Server 配置管理器启动服务。然后在 SQL Server Management Studio 环境中进行创建"成绩管理系统"数据库和维护"成绩管理系统"数据库的操作以及分离"成绩管理系统"数据库和附加"成绩管理系统"数据库的操作。

知识与技能

SQL Server 是一个关系数据库管理系统，SQL Server 2008 是一个重要的产品版本，SQL Server 2008 在 Microsoft 的数据平台上发布，可以将结构化、半结构化和非结构化文档的数据（如图像和音乐）直接存储到数据库中。SQL Server 2008 提供一系列丰富的集成服务，可以对数据进行查询、搜索、同步、报告和分析等操作。数据可以通过 Microsoft.NET 和 Visual Studio 开发的自定义应用程序来使用，也可以通过普通的工具（如 Microsoft Office 2007 系统）直接访问。SQL Server 2008 提供一个可信的、高效率的智能数据平台，保证关键任务应用程序的安全性、可靠性和可扩展性，降低开发和管理数据基础设施的时间和成本，并在需要时发送观察信息。

2.1.1　SQL Server 2008 的概述

SQL Server 2008 是 Microsoft 公司 2008 年推出的一个 SQL Server 关系数据库管理系统。SQL Server 2008 数据库管理系统平台有以下特点。

（1）可信任性：使公司可以以很高的安全性、可靠性和可扩展性来运行他们最关键任务的应用程序。

（2）高效性：使公司可以降低开发和管理他们的数据基础设施的时间和成本。

（3）智能性：提供了一个全面的平台，可以在用户需要的时候给他发送观察信息。

2.1.2　SQL Server 2008 版本简介

SQL Server 2008 是微软应用平台中的一个关键组成部分，微软应用平台旨在帮助客户建立、运行和管理动态的业务应用。SQL Server 2008 提供以下几个版本。

（1）企业版：企业版是一个全面的数据管理和商业智能平台，提供企业级的可扩展性、数据库和安全性，以及先进的分析和报表支持，从而运行关键业务应用。

（2）标准版：标准版是一个完整的数据管理和商业智能平台，提供业界最好的易用性和可管理性以运行部门级应用。

（3）工作组版：工作组版是一个可信赖的数据管理和报表平台，为各分支应用程序提供安全性、远程同步能力和管理能力。

（4）网络版：网络版是为运行于 Windows 服务器上的高可用性、面向互联网的网络环境而设计的。

（5）开发版：开发版使开发人员能够用 SQL Server 建立和测试任何类型的应用程序。在此版本上开发的应用程序和数据库可以更容易地升级到 SQL Server 2008 企业版。

（6）学习版：学习版是 SQL Server 的一个免费版本，提供核心数据库功能，包括 SQL Server 2008 所有新的数据类型。此版本旨在提供学习和创建桌面应用程序和小型服务器应用程序。

（7）移动版 3.5：移动版是为开发者设计的一个免费的嵌入式数据库，旨在为移动设备、桌面和网络客户端创建一个独立运行并适时联网的应用程序。

任务实施

2.1.3 SQL Server 2008 的安装

【操作步骤】

（1）双击 SQL Server 2008 安装软件的 setup.exe 文件进行安装。

（2）如果出现 Microsoft .NET Frameword 2.0 版安装对话框，则选中相应的复选框以接受 AnalysisServices 许可协议，单击"下一步"按钮。

（3）因 Windows Installer 4.5 是必需的，如果操作系统没有安装，可以由安装向导进行安装。如果系统提示您重新启动计算机，则重新启动计算机后再双击 SQL Server 2008 setup.exe 文件进行安装。

（4）必备组件安装完成后，自动进入"SQL Server 安装中心"，如图 2-1 所示。

（5）在图 2-1 所示的操作界面中单击"安装"按钮，出现如图 2-2 所示的界面。

（6）在图 2-2 所示的操作界面中单击"全新安装或向现有安装添加功能"选项，安装向导将进行"安装程序支持规则"检查，如图 2-3 所示。单击"显示详细信息"按钮，出现如图 2-4 所示的"安装程序支持"规则界面。

（7）在图 2-4 所示的安装程序支持规则检查通过后，单击"确定"按钮，进入如图 2-5 所示的"产品密钥"操作界面，单击"输入产品密钥"单选按钮，输入产品密钥。

（8）在图 2-5 所示操作界面中单击"下一步"按钮，进入如图 2-6 所示的"许可条款"操作界面，选中"我接受许可条款"复选框，单击"下一步"按钮。

（9）安装向导进入"安装程序支持文件"操作界面，系统配置检查器将在安装继续之前检验计算机的系统状态。若要安装必备组件，单击"安装"按钮，如图 2-7 所示。安装完成后弹出如图 2-8 所示的"功能选择"操作界面。

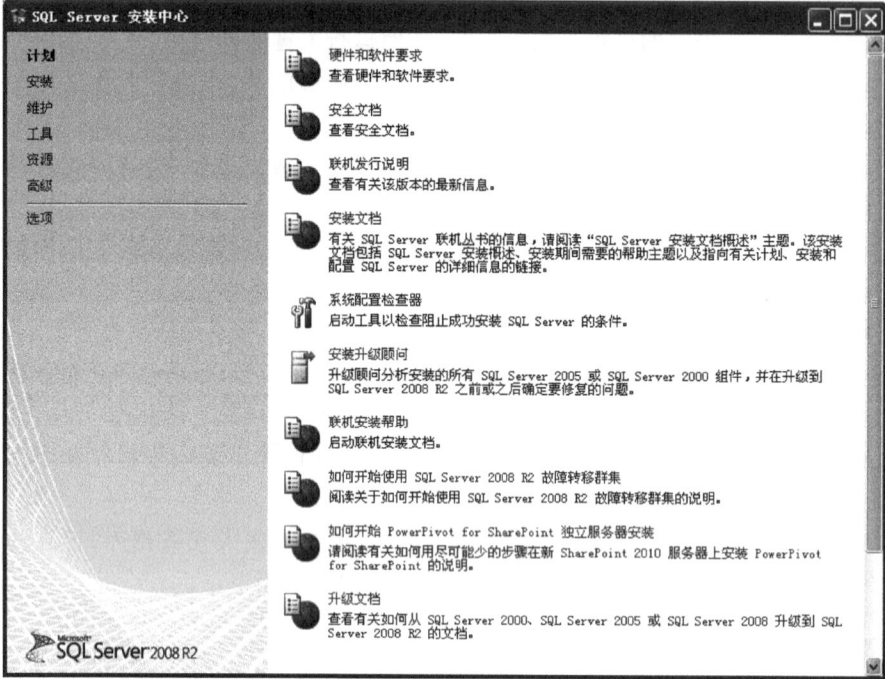

图 2-1 SQL Server 安装中心

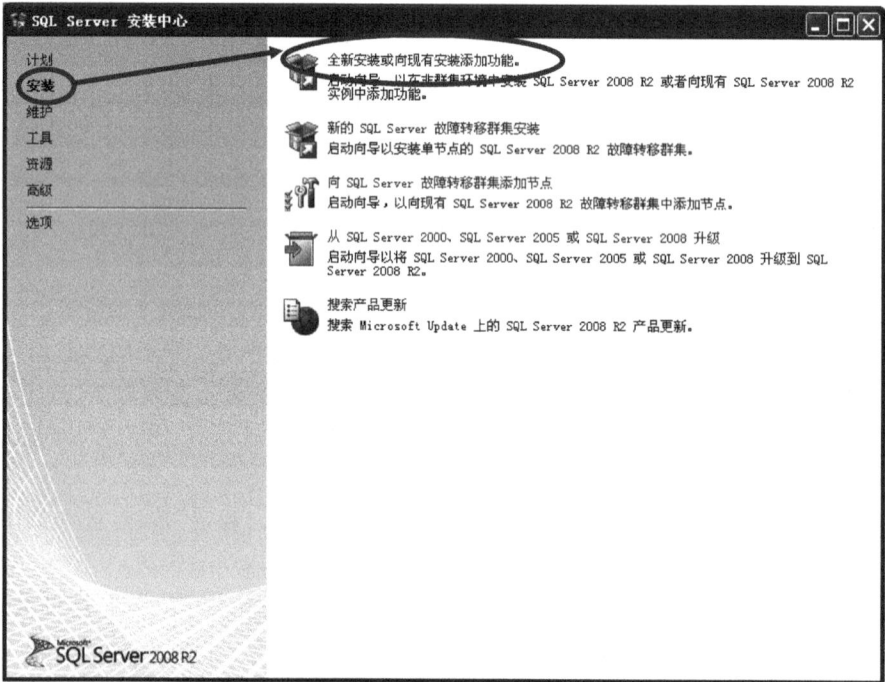

图 2-2 SQL Server 安装选择界面

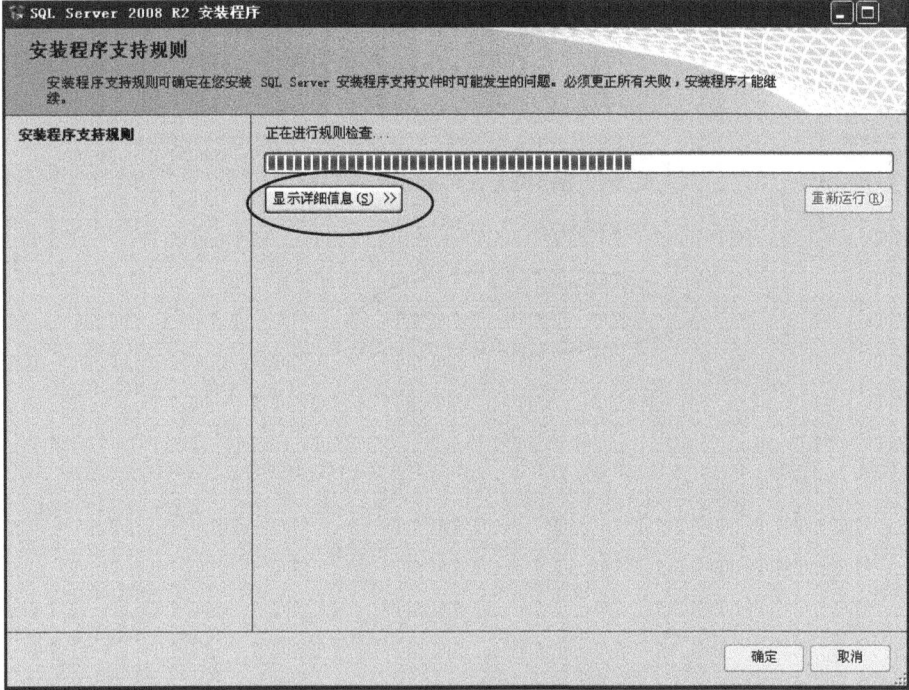

图 2-3　SQL Server 安装程序支持规则检查

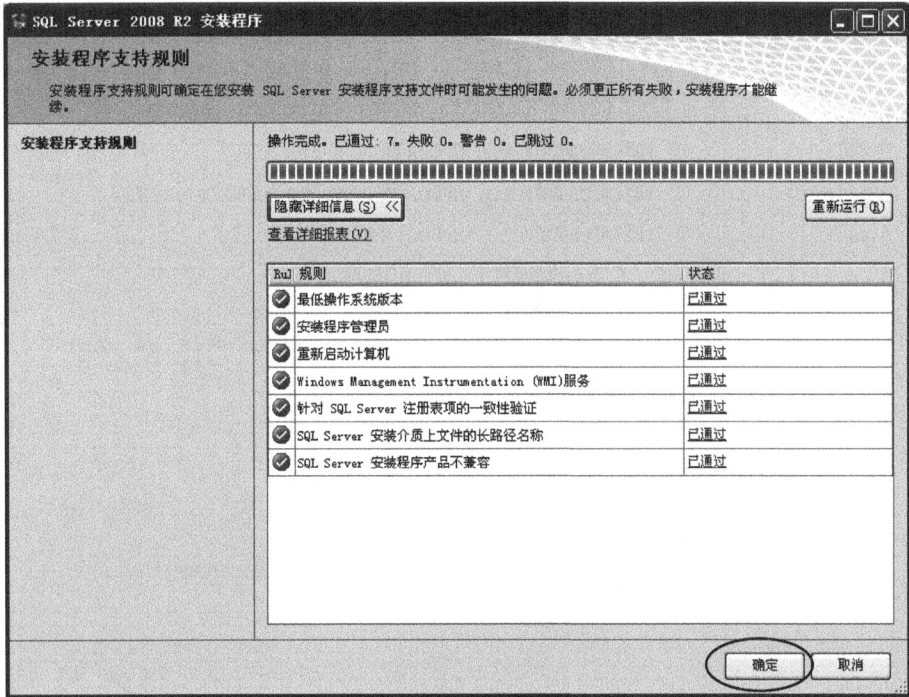

图 2-4　"安装程序支持规则"界面

成绩管理系统数据库的创建与维护

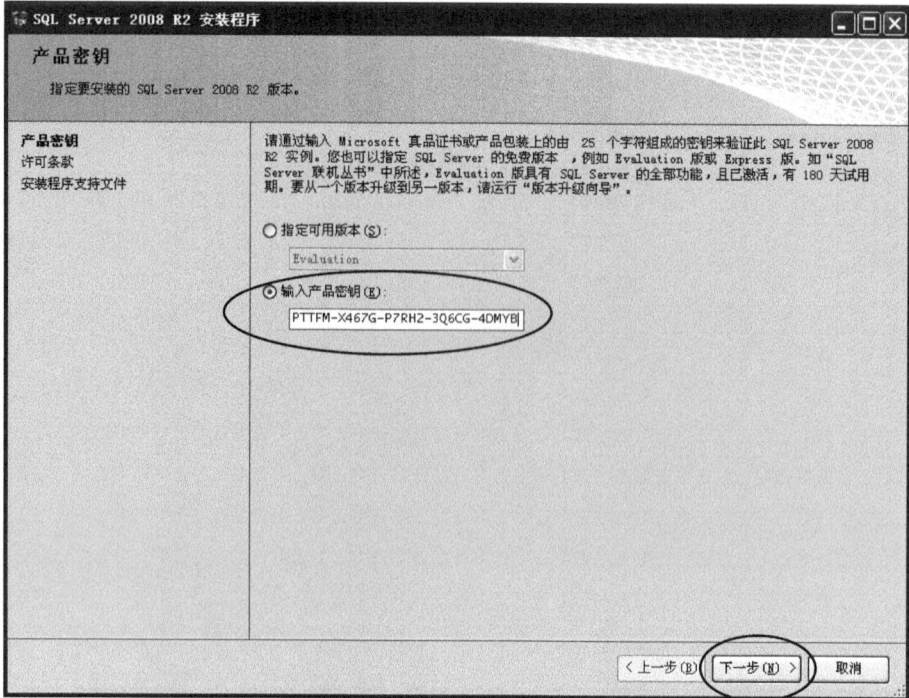

图 2-5　输入产品密钥

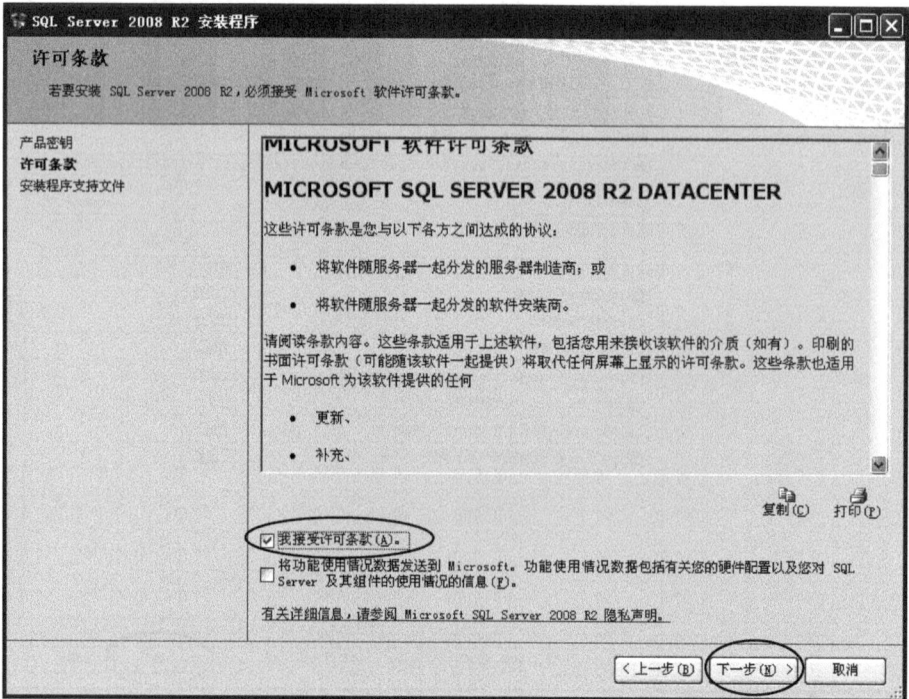

图 2-6　接受许可条款

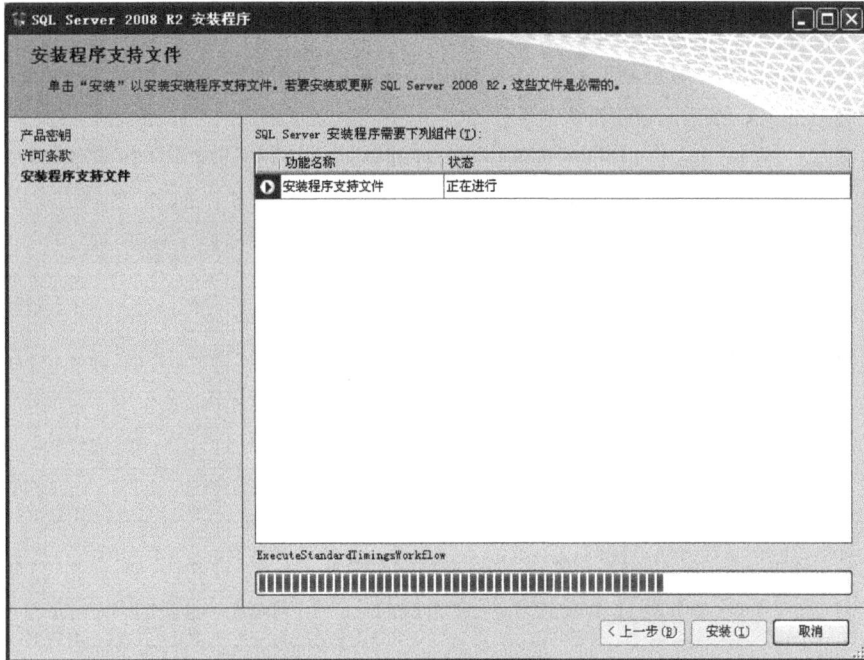

图 2-7 安装程序支持文件检查

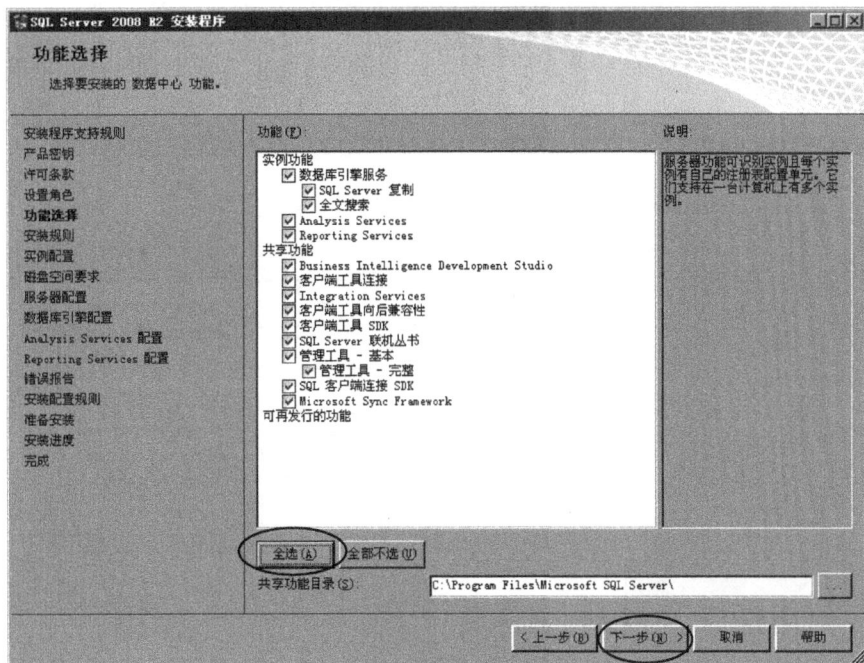

图 2-8 功能选择

（10）在"功能选择"操作界面中选择要安装的组件。如图 2-8 所示,单击"全选"按钮,然后单击"下一步"按钮,弹出如图 2-9 所示的"安装规则"界面。

成绩管理系统数据库的创建与维护

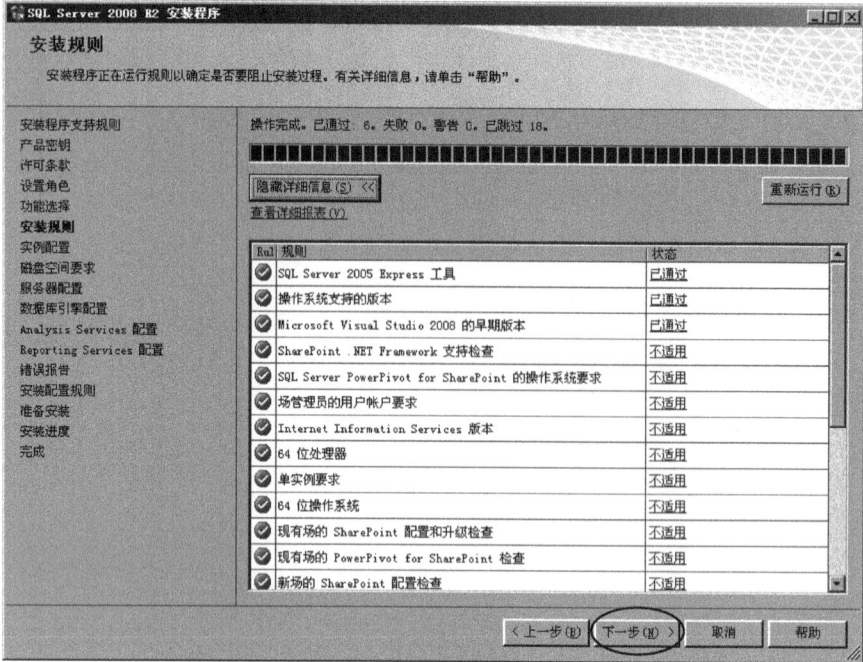

图 2-9 "安装规则"界面

(11) 在"安装规则"操作界面中单击"下一步"按钮进入"实例配置"界面,这里单击"命名实例"单选按钮,输入实例名为 MYSQLSERVER2008,其中实例根目录使用默认根目录,如图 2-10 所示。

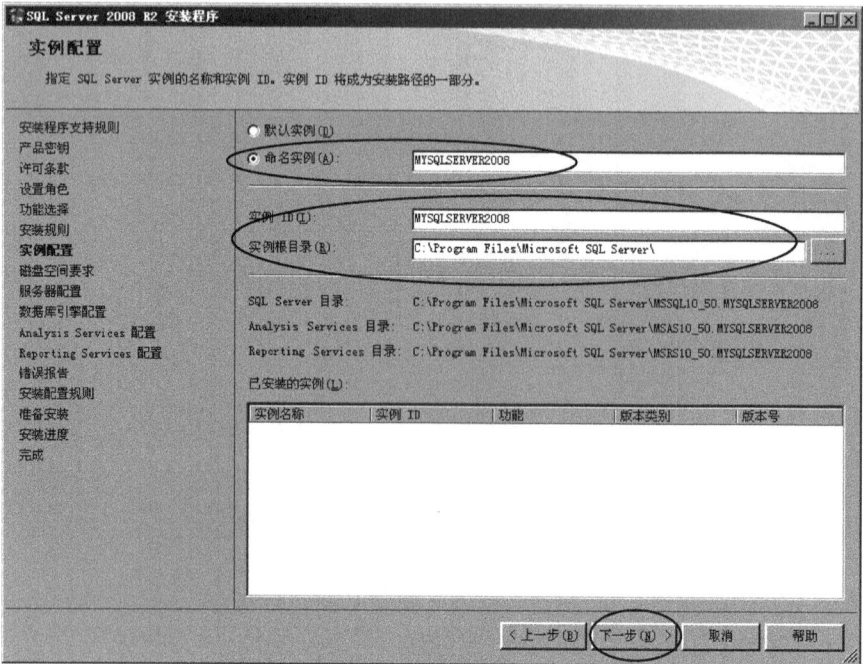

图 2-10 "实例配置"界面

（12）在图 2-10 操作界面中单击"下一步"按钮，弹出"磁盘空间要求"界面，计算机指定功能所需的磁盘空间，如图 2-11 所示。

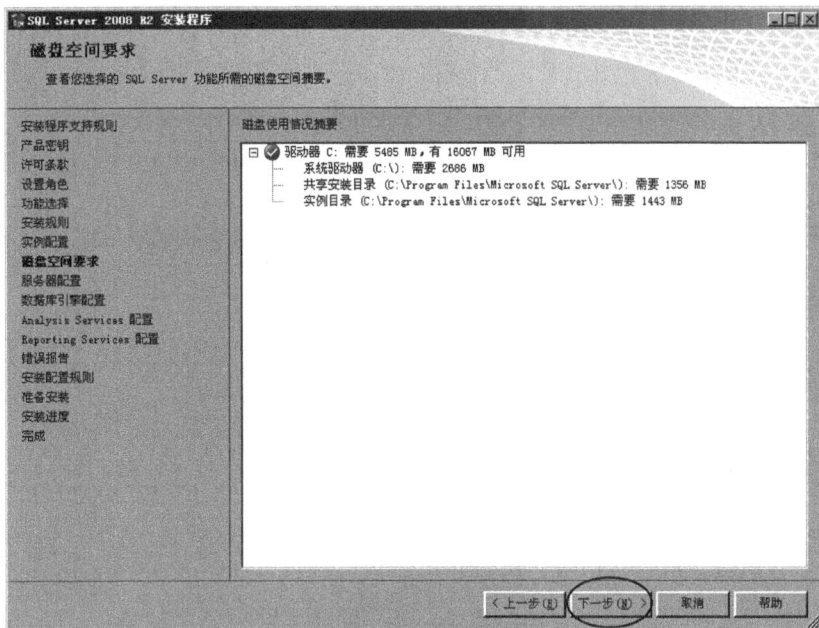

图 2-11 "磁盘空间要求"界面

（13）在图 2-11 操作界面单击"下一步"按钮，弹出"服务器配置"界面，如图 2-12 所示。单击"对所有 SQL Server 服务使用相同的账户"按钮。弹出如图 2-13 所示的界面，在这里输入账户名和密码，然后单击"确定"按钮，返回如图 2-14 所示的显示界面。

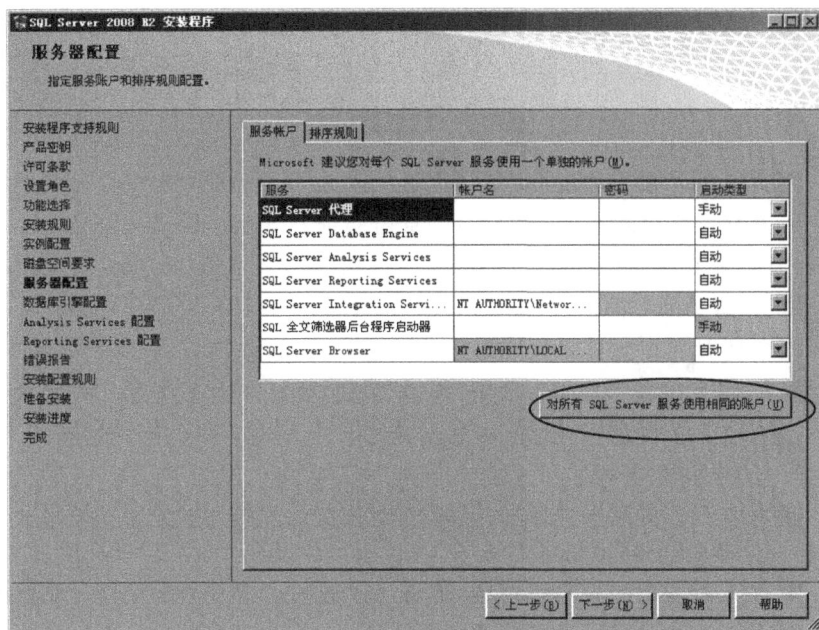

图 2-12 "服务器配置"界面

成绩管理系统数据库的创建与维护

图 2-13　服务器账户名和密码设置

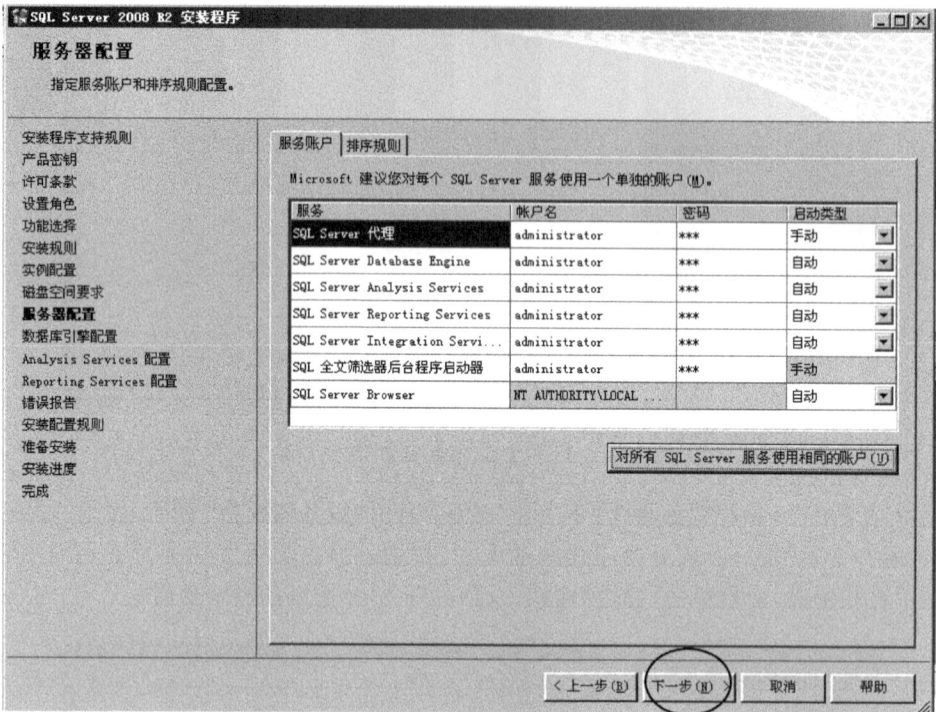

图 2-14　服务器配置

（14）在图 2-14 所示的操作界面中单击"下一步"按钮，弹出如图 2-15 所示的"数据库引擎配置"界面。在该操作界面选择"Windows 身份验证模式"选项，若要添加用以运行 SQL Server 安装程序的账户，则单击"添加当前用户"按钮，输入 Administrator 后，单击"确定"按钮，弹出如图 2-16 所示的界面。

（15）在图 2-16 所示的操作界面中单击"下一步"按钮，弹出如图 2-17 所示的"Analysis Services 配置"界面，在该操作界面中单击"添加"按钮，弹出如图 2-18 所示的界面。

（16）在图 2-18 所示的操作界面中单击"下一步"按钮，弹出如图 2-19 所示的"Reporting Services 配置"界面。

（17）在图 2-19 操作界面中选择"安装本机模式默认配置"选项，然后单击"下一步"按钮，弹出如图 2-20 所示的"错误报告"。

（18）在图 2-20 操作界面中单击"下一步"按钮，弹出如图 2-21 所示的"安装配置规则"界面。

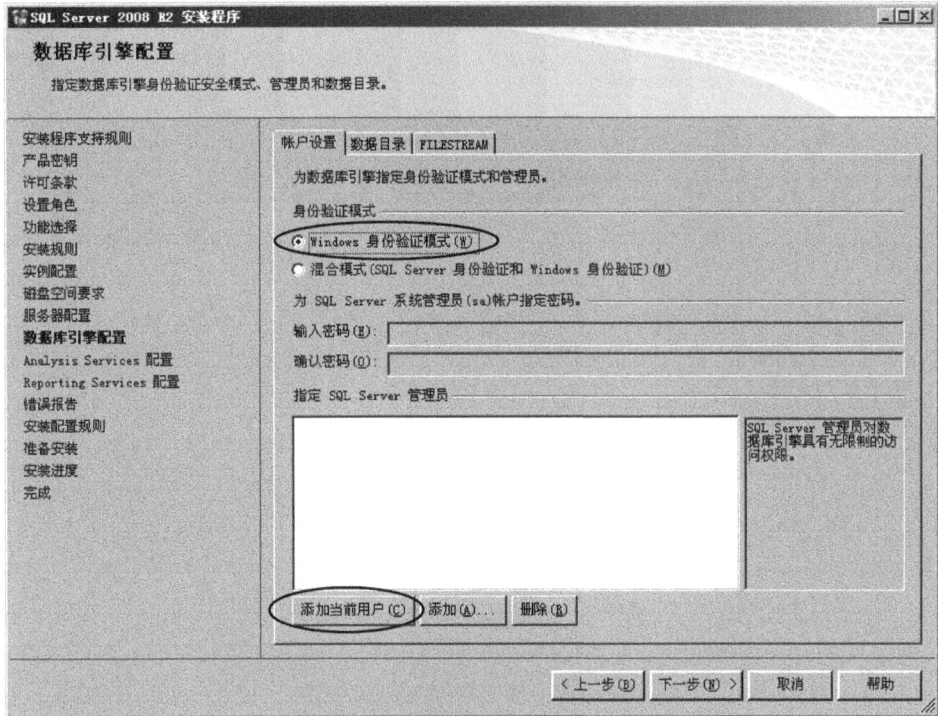

图 2-15 "数据库引擎配置"界面一

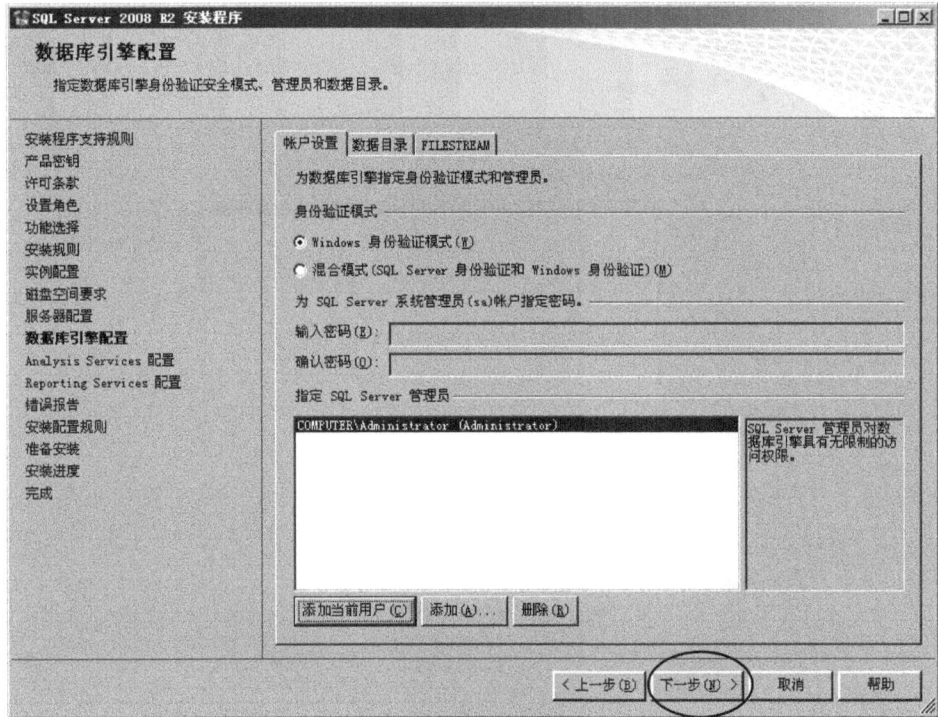

图 2-16 "数据库引擎配置"界面二

成绩管理系统数据库的创建与维护

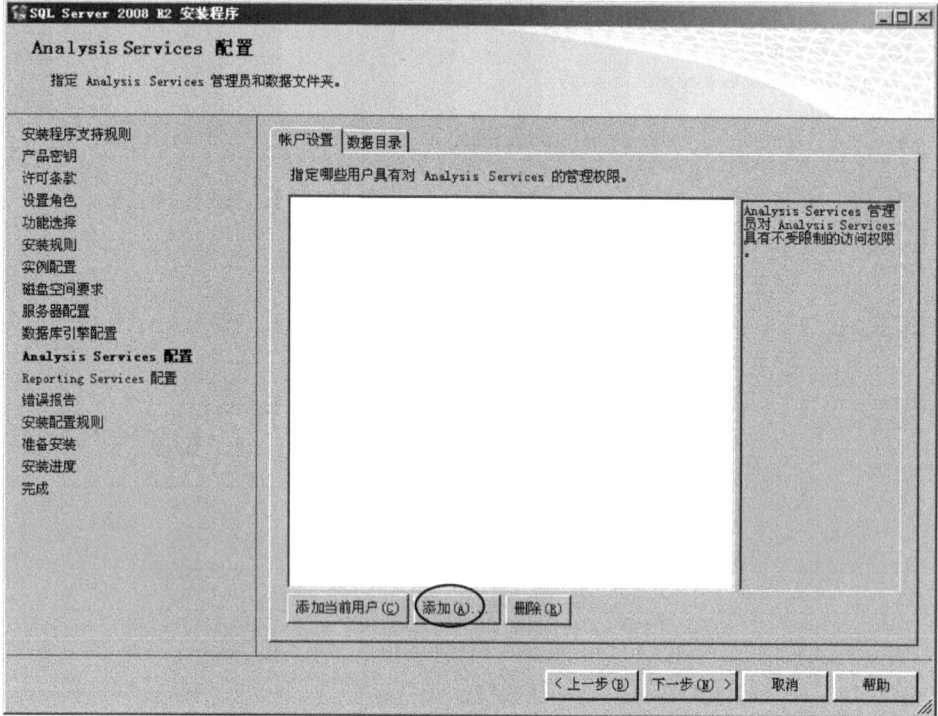

图 2-17　"Analysis Services 配置"界面一

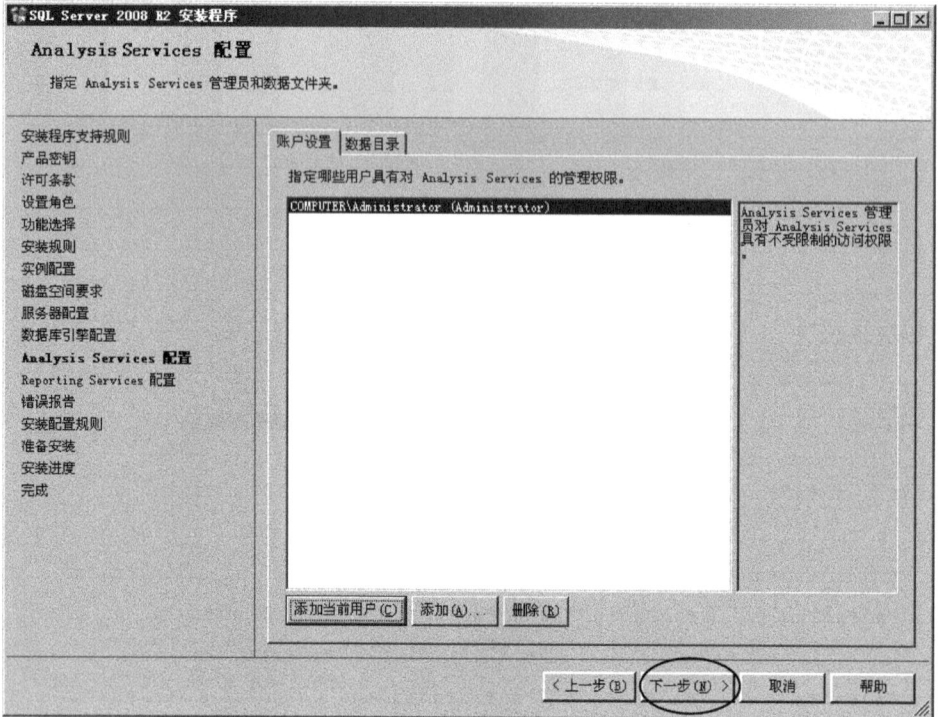

图 2-18　"Analysis Services 配置"界面二

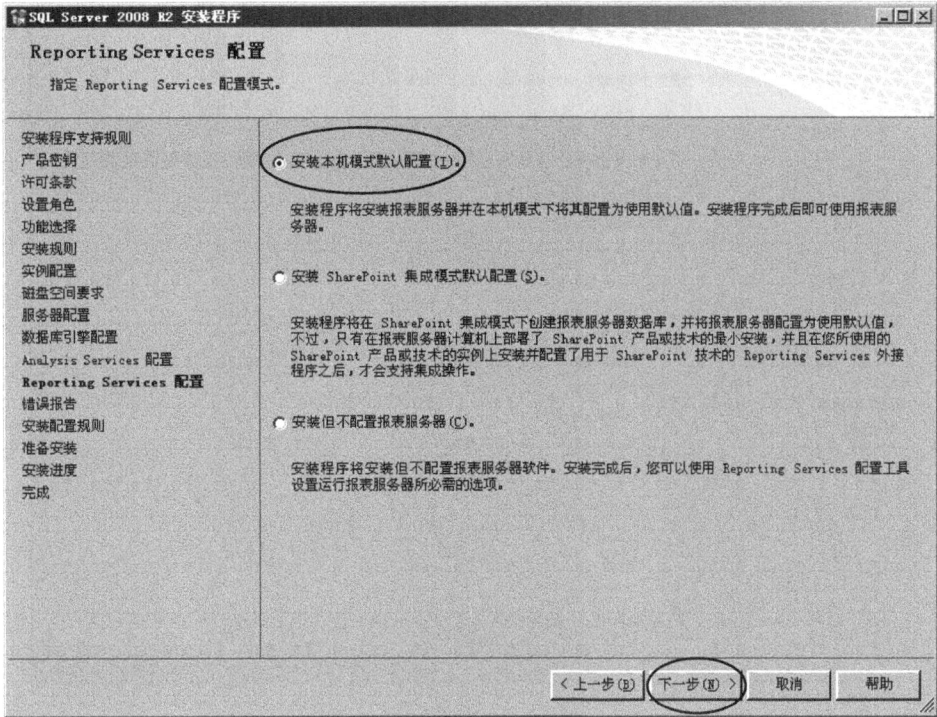

图 2-19 "Reporting Services 配置"界面

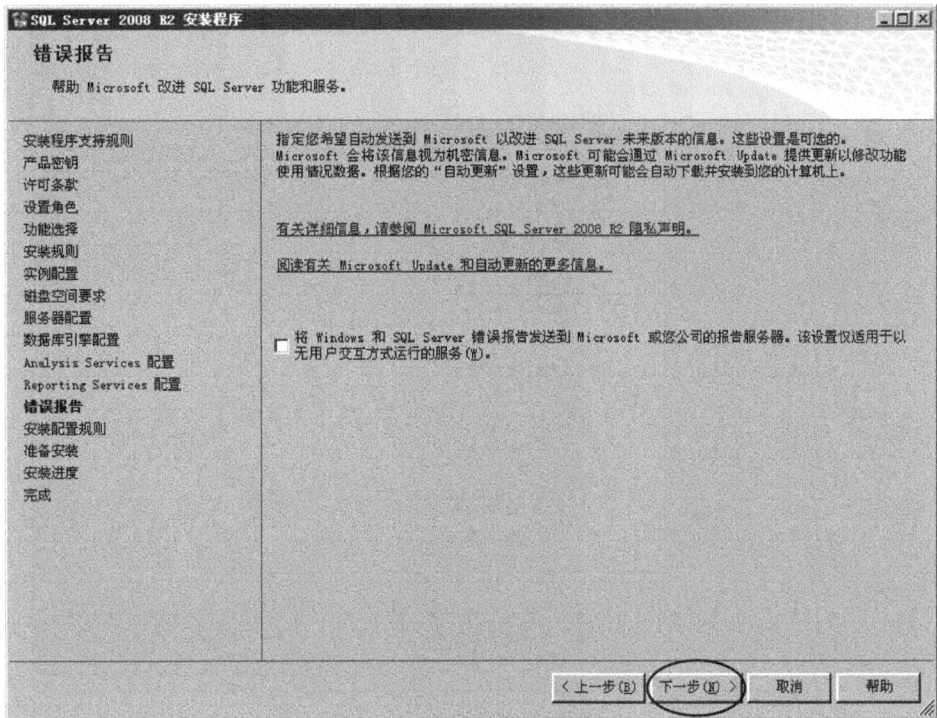

图 2-20 "错误报告"界面

成绩管理系统数据库的创建与维护

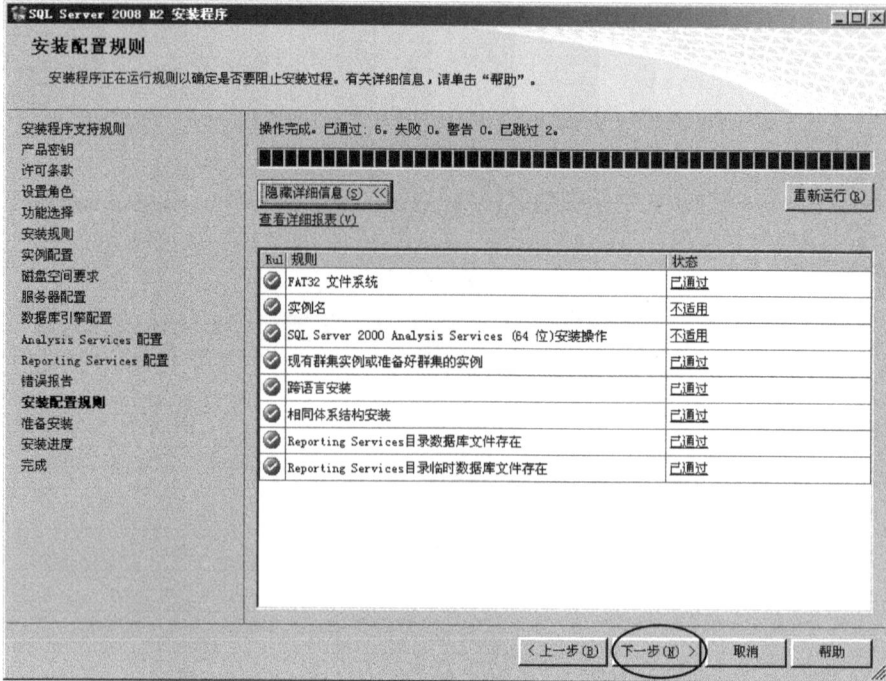

图 2-21 "安装配置规则"界面

（19）在图 2-21 操作界面中单击"下一步"按钮，弹出如图 2-22 所示的"准备安装"界面。

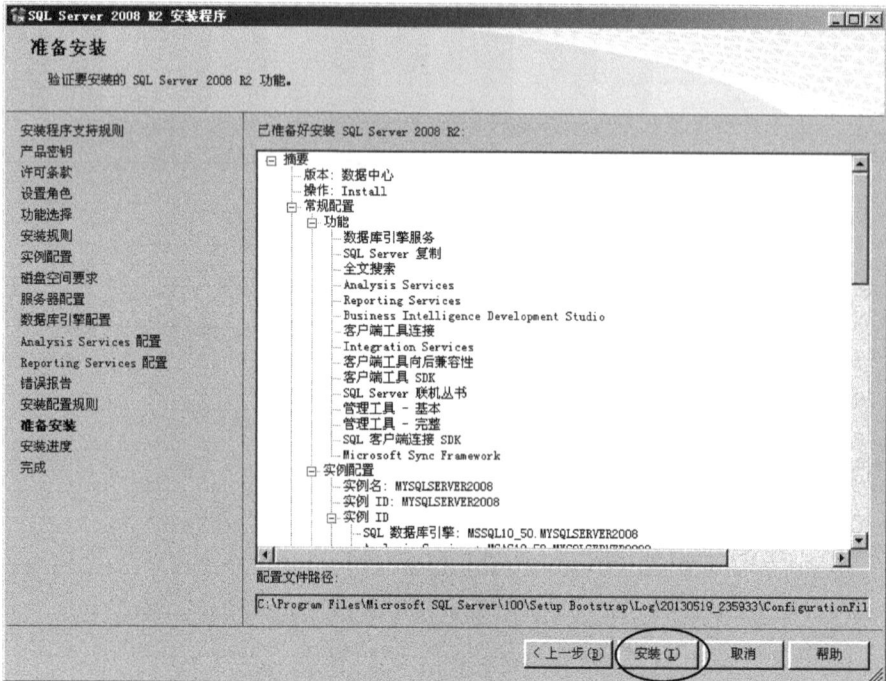

图 2-22 "准备安装"界面

（20）在图 2-22 操作界面中单击"安装"按钮，弹出如图 2-23 所示的"安装进度"界面。

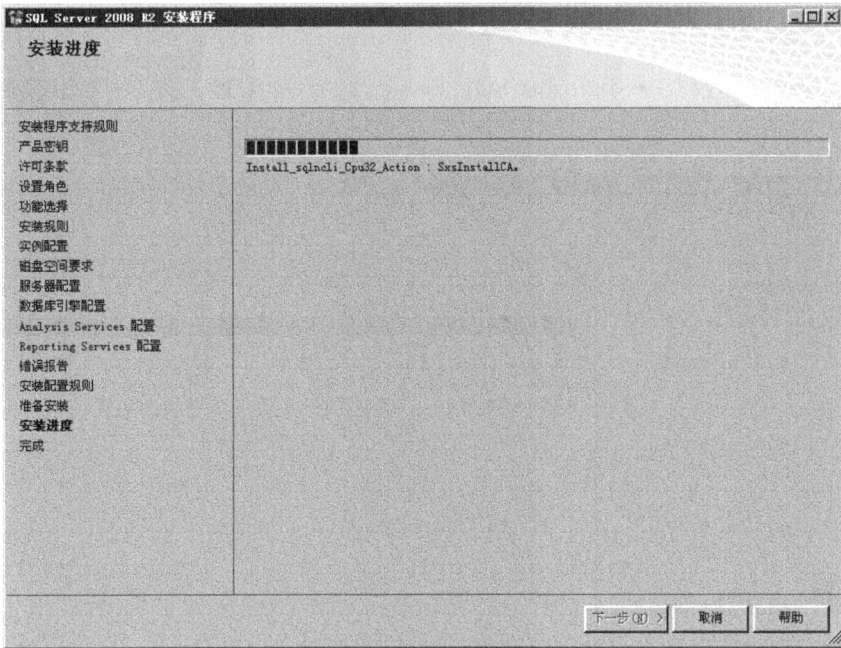

图 2-23 "安装进度"界面

（21）安装完成后，弹出如图 2-24 所示的"完成"界面，单击"关闭"按钮则完成 SQL Server 2008 的安装。

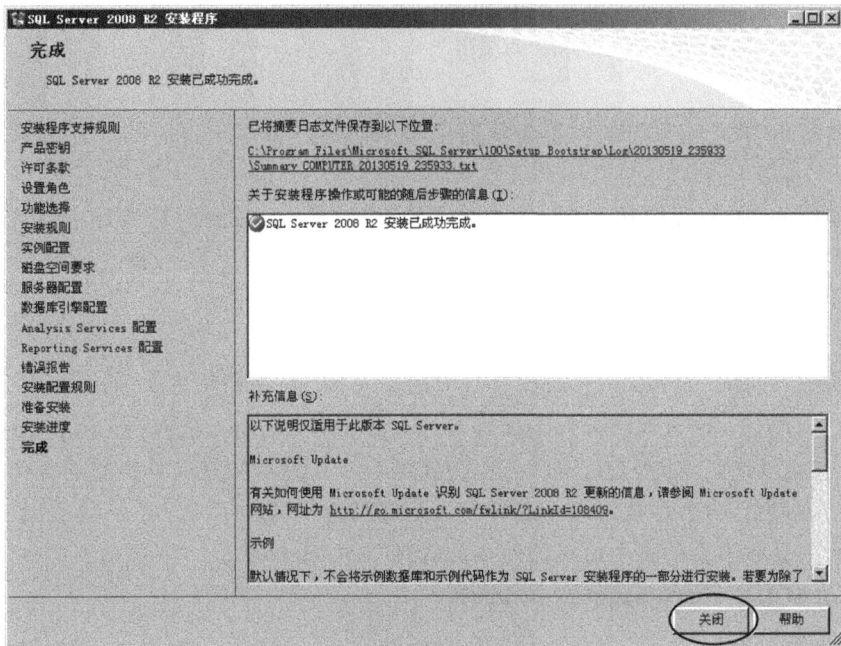

图 2-24 "完成"界面

成绩管理系统数据库的创建与维护

（22）SQL Server 2008 服务器启动。

① 使用 SQL Server 配置管理器启动服务。

【操作步骤】

单击"开始"→"程序"→Microsoft SQL Server 2008→"配置工具"→"SQL Server 管理器"，如图 2-25 所示。

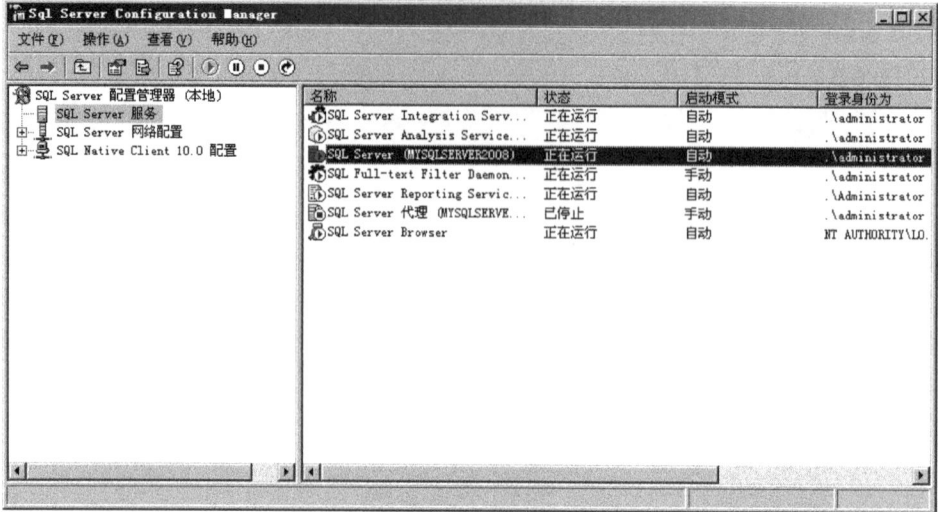

图 2-25　SQL Server 配置管理器

在左窗格的"SQL Server 配置管理器"中单击"SQL Server 服务"选项，然后在详细信息窗格中，右击 SQL Server(MYSQLSERVER2008)，然后单击"启动"选项即可。

② 使用 Windows 服务管理器启动服务。

【操作步骤】

在桌面右击"我的电脑"图标，单击快捷菜单的"管理"菜单项，打开"计算机管理"窗口，如图 2-26 所示。

在左窗格的"服务和应用程序"中单击"服务"选项，在右侧的服务窗格中右击"SQL Server(MYSQLSERVER2008)"，然后单击"启动"选项即可。

2.1.4　启动和连接 SQL Server 2008

SQL Server Management Studio 是一个用于访问、配置和管理所有 SQL Server 组件（数据库引擎、Analysis Services、Integration Services、Reporting Services 和 XQuery 等）的集成环境，它将早期版本的 SQL Server 中包括的企业管理器和查询分析器的各种功能组合到一个单一环境中，为各种技术水平的开发人员和管理员提供了一个单一的实用工具，通过易用的图形工具和丰富的脚本编辑器使用和管理 SQL Server。

1. 启动 SQL Server Management Studio

【操作步骤】

（1）单击"开始"→"所有程序"→Microsoft SQL Server SQL Server 2008→SQL Server Management Studio，如图 2-27 所示。

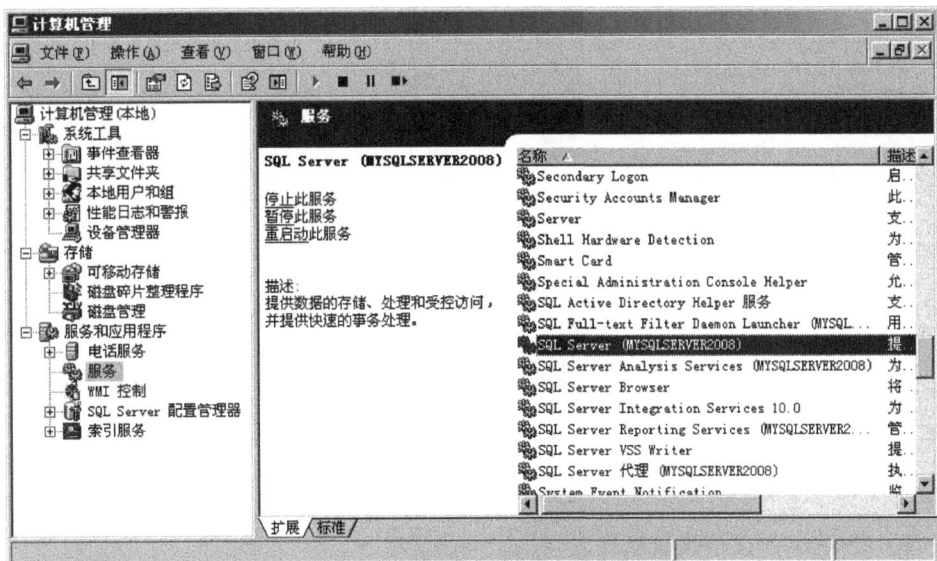

图 2-26　Windows 服务管理启动 SQL Server 服务

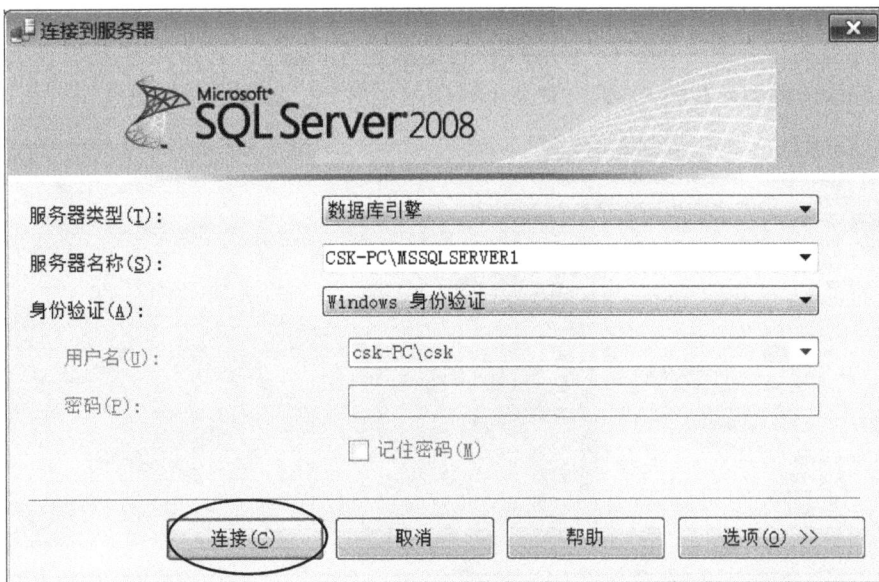

图 2-27　SQL Server Management Studio 登录

（2）在"连接到服务器"操作界面中需要指定注册的服务器类型、服务器名称和身份验证类型。

在图 2-27 所示的"连接到服务器"操作界面中设置好连接服务器的类型、名称，身份验证类型后，单击"连接"按钮进入 Microsoft SQL Server Management Studio 工作界面。Microsoft SQL Server Management Studio 工作界面是一个标准的 Windows 界面，由标题栏、菜单栏、工具栏和树窗口组成，如图 2-28 所示。

成绩管理系统数据库的创建与维护

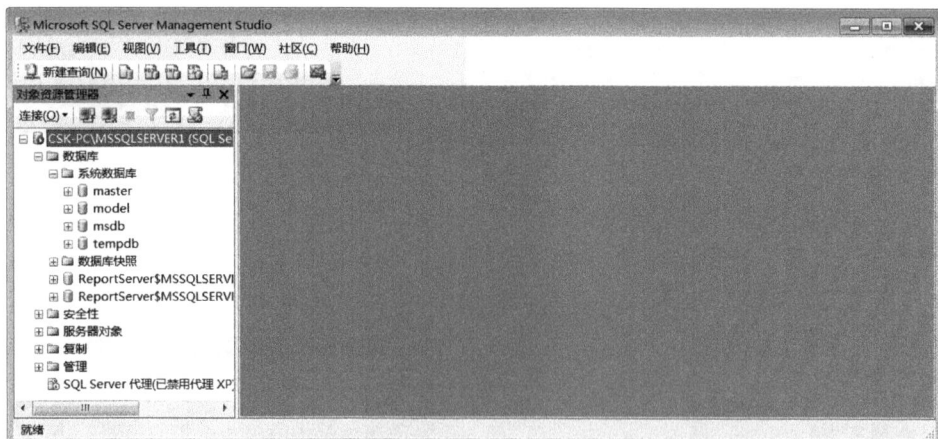

图 2-28　SQL Server Management Studio 的工作界面

2. SQL Server 内置系统数据库

启动 SQL Server Management Studio 连接数据库引擎后，打开"数据库"→"系统数据库"文件夹，可以看到 master、model、msdb 和 tempdb 4 个系统默认安装的系统数据库。

master：记录 SQL Server 系统的所有系统级别信息，如图 2-29 所示，它记录所有的登录账户和系统配置设置。master 记录所有其他数据库的信息，其中包括数据库文件的位置，SQL Server 的初始化信息，始终有一个可用的最新 master 数据库备份。

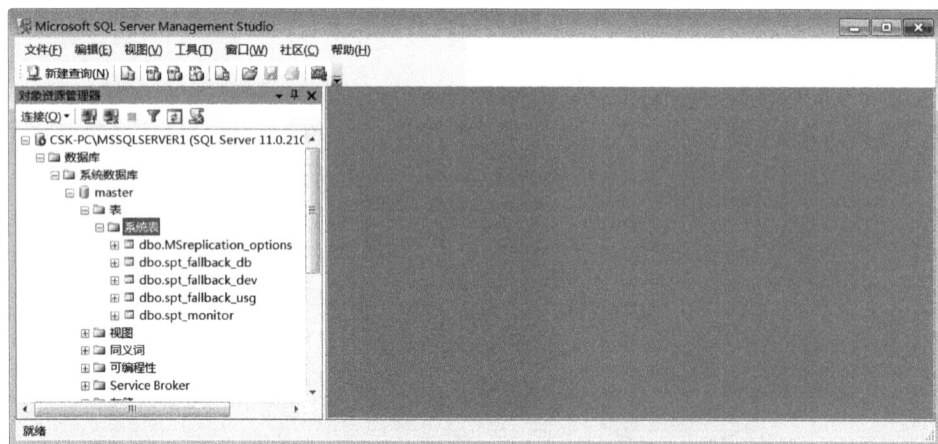

图 2-29　系统数据库 master

model：用作在系统上创建所有数据库的模板。当发出 CREATE DATABASE 命令时，新数据库部分通过复制 model 数据库中的内容创建，剩余部分由空页填充。由于 SQL Server 每次启动时都要创建 tempdb 数据库，model 数据库必须一直存在于 SQL Server 系统中。

tempdb：保存所有的临时表和临时存储过程。它还满足任何其他的临时存储要求，例如存储 SQL Server 生成的工作表。tempdb 数据库是全局资源，所有连接到系统的用户的临时表和临时存储过程都存储在该数据库中。tempdb 数据库在 SQL Server 每次启动时都重新创建，因此该数据库在系统启动时总是干净的。临时表和临时存储过程在连接断开时自动清除,而且当系统关闭后将没有任何连接处于活动状态,因此 tempdb 数据库中没有任何内容会从 SQL Server 的一个会话保存到另一个会话中。

默认情况下,在 SQL Server 运行时 tempdb 数据库会根据需要自动增长。不过,与其他数据库不同,每次启动数据库引擎时,它会重置为其初始大小。如果 tempdb 数据库定义的大小较小,则每次重新启动 SQL Server 时,将 tempdb 数据库大小自动增加到支持工作负荷所需的大小这一工作,可能会成为系统处理负荷的一部分。为避免这种开销,可以使用 ALTER DATABASE 命令增加 tempdb 数据库的大小。

2.1.5 创建和维护"成绩管理系统"数据库

SQL Server 2008 用文件来存放数据库,数据库是由数据库文件和事务日志文件组成的。一个数据库至少应包含一个数据库文件和一个事务日志文件。数据库文件包含数据和对象,例如表、索引、存储过程和视图。事务日志文件包含恢复数据库中的所有事务所需的信息。为了便于分配和管理,可以将数据库文件集合起来,放到文件组中。

1. 数据库文件(Database File)

数据库文件是存放数据库数据和数据库对象的文件。一个数据库可以有一个或多个数据库文件,一个数据库文件只属于一个数据库。当有多个数据库文件时,有一个文件被定义为主数据库文件(Primary Database File),扩展名为 mdf,用来存储数据库的启动信息和部分或全部数据,一个数据库只能有一个主数据库文件。其他数据库文件被称为次数据库文件(Secondary Database File),扩展名为 ndf,用来存储主文件没存储的其他数据。

采用多个数据库文件来存储数据的优点体现在以下两个方面:

(1) 数据库文件可以不断扩充,而不受操作系统文件大小的限制。

(2) 可以将数据库文件存储在不同的硬盘中,这样可以同时对几个硬盘做数据存取,提高了数据处理的效率。对于服务器型的计算机尤为有用。

2. 事务日志文件(Transaction Log File)

事务日志文件是记录所有事务以及每个事务对数据库所做修改的文件,扩展名为 ldf。例如,使用 INSERT、UPDATE 和 DELETE 等语句对数据库进行更改的操作都会记录在此文件中,而使用 SELECT 等语句对数据库内容不会有影响的操作则不会被记录。一个数据库可以有一个或多个事务日志文件。

SQL Server 中采用"Write-Ahead(提前写)"方式的事务日志文件,即对数据库的修改先写入事务日志中,再写入数据库。其具体操作是:系统先将更改操作写入事务日志中,再更改存储在计算机缓存中的数据,为了提高执行效率,此更改不会立即写到硬盘中的数据库,而是由系统以固定的时间间隔执行 CHECKPOINT 命令,将更改过的数据批量写入硬盘。SQL Server 有个特点,它在执行数据更改时会设置一个开始点和一个结束点,如果尚未到达结束点就因某种原因使操作中断,则在 SQL Server 重新启动时会自动恢复已修改的数据,使其返回未被修改的状态。由此可见,当数据库破坏时可以用事务日志恢复数据库内容。

3. 文件组(File Group)

文件组是将多个数据库文件集合起来形成的一个整体。每个文件组有一个组名。与数据库文件一样文件组也分为主文件组(Primary File Group)和次文件组(Secondary File Group)。一个文件只能存在于一个文件组中,一个文件组能被一个数据库使用。主文件组中包含了所有的系统表。当建立数据库时,主文件组包括主数据库文件和未指定组的其他文件。在次文件组中可以指定一个默认文件组,那么在创建数据库对象时如果没有指定将其放在哪一个文件组中,就会将它放在默认文件组中。如果没有指定默认文件组,则主文件组为默认文件组。

创建"成绩管理系统"数据库。操作步骤如下。

【操作步骤】

(1) 选中将要使用的数据库服务器,用鼠标右键单击"数据库",在弹出的快捷菜单中选择"新建数据库",如图 2-30 所示。

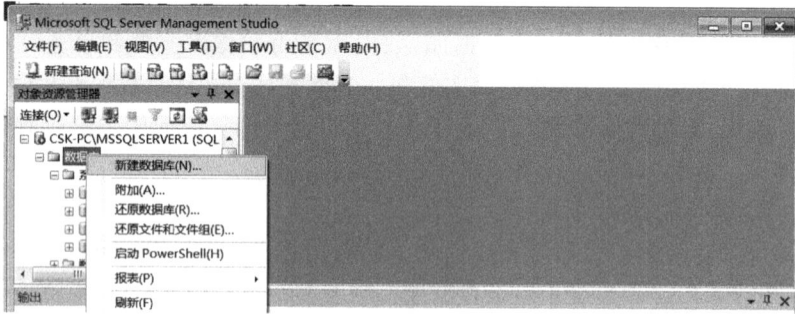

图 2-30 新建数据库

(2) 打开新建数据库窗口的"常规"选择页,在数据库名称栏中输入数据库的名称(如:xscjgl_DB),设置数据库文件和事务日志文件的名称、位置、大小和增长方式等信息,单击"添加"按钮即可添加次数据库文件,如图 2-31 所示。

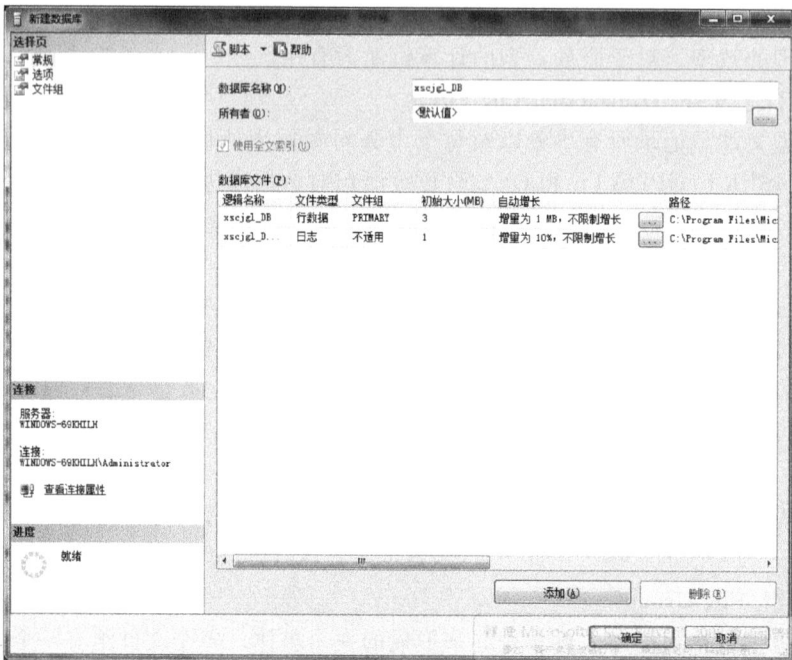

图 2-31 新建数据库设置

（3）单击"确定"按钮，则完成数据库的创建，如图 2-32 所示。

图 2-32　查看新建的数据库

2.1.6　分离和附加"成绩管理系统"数据库

分离数据库就是将某个数据库（如成绩管理系统）从 SQL Server 数据库列表中删除，使其不再被 SQL Server 管理和使用，但该数据库的文件（.MDF）和对应的日志文件（.LDF）完好无损。分离成功后，我们就可以把该数据库文件（.MDF）和对应的日志文件（.LDF）拷贝到其他磁盘中作为备份保存。

附加数据库就是将一个备份磁盘中的数据库文件（.MDF）和对应的日志文件（.LDF）拷贝到需要的计算机，并将其添加到某个 SQL Server 数据库服务器中，由该服务器来管理和使用这个数据库。

1. 分离数据库

【操作步骤】

（1）在对象资源管理器中展开服务器节点，在数据库对象下找到需要分离的数据库名称（如成绩管理系统），右键单击"成绩管理系统数据库"，在弹出的快捷菜单中选择"任务"级联菜单下的"分离"选项，如图 2-33 所示。

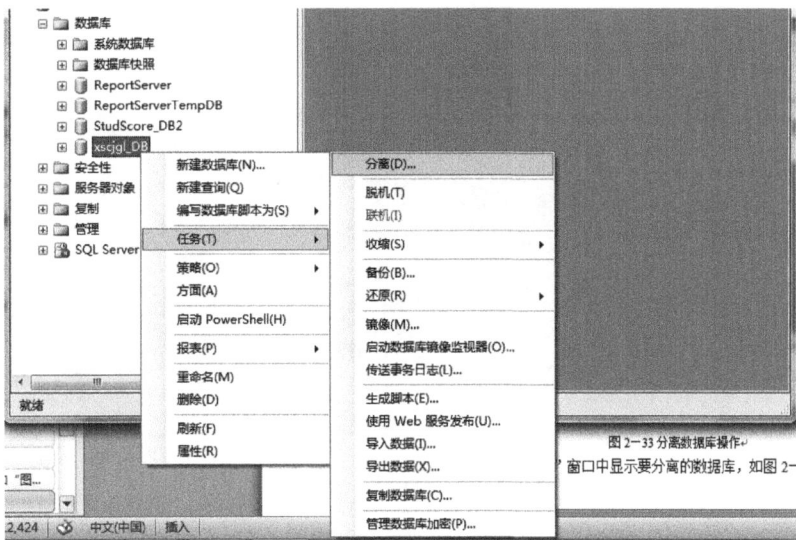

图 2-33　分离数据库操作

成绩管理系统数据库的创建与维护

（2）在弹出的"分离数据库"窗口中显示要分离的数据库，如图 2-34 所示，单击"确定"按钮则完成了数据库的分离操作。

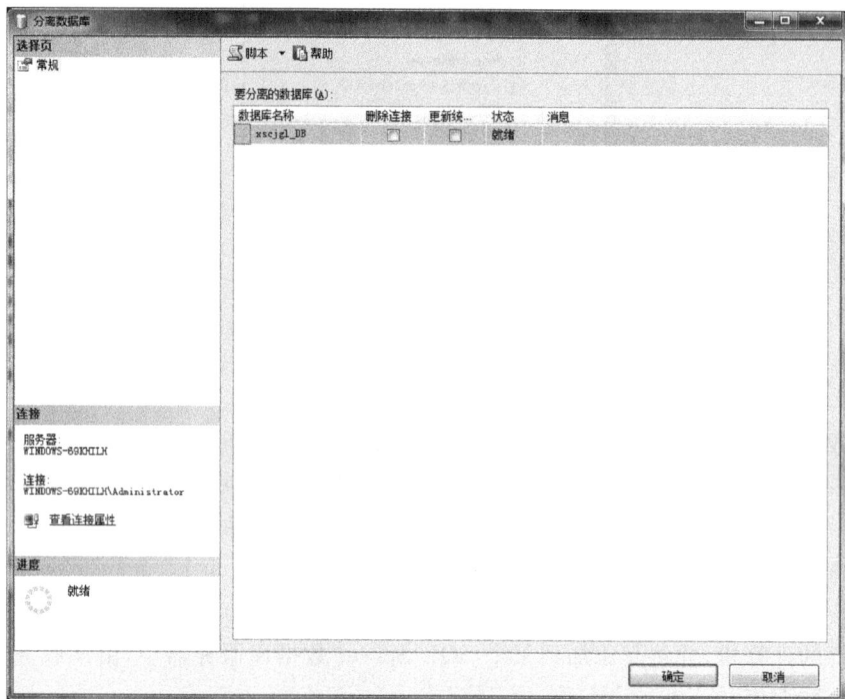

图 2-34　分离数据库窗口

2. 附加成绩管理系统数据库

【操作步骤】

（1）在对象资源管理器中展开服务器节点，右键单击"数据库"，在弹出的快捷菜单中单击"附加"选项，如图 2-35 所示。

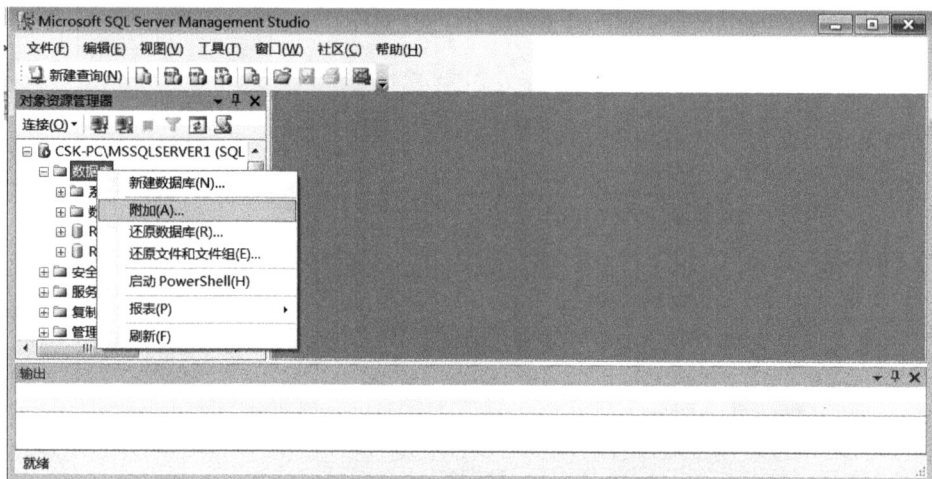

图 2-35　附加数据库

（2）在弹出的"附加数据库"窗口中单击"添加"按钮，如图 2-36 所示，然后在弹出的"定位数据库文件"窗口中，选择需要添加的数据库后，单击"确定"按钮，如图 2-37 所示。

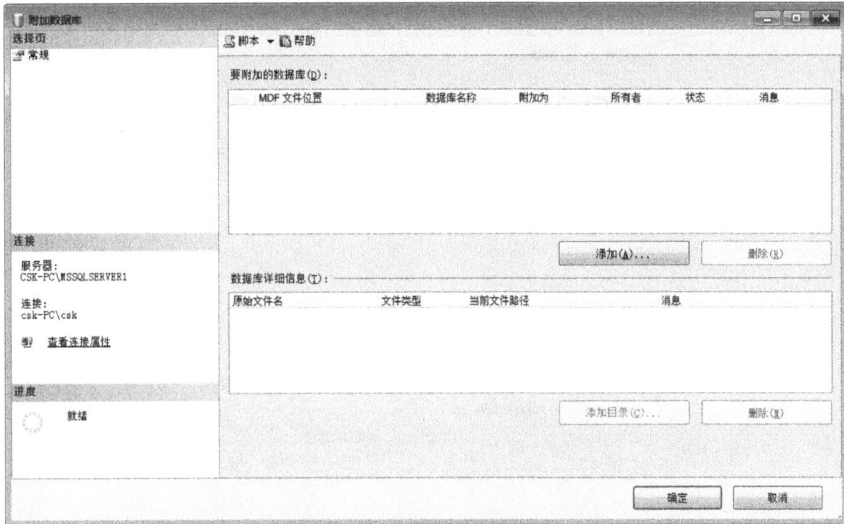

图 2-36　附加数据库窗口

图 2-37　定位数据库文件窗口

成绩管理系统数据库的创建与维护

（3）在弹出的如图 2-38 所示的"附加数据库"窗口中，可以看到需添加的数据库被附加上来了，然后单击"确定"按钮，则完成了数据库的附加操作，如图 2-38 所示。

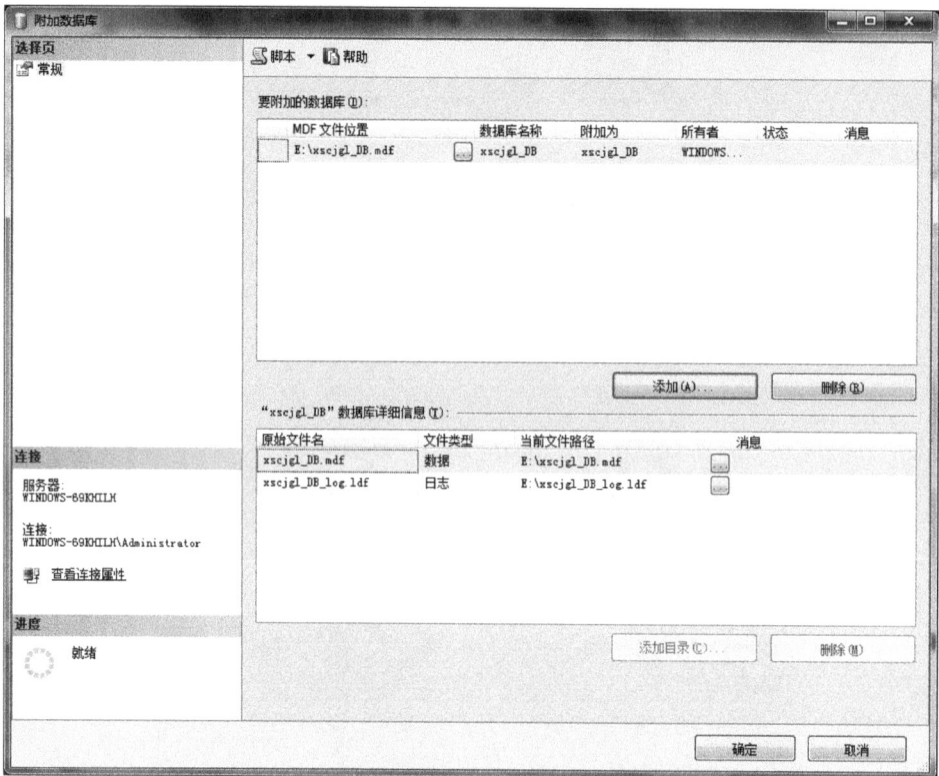

图 2-38　附加数据库操作

小　　结

SQL Server 2008 有多个不同的版本。每个版本满足企业内基于各种应用程序所需特性的一类需求。由于每个版本针对特定的应用和各种规模的企业，所以在 SQL Server 数据库版本之间的主要差别是支持的特性和功能集的不同。

本次任务介绍了 SQL Server 2008 的安装，成绩管理系统数据库的创建、附加和分离方法。

动 手 实 践

实训目的

（1）熟练 SQL Server 2008 的安装。

（2）掌握利用 SQL Server Management Studio 创建数据库的方法。

（3）掌握分离数据库的操作方法。

（4）掌握附加数据库的操作方法。

实训内容

（1）启动 SQL Server Management Studio，创建名称为"成绩管理系统"的数据库。

（2）完成分离成绩管理系统数据库的操作。

（3）完成附加成绩管理系统数据库的操作。

任务 3 成绩管理系统数据表的创建与维护

任务 3.1 创建、修改和删除表

任务概述

（1）使用 SQL Server Management Studio 创建成绩管理系统中的学生表，修改表中的数据，删除数据表。

（2）使用 SQL 语句创建成绩管理系统中的学生表和班级表，修改表中的数据，删除数据表。

本次任务首先学习 SQL Server 的数据类型，然后讲述如何创建一个表并在其中使用各种约束，最后介绍如何创建表，如何修改和删除已经存在的表。

知识与技能

由于模板数据库的存在，每当用户在 SQL Server 2008 中创建一个新的数据库时，该数据库就会自动包含一些表、视图、存储过程以及其他对象。在各种数据库对象中，表是一种最重要的对象，其主要功能是存储数据。在每个新建的数据库中已经包含一些系统表，用于存储数据库本身的信息。要在数据库中存储数据，用户还必须创建自己的表。

3.1.1 SQL 的数据类型

数据类型是指列、存储过程参数、表达式和局部变量的数据特征，它决定了数据的存储格式。在 SQL Server 中，每个列、局部变量、表达式和参数都具有一个相关的数据类型。数据类型是一种属性，用于设定一个具体列保存数据的类型。可分为整数数据、字符数据、货币数据、日期和时间数据、二进制字符串数据等。

1. 整数型

SQL Server 2008 中，整数数据类型包括 bigint、int、smallint、tinyint 和 bit 5 种，如表 3-1 所示。

表 3-1 整数数据类型

数据类型	数据范围	所占字节	说　　明
bigint	$-263\sim(263-1)$	8 字节	存储-263（$-9\ 233\ 372\ 036\ 854\ 775\ 807$）$\sim263-1$（$9\ 223\ 372\ 036\ 854\ 775\ 806$）之间的所有正、负整数

数据类型	数据范围	所占字节	说 明
int	$-2^{31}\sim(2^{31}-1)$	4 字节	$-2^{31}(-2\ 147\ 483\ 648)\sim2^{31}-1(2\ 147\ 483\ 647)$之间的整数
smallint	$-2^{15}\sim(2^{15}-1)$	2 字节	$-2^{15}(-32\ 768)\sim2^{15}-1(32\ 767)$之间的整数
tinyint	$0\sim255$	1 字节	tinyint 数据类型能存储 $0\sim255$ 之间的整数
bit	0、1、空值	1 字节	用于存储只有两种可能值的数据,如 Yes 或 No、True 或 False、On 或 Off

2. 精确浮点型

精确浮点数据类型又称小数数据类型,它们由两部分组成,其数据精度保留到最低有效位,所以它们能以完整的精度存储十进制数,如表 3-2 所示。

表 3-2 精确浮点数据类型

数据类型	数据范围	使用的字节数据(长度)	说 明
numeric(p[,s])	$(-10^{38}+1)\sim(10^{38}-1)$	1~9 位数使用 5 字节 10~19 位数使用 9 字节 20~28 位数使用 13 字节 29~38 位数使用 17 字节	必须指定范围和精度。范围是小数点左右所能存储数字的总位数。精度是小数点右边存储数字的位数
decimal[p[,s]]	$(-10^{38}+1)\sim(10^{38}-1)$	与 numeric 相同	decimal 数据类型与 numeric 型相同

3. 近似浮点型

并非数据类型范围内的所有数据都能精确地表示,因此,SQL Server 提供了用于表示浮点数据的近似数值数据类型。近似数值数据类型不能精确记录数据的精度,它们所保留的精度由二进制数字系统的精度决定,通常用科学记数法来表示,如表 3-3 所示。

表 3-3 近似浮点数据类型

数据类型	数据范围	所占字节	说 明
float[(n)]	$(-1.79E+308)\sim(1.79E+308)$	n 为 1~24,7 位数,4 字节	近似浮点数在其范围内不是所有的数都能精确表示
real	$(-3.50E+38)\sim(3.5E+38)$	4 字节	real 数据类型同 float(24)

4. 日期时间型

SQL Server 提供了专门的日期时间类型。日期和时间数据由有效的日期或时间组成,如表 3-4 所示。

表 3-4 日期时间数据类型

数据类型	格 式	范 围	所占字节	精确度
time	hh:mm:ss[.nnnnnnn]	00:00:00.0000000~23:59:59.9999999	3~5 字节	100ns
date	YYYY-MM-DD	0001-01-01~9999-12-31	3 字节	1 天

续表

数据类型	格　式	范　围	所占字节	精确度
smalldatetime	YYYY-MM-DD hh:mm:ss	1900-01-01～2079-06-06	4 字节	1min
datetime	YYYY-MM-DD hh:mm:ss[.nnn]	1753-01-01～9999-12-31	8 字节	0.003 33s
datetime2	YYYY-MM-DD hh:mm:ss [.nnnnnnn]	0001-01-01 00:00:00.0000000～9999-12-31 23:59:59.9999999	6～8 字节	100ns
datetimeoffset	YYYY-MM-DD hh:mm:ss[.nnnnnnn] [+|−]hh:mm	0001-01-01 00:00:00.0000000～9999-12-31 23:59:59.9999999（以 UTC 时间表示）	8～10 字节	100ns

5. 字符型

字符串存储时采用字符型数据类型,字符数据由字母、符号和数字组成。字符型如表 3-5 所示。

表 3-5　字符数据类型

数据类型	数据范围	所占字节	说　明
char	1～8000 字符	1 个字符 1 字节,为固定长度	存储定长字符数据
varchar	1～8000 字符	1 个字符 1 字节,存多占多	存储变长字符数据
text	1～231−1 字符	1 个字符 1 字节,最大 2GB	存储 231−1 或 20 亿个字符

6. 货币型

货币数据类型如表 3-6 所示。

表 3-6　货币数据类型

数据类型	数据范围	所占字节	说　明
money	−263～263−1	8 字节	money 数据类型用来表示钱和货币值。这种数据类型能存储−9220 亿～9220 亿之间的数据,精确到货币单位的万分之一
smallmoney	−231～231−1	4 字节	smallmoney 数据类型用来表示钱和货币值。这种数据类型能存储−214 748.364 8～214 748.364 7 之间的数据,精确到货币单位的万分之一

7. Unicode 字符型

使用 Unicode(统一字符编码标准)数据类型,列(字段)可存储由 Unicode 标准定义的任何字符,包含由不同字符集定义的所有字符。Unicode 数据使用 SQL Server 中的 nchar 和 ntext 数据类型进行存储。存储源于多个字符集的字符列,可采用这些数据类型。当列中各项所包含的 Unicode 字符数不同时,使用字符 nvarchar 类型,如表 3-7 所示。

表 3-7　Unicode 字符数据类型

数据类型	数据范围	所占字节	说　　明
nchar	1~4000 字符	1 个字符 2 字节,为固定长度	用双字节结构来存储定长的统一编码字符型数据
nvarchar	1~4000 字符	1 个字符 2 字节,存多占多	用双字节结构来存储变长的统一编码字符型数据
ntext	1~230−1 字符	1 个字符 2 字节,最大 2GB	存储 230−1 或将近 10 亿字符

8. 二进制字符型

二进制数据由十六进制数表示。例如,十进制数 245 等于十六进数 F5。Image 数据列可以用来存储超过 8KB 的可变长的二进制数据,例如,Word 文档、Excel 电子表格、位图图像、图形交换格式(GIF)文件和联合图像专家组(JPEG)文件。二进制字符数据类型如表 3-8 所示。

表 3-8　二进制字符数据类型

数据类型	数据范围	所占字节	说　　明
binary	1~8000 字符	存储时,需另外增加 5 字节,固定	存储定长二进制数据
varbinary	1~8000 字符	存储时,需另外增加 5 字节,变长	存储变长二进制数据
image	1~231−1 字符	同 varbinary,最大 2GB	存储变长的二进制数据,可达 231−1 或大约 20 亿字节

9. 特殊数据型

特殊数据类型如表 3-9 所示。

表 3-9　特殊数据类型

数据类型	说　　明
cursor	cursor 数据类型包含一个对游标的引用。用在存储过程中,而且创建表时不能用
timestamp	用来创建一个数据库范围内的唯一值。一个表中只能有一个 timestamp 列。每次插入或修改一行时,timestamp 列的值都会改变
uniqueidentifier	用来存储一个全局唯一的标识符,即 GUID。GUID 确实是全局唯一的。可以使用 ENWID 函数或转换一个字符串为唯一标识符来初始化具有唯一标识符的列

3.1.2　标识符

1. 标识符概述

在 SQL Server 中,标识符用来定义服务器、数据库、数据库对象(例如表、视图、列、索引、触发器、过程、约束和规则等)和变量等的名称。使用标识符的规则如下:

(1)标识符必须是统一码 Unicode 2.0 标准中规定的字符,以及其他一些语言字符,如汉字,第一个字符必须是字母、下划线(_)、at 符号(@)或数字符号(♯)。

任务
3

成绩管理系统数据表的创建与维护

（2）后续字符可以是 Unicode 2.0 标准所定义的字母（A～Z,a～z,在 SQL 中不区分大小写）、基本拉丁字母、其他国家/地区脚本的十进制数字（0～9）、@、$、_ 和 ♯。

（3）标识符不能有空格符或特殊字符_ 、♯、@、$ 以外的其他特殊字符。

（4）标识符不能是 Transact-SQL 的保留字。

（5）常规标识符和分隔标识符的字符数必须在 1～128 之间。对于本地临时表,标识符最多可以有 116 个字符。

2. 特殊标识符

在 SQL Server 中,有许多特殊意义的标识符,如表 3-10 所示。

表 3-10　特殊意义的标识符

开 头 字 符	示　　例	意　　义
@	@var	局部变量名称必须以@开头
@@	@@ERROR	内置全局变量以@@开头
♯	♯table	局部临时数据表（或存储过程）
♯♯	♯♯table	全局临时数据表（或存储过程）

任务实施

3.1.3　使用 SQL Server Management 创建数据表

【例 3.1】　创建学生表,数据表结构如表 3-11 所示。

表 3-11　学生表

字段名称（列名）	数据类型（字段长度）	空　　值	PK
StudNo	varchar(15)		Y
StudName	varchar(20)		
StudSex	char(2)		
StudBirthDay	datetime	Y	
ClassID	varchar(15)		

【操作步骤】

（1）展开新建的数据库 xscjgl_DB,选中"表",单击鼠标右键,选择"新建表",如图 3-1 所示。

（2）在打开的设计表操作界面中输入数据表字段信息,这里以学生表为例,其数据表结构如表 3-11 所示。

在列名一栏中输入数据表字段名称,输入或选择数据类型,设置字段长度和字段约束,在列属性"描述"一栏中输入字段的描述信息,选中"StudNo"行,在工具栏中单击主键按钮设置"StudNo"为主键字段,如图 3-2 所示。

（3）数据表字段信息输入完成后,单击"保存"按钮,输入数据表名称如"学生表",展开

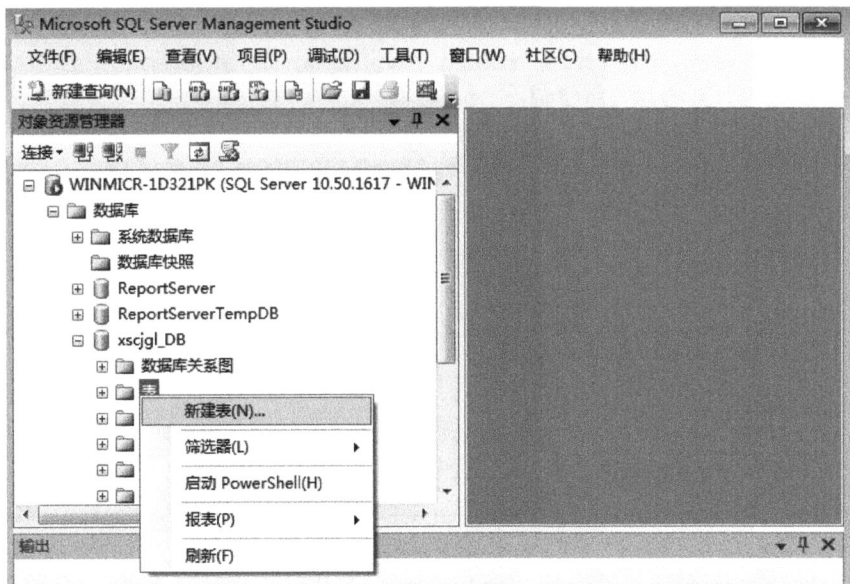

图 3-1　新建表

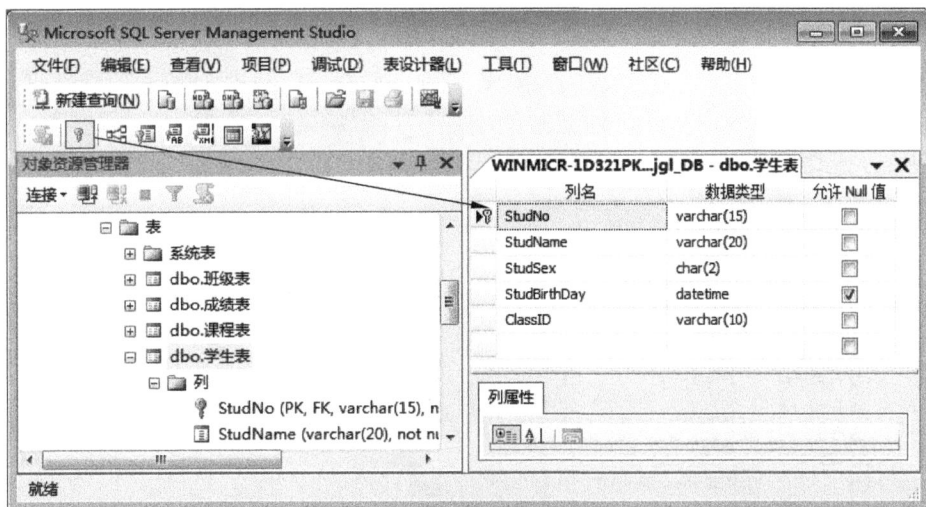

图 3-2　输入学生表字段信息

"对象资源管理器"可查看新建的用户表"学生表",如图 3-3 所示。

3.1.4　使用 SQL 语句管理数据表

1. 使用 SQL Server Management 修改数据表

对于已创建的数据表,如果表的结构不满足要求,可以选中需要修改的数据表(如学生表),右击选择"设计"菜单项,如图 3-4 所示,则打开了数据表结构修改界面,如图 3-3 所示,修改相应的字段信息,单击"保存"按钮即可完成数据结构的修改。

成绩管理系统数据表的创建与维护

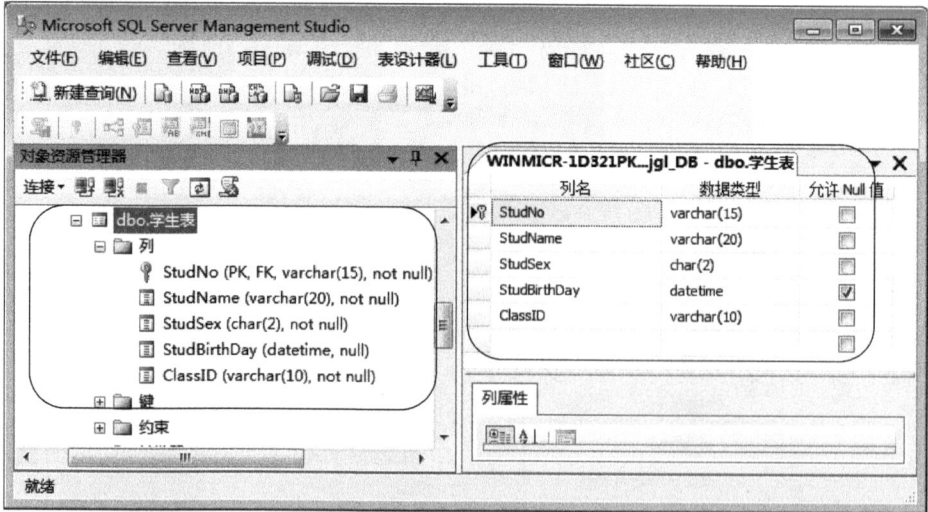

图 3-3　查看学生表

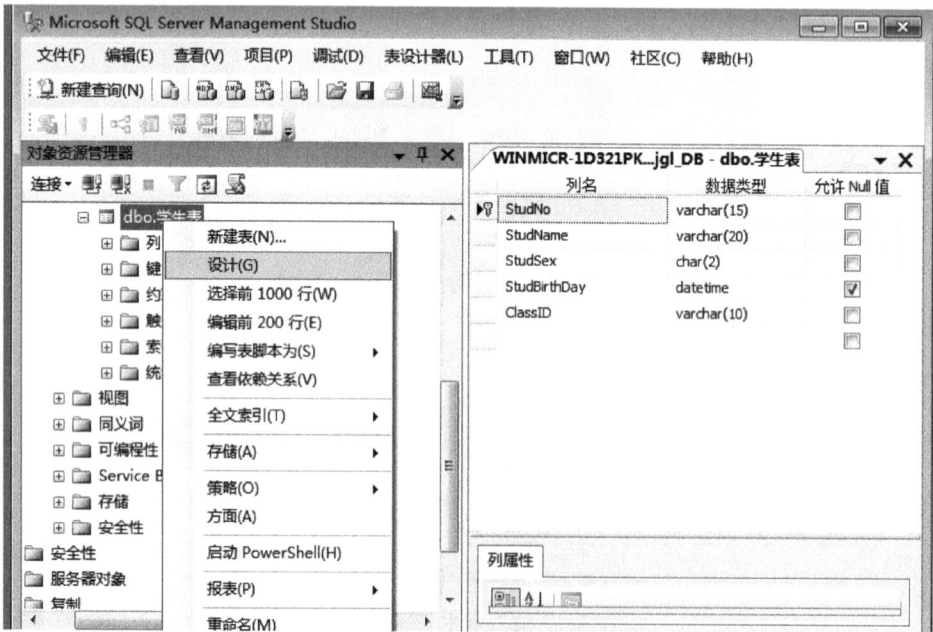

图 3-4　修改数据表

2. 使用 SQL Server Management 删除数据表

对于不需要的数据表,需要删除以节省磁盘空间。选中需要删除的数据表(如学生表),单击鼠标右键,选择"删除"菜单项,如图 3-5 所示,则打开"删除对象"窗口,单击"确定"按钮即可删除数据表。

3. 使用 SQL 语句创建数据表

简化形式的语法如下:

```
CREATE TABLE tablename
```

图 3-5　删除数据表

```
(
    column1 datatype[constraint],
    column2 datatype[constraint],
        …
    columnN datatype[constraint]
)
```

参数：

tablename 是数据表的名称，需自定义；

column1、*column2* 表示字段名称，例如学号、姓名等；

datatype 表示数据类型；

constraint 表示字段长度及字段约束信息，字段与字段之间用逗号分隔。

注意：在创建表时必须以英文半角字符输入，数据表名称和字段名称必须符合标识符规则。

【例 3.2】 创建班级表，数据表结构如表 3-12 所示。

表 3-12　班级表

字段名称（列名）	数据类型（字段长度）	空　　值	PK
ClassID	varchar(15)		Y
ClassName	varchar(50)		
ClassDesc	varchar(100)	Y	

成绩管理系统数据表的创建与维护

```
CREATE TABLE 班级表
(
    ClassID varchar(15) primary key,          -- 主键约束
    ClassName varchar(50) not null,
    ClassDesc varchar(100) null,
)
```

说明：以上 SQL 语句创建的班级表的主键约束和是否为空值的约束，在任务 3.2 中学习。

4. 使用 SQL 语句修改表

ALTER TABLE 命令可以添加或删除表的列和约束，也可以禁用或启用已存在的约束或触发器。ALTER TABLE 的语法较为复杂，这里只介绍修改表时常用的部分。

1）添加新列

语法：

```
ALTER TABLE  table_name ADD   column_name  datatype
```

参数：

table_name：要修改的数据表名。

column_name：要添加的字段名。

datatype：要添加的字段数据类型。

【例 3.3】 修改学生表，增加自动编号新列。

```
ALTER TABLE  学生表  ADD  SID  int  IDENTITY (1,1)
```

说明：该示例中使用了 IDENTITY 属性，指定初值为 1，步长为 1。本例通过使用 IDENTITY 属性，指定标识列初值和增量以实现标识符列。

语法：

```
IDENTITY[(seed,increment)]
```

参数：

seed：初值，装载到表中第一个行所使用的值。

increment：增量值，该值被添加到前一个已装载的行的标识值上。

两者默认初值为(1,1)，该属性与 CREATER TABLE 和 ALTER TABLE 语句一起使用。数据类型必须是 decimal、int、numeric、smallint、bigbit 或 tinyint。

2）删除列

语法：

```
ALTER  TABLE  table_name DROP COLUMN column_name
```

功能：删除数据表。

【例 3.4】 删除学生表，删除自动编号列。

```
ALTER  TABLE  学生表 DROP  COLUMN  SID
```

任务 3.2　设置表的约束

任务概述

（1）在学生表中，把学号约束为主键，姓名、性别和班级编号不允许为空值，性别默认设置为男，班级编号为外键。

（2）在成绩表中，约束学生成绩在 0 到 100 之间。

知识与技能

约束定义必须遵循用于维护数据一致性和正确性的规则，是强制实现数据完整性的主要途径。常用约束有 5 种类型，包括：主键约束、唯一性约束、默认值约束、外键约束和检查约束。

primary key 为主键约束，建立主键可以避免表中存在完全相同的记录，即数据表所有记录唯一且不能为空，主键用于保证实体完整性。

unique 限制数据表某一列中不能存在两值相同的记录，所有记录的值都必须是唯一的。unique 约束优先于唯一索引。

not null 用来限制数据表中某一列的值不能为空。

null 值：没有意义、丢失或不知道是否有意义的值。

default 值：当数据表设计时某个字段设置设有默认值，在数据录入时，该字段若不输入，则以默认值来填充该字段。

check 约束的主要作用是限制输入到一列或多列中的可能值，从而保证 SQL Server 数据库中数据的域完整性。

外键约束，语法如下：

```
ALTER TABLE table_name
ADD CONSTRAINT constraint_name
[FOREIGN KEY]{(column_name[,…n])}
REFERENCES ref_table[(ref_column_name[,…n])]
```

例如：

```
alter table B
add constraint cc
foreign key (id)
references A (id)
```

任务实施

【例 3.5】　在学生表中，如表 3-11 所示，把学号约束为主键，姓名、性别和班级编号不允许为空值，性别默认设置为男，班级编号为外键。

用 SQL 语句实现：

```
DROP TABLE 学生表                              -- 删除学生表
```

成绩管理系统数据表的创建与维护

```
CREATE TABLE 学生表
(
    StudNo varchar(15) primary key,              -- 设置 StudNo(学号)为主键字段
    StudName varchar(20) not null,               -- StudName(姓名)不允许为空
    StudSex char(2) default '男' not null ,       -- StudSex 性别默认录入为"男",不允许为空
    StudBirthDay datetime null,                  -- StudBirthDay(出生日期)允许为空
    ClassID varchar(15) CONSTRAINT FK_ClassID FOREIGN KEY REFERENCES 班级表(ClassID) not null
                                    -- 建立外键 ClassID(班级编号)关系,且不允许为空
)
```

【例 3.6】 在成绩表中,如表 3-13 所示,约束学生成绩在 0 到 100 之间。

表 3-13 成绩表

字段名称(列名)	数据类型(字段长度)	PK
StudNo	varchar(15)	Y
CourseID	varchar(15)	Y
StudScore	numeric(4,1)	

```
CREATE TABLE 成绩表
(
    StudNo varchar(15) primary key,
    CourseID varchar(10) primary key,
    StudScore numeric(4,1) CHECK(StudScore >= 0 AND StudScore <= 100) ,
    -- 使用 CHECK 约束学生成绩在 0 到 100 之间,并允许为空
    Constraint PK_S_C primary key(StudNo, CourseID)      -- 将 StudNo 和 CourseID 建立复合主键
)
```

任务 3.3 为数据表创建相关索引

任务概述

　　SQL Server 的性能受许多因素的影响,因此有效地设计索引可以提高其性能,索引和书的目录类似,如果把表的数据看作书的内容,则索引就是书的目录。本任务是在学生表中,基于"班级编号"列创建非聚集索引,提高访问数据的速度。

知识与技能

　　通常情况下,只有当经常查询索引中的数据时,才需要在表上创建索引。索引将占用磁盘空间,并且降低添加、删除和更新的速度。不过在多数情况下,索引所带来的数据检索速度的优势大大超过它的不足之处。然而,如果应用程序非常频繁地更新数据,或磁盘空间有限,那么最好限制索引的数量。

3.3.1 索引的概念

　　索引是为了加速检索而创建的一种存储结构。简单地说,可以把索引理解为一种特殊的目录。索引是针对一个表而建立的。它是对数据表中一个或多个字段的值进行排序的结

构。用来创建索引的字段称为键列,该字段在索引中的数据称为键值。

索引依赖于表建立,它提供了数据库里编排表中数据的内部方法。一个表的存储是由两部分组成的,一部分用来存放表的数据页面,另一部分存放索引页面。索引就存放在索引页面上,通常索引页面相对于数据页面小得多,当进行数据检索时系统先搜索索引页面,从中找到所需数据的指针,再直接通过指针从数据页面中读取数据。所在,利用索引可以在一些方面提高数据库工作的效率。

(1) 通过创建唯一索引,强行实施数据唯一性。

(2) 可以提高查询速度。

(3) 可以加速表与表之间的连接,这一点在实现数据的参照完整性方面有特别的意义。

(4) 在使用 ORDER BY 和 GROUP BY 子句中进行检索数据时,可以显著减少查询中分组和排序的时间。

(5) 使用索引可以在检索数据的过程中使用优化器,提高系统性能。

3.3.2 索引的类型

索引类型划分可以有多种方式。依据索引的顺序和数据库的物理存储顺序是否相同,可以分为:聚集索引(clustered index,也称聚类索引、簇集索引)和非聚集索引(nonclustered index,也称非聚类索引、非簇集索引),使用的都是 B-Tree 索引结构。

1. 聚集索引

聚集索引的 B-Tree 是由下而上构建的,一个数据页(索引页的叶结点)包含一笔记录,再由多个数据页生成一个中间结点的索引页。接着由数个中间结点的索引页合成更上层的索引页,组合后会生成最顶层的根结点的索引页。在聚集索引的数据页中,记录是已经依照顺序排列好的,当进行查询时,即可从根结点处,一层一层向下寻找。

当新增或者删除记录时,可能会影响到每一个索引页所能够容纳的索引数目,可能需要将索引页进行分隔或者合并,而 B-Tree 的结构与中间结点的数量以及深度就有可能会改变。

聚集索引确定表中数据的物理顺序,对于那些经常要搜索范围值的列特别有效。使用聚集索引找到包含第一个值的行后,便可以确保包含后续索引值的行物理相邻。例如,如果应用程序执行的查询经常检索某一日期范围内的记录,则使用聚集索引可以迅速找到包含开始日期的行,然后检索表中所有相邻的行,直到到达结束日期。这样有助于提高此类查询的性能。同样,如果对从表中检索的数据进行排序时经常要用到某一列,则可以将该表在该列上聚集(物理排序),避免每次查询该列时都进行排序,从而节约成本。

2. 非聚集索引

非聚集索引与书中的索引类似。数据存储在一个地方,索引存储在另一个地方,索引带有指针指向数据的存储位置。索引中的项目按索引键值的顺序存储,而表中的信息按另一种顺序存储。如果在表中未创建聚集索引,则无法保证这些行具有任何特定的顺序。

非聚集索引和聚集索引都有 B-Tree 结构,但两者有很大的差别。

(1) 数据行不按非聚集索引键值的顺序排序和存储。

(2) 非聚集索引的叶层不包含数据页。相反,叶结点包含索引行。每个索引行包含非聚集键值以及一个或多个行定位器,这些行定位器指向有该键值的数据行。

3. 何时使用聚集索引或非聚集索引

下面总结了何时使用聚集索引或非聚集索引，如表 3-14 所示。

表 3-14　何时使用聚集索引或非聚集索引

动作描述	使用聚集索引	使用非聚集索引
列经常被分组排序	应	应
返回某范围内的数据	应	不应
一个或极少不同值	不应	不应
小数目的不同值	应	不应
大数目的不同值	不应	应
频繁更新的列	不应	应
外键列	应	应
主键列	应	应
频繁修改索引列	不应	应

事实上，我们可以通过前面聚集索引和非聚集索引定义的例子来理解上表。如返回某范围内的数据一项，比如某个表有一个时间列，恰好把聚集索引建立在了该列，这时查询 2014 年 1 月 1 日至 2014 年 10 月 1 日之间的全部数据时，这个速度将是很快的，因为这本字典正文是按日期进行排序的，聚集索引只需要找到要检索的所有数据中的开头和结尾数据即可；而不像非聚集索引，必须先查到目录中查到每一项数据对应的页码，然后再根据页码查到具体内容。

注意：索引有助于提高检索性能，但过多或不当的索引也会导致系统低效。因为用户在表中每加进一个索引，数据库就要做更多的工作。过多的索引甚至会导致索引碎片。所以说，我们要建立一个适当的索引体系，特别是对聚集索引的创建，更应精益求精，以使数据库能得到高性能的发挥。当然，在实践中，作为一个尽职的数据库管理员，还要多测试一些方案，找出哪种方案效率最高且最为有效。

3.3.3　索引的创建和管理方法

只有表或视图的所有者才能为表创建索引。表或视图的所有者可以随时创建索引，无论表中是否有数据。可以通过指定限定的数据库名称，为另一个数据库中的表或视图创建索引。

1. 通过 SQL Server Management Studio 创建索引

在 SQL Server Management Studio 中创建索引，首先选择索引所在的数据表，以学生表为例，首先选中"学生表"并展开。在"索引"文件夹上单击右键，然后选中"新建索引"，如图 3-6 所示。

接下来将会打开"新建索引"的管理窗口，如图 3-7 所示，输入索引名称，选择索引类型，然后点击"添加"按钮，将会为指定索引选择相应的表列，如图 3-8 所示。

选定特定的列作为索引，点击"确定"按钮。这时可为索引指定唯一性。如果该字段的值没有重复，则可以将索引设置为唯一索引。再次点击"确定"后该表的索引创建完成，如图 3-9 所示。

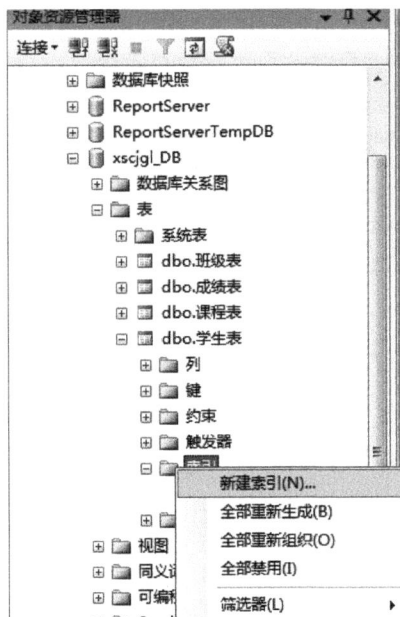

图 3-6　新建索引

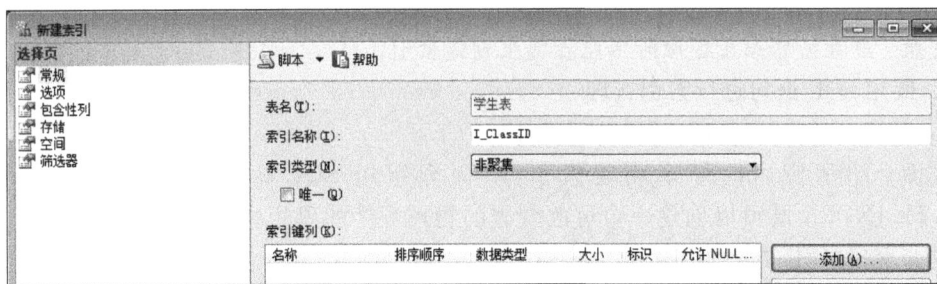

图 3-7　新建索引

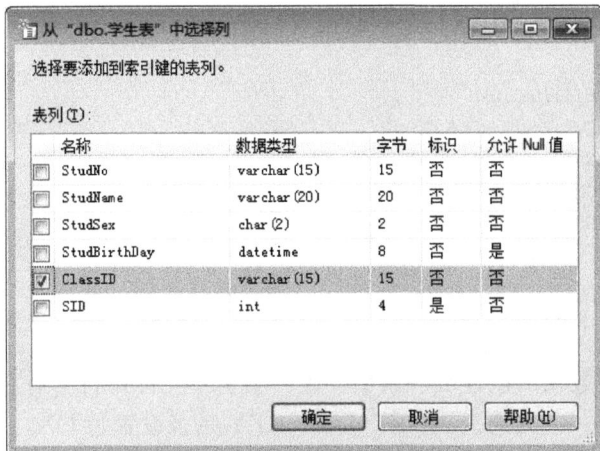

图 3-8　选择作为索引的字段

任务
3

成绩管理系统数据表的创建与维护

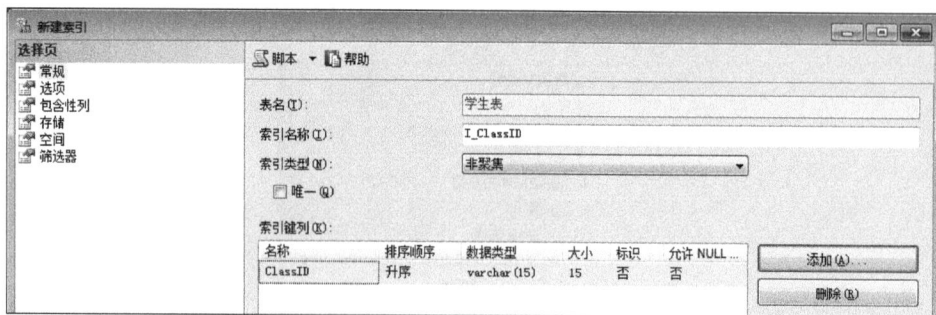

图 3-9　确定是否为唯一索引

需要注意的是，在创建聚集索引时，如果数据表原来已经具有聚集索引，由于每张表的聚集索引是唯一的，这时系统将提示你需要将原有聚集索引删除，如图 3-10 所示。

图 3-10　系统提示

注意：当数据库正在备份时不能在其上创建索引。

2. 使用 SQL 语句进行索引管理

1）用 CREATE INDEX 命令创建索引

前面介绍了使用向导来创建索引，下面介绍用 SQL 语句来创建索引的语法。CREATE INDEX 既可以创建一个可改变表的物理顺序的聚集索引，也可以创建提高查询性能的非聚集索引，语法如下：

```
CREATE [UNIQUE] [CLUSTERED | NONCLUSTERED]
INDEX 索引名
ON {表 | 视图} (列 [ ASC | DESC ] [,…n])
[WITH
[PAD_INDEX]
[[,] FILLFACTOR = fillfactor]
[[,] IGNORE_DUP_KEY]
[[,] DROP_EXISTING]
[[,] STATISTICS_NORECOMPUTE]
[[,] SORT_IN_TEMPDB]
]
[ON filegroup]
```

各参数说明如下。

UNIQUE：为表或视图创建唯一索引。唯一索引不允许两行具有相同的索引键值。视图的聚集索引必须唯一。无论 IGNORE_DUP_KEY 是否设置为 ON，数据库引擎都不允许为已包含重复值的列创建唯一索引。否则，数据库引擎会显示错误消息。必须先删除重复值，然后才能为一列或多列创建唯一索引。唯一索引中使用的列应设置为 NOT NULL，因为在创建唯一索引时,会将多个 NULL 值视为重复值。

CLUSTERED:创建索引时,键值的逻辑顺序决定表中对应行的物理顺序。聚集索引的底层(或称叶级别)包含该表的实际数据行。一个表或视图只允许同时拥有一个聚集索引。在创建任何非聚集索引之前创建聚集索引,创建聚集索引时会重新生成表中现有的非聚集索引。如果没有指定 CLUSTERED,则创建非聚集索引。

NONCLUSTERED:创建一个指定表的逻辑排序的索引。对于非聚集索引,数据行的物理排序独立于索引排序。无论是使用 PRIMARY KEY 和 UNIQUE 约束隐式创建索引,还是使用 CREATE INDEX 显式创建索引。每个表都最多可包含 999 个非聚集索引。对于索引视图,只能为已定义唯一聚集索引的视图创建非聚集索引,默认值为 NONCLUSTERED。

索引名:索引的名称。索引的名称在表或视图中必须唯一,但在数据库中不必唯一。

列:索引所基于的一列或多列。指定两个或多个列名,可为指定列的组合值创建组合索引。在 table_or_view_name 后的括号中,按排序优先级列出组合索引中所包括的列。一个组合索引键中最多可组合 16 列。组合索引键中的所有列必须在同一个表或视图中。组合索引值允许最大为 900 字节。不能将大型对象(LOB)数据类型 ntext、text、varchar(max)、nvarchar(max)、varbinary(max)、xml 或 image 的列指定为索引的键列。另外,即使 CREATE INDEX 语句中并未引用 ntext、text 或 image 列,视图定义中也不能包含这些列。

[ASC | DESC]:确定特定索引列的升序或降序排序方向,默认值为 ASC。

PAD_INDEX:用于指定索引中间级中每个页(节点)上保持开放的空间。

FILLFACTOR=fillfactor:用于在指定创建索引时,每个索引页的数据占索引页大小的百分比,fillfactor 的值为 1~100。

IGNORE_DUP_KEY:用于控制当往包含于一个唯一聚集索引中的列中插入重复数据时 SQL Server 的反应。

DROP_EXISTING:用于指定先前存在且已命名但应删除并重新创建的聚集索引或者非聚集索引。

STATISTICS_NORECOMPUTE:用于指定过期的索引统计不会自动重新计算。

SORT_IN_TEMPDB:用于指定创建索引时的中间排序结果将存储在 tempdb 数据库中。

ON filegroup:用于指定存放索引的文件组。

【例 3.7】 为表 example 创建一个聚集索引。

```
CREATE TABLE example
(
ID INT NOT NULL,
FIRSTNAME CHAR(10),
LASTNAME CHAR(10),
SALARY NUMERIC(4,1)
)
GO
CREATE UNIQUE CLUSTERED INDEX IX_ TEST ID      --创建一个名为 IX_TESTID 的唯一聚集索引
ON example (ID)                                --对 example 表创建,基于 ID 列
```

成绩管理系统数据表的创建与维护

【**例 3.8**】 为表 example 创建唯一复合索引。

```
CREATE UNIQUE INDEX IX_F_LNAME              -- 创建一个名为 IX_F_LNAME 的唯一索引
   ON example (FIRSTNAME, LASTNAME)         -- 对 example 表创建,基于 FIRSTNAME, LASTNAME 列
     WITH
       PAD_INDEX,
       FILLFACTOR = 80,
       IGNORE_DUP_KEY
```

可以使用 CREATE TABLE 或 ALTER TABLE 创建或修改表时创建索引。

2) 使用 DROP INDEX 语句删除索引

删除操作比较简单,其语法如下所示:

```
DROP INDEX table.index[, … n]
```

其中 table 为包含索引的表名,index 为索引名。表名与索引名之间用点号分隔。

【**例 3.9**】 删除表 example 的 IX_F_LNAME 索引。

```
DROP  INDEX  example.IX_F_LNAME
```

任务实施

【**例 3.10**】 对学生表,基于"ClassID"列创建非聚集索引。(用 CREATE INDEX 命令)

```
CREATE  NONCLUSTERED  INDEX  I_ClassID  ON  学生表(ClassID)
```

任务 3.4　向数据表插入、更新和删除数据

任务概述

向成绩管理系统(xscjgl_DB)中的各表插入、更新和删除数据。

3.4.1　数据插入

SQL 语言使用 INSERT 语句为数据表添加数据记录。INSERT 语句通常有两种形式: 一种是一次插入一条记录,另一种是一次插入多条记录。其简化的语法如下:

```
INSERT  [INTO] 表名
[列名 1,列名 2, … ]
VALUES
(值 1,值 2, … )
```

说明:以上语句,into 关键字可以省,列名可以省略,但若有多个列名,以逗号(,)分隔, 多个值也以逗号(,)分隔。表名必须要填写。

注意:如果表之间有关联性存在,例如,表 A 的某个字段参考表 B 时,则必须先输入表 B 的记录,然后才能输入表 A 与之相关的记录,否则将会出错。

【例 3.11】 使用 INSERT 语句为学生表添加新记录。

```
INSERT INTO 学生表
    (StudNo, StudName, StudSex, StudBirthDay, ClassID)
VALUES
    ('1311302202012', '王峰', '男', 1995 - 10 - 1, '1311302202')
```

注意:

(1) 不能违反某列的非空约束,每次要插入一整行数据,不能插入半行或者几列数据。

(2) 数据值的个数要与列数相同,插入的数据要与每列的数据类型相匹配。

(3) INSERT 语句不能为标识列插入数据。

(4) 对于字符类型的列,其数据最好要被单引号括起来。

(5) 虽然可以不指定列名,但最好将列名填写完整。

(6) 若在设计表时,指定某列非空,必须为该列赋值。

(7) 插入的每一列数据必须符合该列的检查约束。

(8) 在设置了某列的默认值,并且还指定了列名的话,则使用 Default 关键字为该列赋值。注意,该用法只能在 Insert Into Values()语句中使用。

3.4.2 数据更新

SQL 语言使用 UPDATE 语句更新或修改满足规定条件的现有记录。其简单语法如下:

```
UPDATE 表名
SET 列名称 = 新值
WHERE 列名称 = 某值
```

注意: 省略 WHERE 条件,则执行全表更新。

【例 3.12】 在学生表中,用 UPDATE 更新学号为'1311302201002'的姓名为'朱军明'。

```
UPDATE 学生表
SET StudName = '朱军明'
WHERE StudNo = '1311302201002'
```

3.4.3 数据删除

SQL 语言使用 DELETE 语句删除数据库表格中的行或记录。其简单语法如下:

```
DELETE FROM 表名
WHERE 删除条件
```

【例 3.13】 在班级表中,用 DELETE 删除班级编号为'20010704'的记录。

```
DELETE FROM 班级表
WHERE ClassID = '20010704'
```

任务实施

【例 3.14】 在班级表中,用 INSERT 语句添加表 3-15 所示的数据。

成绩管理系统数据表的创建与维护

表 3-15 班级表数据

ClassID	ClassName	ClassDesc
1411302201	14 网络 1	很好
1411302202	14 网络 2	较好
1411302203	14 网络 3	好

方法 1：一次插入一条记录的语句。

```
INSERT INTO 班级表
(ClassID, ClassName, ClassDesc)
VALUES
('1411302201', '14 网络 1', '很好')
INSERT INTO 班级表
(ClassID, ClassName, ClassDesc)
VALUES
('1411302202', '14 网络 2', '较好')
INSERT INTO 班级表
(ClassID, ClassName, ClassDesc)
VALUES
('1411302203', '14 网络 3', '好')
```

方法 2：一次插入多条记录。

```
INSERT INTO 班级表
(ClassID, ClassName, ClassDesc)
VALUES
    ('1411302201', '14 网络 1', '很好'),
    ('1411302202', '14 网络 2', '较好'),
    ('1411302203', '14 网络 3', '好')
```

注意：字符数据要求用单引号括起来，如果不用引号括住，数据类型默认为数据值型。

【例 3.15】 在班级表中，用 UPDATE 更新班级编号为'1311301601'的班级描述为'差'。

```
UPDATE 班级表
SET ClassDesc = '差'
WHERE ClassID = '1311301601'
```

【例 3.16】 在班级表中，用 DELETE 删除班级编号为'20000704'的记录。

```
DELETE FROM  班级表
WHERE ClassID = '20000704'
```

小　结

本次任务主要介绍了使用 SQL Server Management Studio 和 SQL 语句实现成绩管理系统数据表的创建、记录的维护和数据表的约束、索引等。

表是一种十分重要的数据库对象。一个表由若干条记录组成，每条记录由若干个字段组成，在一个表中每个字段具有唯一的名称和指定的数据，还可以对字段或字段组合设置某种约束。索引是一种特殊类型的数据库对象,用来提高表中数据的访问速度,并且能够强制实施某些数据完整性(如记录的唯一性)。通常只在查询条件中使用的字段上创建索引。

动 手 实 践

实训目的

(1) 了解数据表的查看方法。

(2) 掌握利用 SQL Server Management Studio 创建数据表的基本方法。

(3) 掌握 CREATE TABLE 创建数据表的基本语法。

(4) 掌握约束的使用方法(PRIMARY KEY,CHECK,FOREIGN KEY)。

(5) 掌握 INSERT、UPDATE 和 DELETE 记录操作语句的使用方法。

实训内容

(1) 展开自己的数据库(如:xscjgl_DB),利用 SQL Server Management Studio 创建下列数据表(见表1~表2),其操作步骤请查阅本任务中的例3.1。

表 1   班级表

字段名称(列名)	数据类型(字段长度)	空 值	PK
ClassID	Varchar(15)		Y
ClassName	Varchar(50)		
ClassDesc	Varchar(100)	Y	

表 2   学生表

字段名称(列名)	数据类型(字段长度)	空 值	PK
StudNo	varchar(15)		Y
StudName	varchar(20)		
StudSex	char(2)		
StudBirthDay	datetime	Y	
ClassID	varchar(15)		

(2) 使用 CREATE TABLE 语句创建数据表(见表3~表4),其操作步骤请查阅本任务中的例3.2。

表 3   课程表

字段名称(列名)	数据类型(字段长度)	空 值	PK
CourseID	varchar(15)		Y
CourseName	varchar(50)		
CourseType	varchar(10)		
CourseCredit	numeric(3,1)		
CourseDesc	varchar(100)	Y	

成绩管理系统数据表的创建与维护

表 4 成绩表

字段名称(列名)	数据类型(字段长度)	PK
StudNo	varchar(15)	Y
CourseID	varchar(15)	Y
StudScore	numeric(4,1)	

（3）使用 INSERT 语句向数据表中添加以下记录(见表 5～表 6)。

表 5 课程表中的数据

CourseID	CourseName	CourseType	CourseCredit	CourseDesc
A001	SQL	B	4.0	专业课
A002	java	B	4.0	专业课
A003	计算机基础	A	2.0	公共基础课
A004	大学英语	A	2.0	公共基础课

表 6 成绩表中的数据

StudNo	CourseID	StudScore
121130250101	A001	100
121130250101	A002	90
121130250101	A003	95
121130250102	A001	30

（4）在课程表中,用 UPDATE 更新课程编号为'A001'的课程名称为'SQL Server'。

（5）在成绩表中,用 UPDATE 更新学号为'121130250101'的,且课程编号为'A001'的成绩为'75'。

（6）在课程表中,用 DELETE 删除课程编号为'A002'的记录。

任务 4 成绩管理系统的数据查询

任务 4.1 简单查询成绩管理数据库的信息

任务概述

我们知道数据库通常包含大量数据,要从海量的数据中找到我们需要的某条记录无异于大海捞针,不过通过 SQL 语言我们可以找到很多方法从数据库中提取我们要查找的特定数据。本次任务完成下三条查询。

（1）查询所有学生的基本信息。

（2）查询学生的信息,包含学号、姓名和性别。

（3）查询学生的信息,包含学号、姓名和性别,查询结果以"学生信息"为表名存储。

知识与技能

4.1.1 SQL 简单查询

数据库存在的意义在于将数据组织在一起,以方便查询。"查询"的含义就是用来描述从数据库中获取数据和操纵数据的过程。SQL 语言中最主要、最核心的部分是它的查询功能。查询语言用来对已经存在于数据库中的数据按照特定的组合、条件表达式或者一定次序进行检查。SQL 语言使用 SELECT 语句来实现数据的查询,并按用户要求检索数据,将查询结果以表格的形式返回。

SELECT 查询语句功能强大,语法较为复杂,下面介绍 SELECT 语句精简结构。

语法:

```
SELECT select_list
[INTO new_table_name]
FROM table_list
[WHERE search_conditions]
[GROUP BY group_by_list]
[HAVING search_conditions]
[ORDER BY order_list [ASC | DESC ] ]
```

说明：SELECT 指定了要查看的列(字段),FROM 指定了这些数据来自哪里(表或视图)。

参数：

select_list：表示需要检索的字段的列表，字段名称之间使用逗号分隔。在这个列表中不但可以包含数据源表或视图中的字段名称，还可以包含其他表达式，例如常量或 SQL 函数。如果使用 * 来代替字段的列表，那么系统将返回数据表中的所有字段。

INTO new_table_name：该子句将指定使用检索出来的结果集创建一个新的数据表。new_table_name 为这个新数据表的名称。

FROM table_list：使用这个句子指定检索数据的数据表的列表。

GROUP BY group_by_list：GROUP BY 子句根据参数 group_by_list 提供的字段将结果集分成组。

HAVING search_conditions：HAVING 子句是应用于结果集的附加筛选，search_conditions 将用来定义筛选条件。从逻辑上讲，HAVING 子句将从中间结果集对记录进行筛选，这些中间结果集是用 SELECT 语句中的 FROM、WHERE 或 GROUP BY 子句创建的。

ORDER BY order_list［ASC | DESC ］：ORDER BY 子句用来定义结果集中记录排列的顺序。order_list 将指定排序时需要依据的字段的列表，字段之间使用逗号分隔。ASC 和 DESC 关键字分别指定记录是按升序还是降序排序。

4.1.2　SELECT 语句的执行过程

（1）读取 FROM 子句中基本表和视图的数据，执行笛卡儿积操作。

（2）选取满足 WHERE 子句中给出的条件表达式的元组。

（3）按 GROUP BY 子句中指定列的值分组，同时提取满足 HAVING 子句中组条件表达式的那些组。

（4）按 SELECT 子句中给出的列名或列表达式求值输出。

（5）按 ORDER BY 子句对输出的目标进行排序，按附加说明 ASC 升序排列，或按 DESC 降序排列。

简单的 Transact-SQL 查询只包括选择列表、FROM 子句和 WHERE 子句。它们分别说明所查询的列，查询的表或视图，以及搜索条件等。

1. 选择列表

选择列表（select_list）指出所查询列，它可以由一组列名列表、星号、表达式和变量（包括局部变量和全局变量）等构成。

1）查询表中所有的列

```
SELECT * FROM table_name
```

【例 4.1】　查询课程表中的所有数据。

```
SELECT * FROM 课程表
```

2）查询表中指定的列

```
SELECT column_name1[,column_name2, … ]FROM table_name
```

说明：多个字段用逗号（英文状态输入）隔开，查询结果集合中数据的排列顺序与选择列表中所指定的列名排列顺序相同。

【例 4.2】 查询课程表中课程编号、课程名称两列的信息。

SELECT CourseID, CourseName FROM 课程表

3）使用别名

在显示结果时，可以指定以别名来代替原来的字段名称，定义格式有以下三种。

新列标题 = 原列名
原列名 新列标题
原列名 AS 新列标题

如果指定的列标题不是标准的标识符格式时，应使用引号定界符，例如，例 4.3 中使用大写字母显示列标题。

【例 4.3】 查询课程表中的课程编号、课程名称和学分的信息，要求字段分别用"课程编号"、"课程名称"和"学分"来表达。

SELECT 课程编号 = CourseID, CourseName 课程名称, CourseCredit AS 学分 FROM 课程表

4）消除重复行

SELECT 语句中使用 ALL 或 DISTINCT 选项来显示表中符合条件的所有行或删除其中重复的数据行，默认为 ALL。使用 DISTINCT 选项时，对于所有重复的数据行在SELECT 返回的结果集合中只保留一行。

【例 4.4】 查询成绩表中不重复的学号记录。

SELECT DISTINCT StudNo FROM 成绩表

【例 4.5】 查询学生表中姓名和性别不重复的记录。

SELECT DISTINCT StudName, StudSex FROM 学生表

5）限制返回的行数

在数据查询时，经常需要查询最好的、最差的、最前和最后的几条记录，这时需要使用TOP 关键字进行数据查询。

TOP n［PERCENT］选项限制返回的数据行数，TOP n 说明返回前 n 行，而 TOP n PERCENT 时，说明 n 是表示一百分数，指定返回的行数等于总行数的百分之几。

WITH TIES 选项只能在使用了 ORDER BY 子句后才能使用，当指定此项时除了返回由 TOP n PERCENT 指定的数据行外，还要返回与 TOP n PERCENT 返回的最后一行记录中由 ORDER BY 子句指定的列的列值相同的数据行。

【例 4.6】 查询学生表中前 5 条记录。

SELECT TOP 5 * FROM 学生表

【例 4.7】 查询学生表中 5％条记录。

SELECT TOP 5 PERCENT * FROM 学生表

6）使用 INTO 子句

INTO new_table_name 子句将查询的结果集创建一个新的数据表。参数 new_table_

name 指定了新建的表的名称,新表的列由 SELECT 子句中指定的列构成,且查询结果各列必须具有唯一的名称,新表中的数据行是由 WHERE 子句指定的。但如果 SELECT 子句中指下了计算列在新表中对应的列则不是计算列,而是一个实际存储在表中的列其中的数据,由执行 SELECT…INTO 语句时计算得出。

【例 4.8】 将学生表中查询的学号和姓名字段结果存储到新表,新表名为"学生信息表"。

```
SELECT   StudNo,StudName
INTO 学生信息表
FROM 学生表
```

2. FROM 子句

FROM 子句指定 SELECT 语句查询及与查询相关的表或视图。在 FROM 子句中最多可指定 256 个表或视图,它们之间用逗号分隔。

在 FROM 子句同时指定多个表或视图时,如果选择列表中存在同名列,这时应使用对象名限定这些列所属的表或视图。

语法:

```
[ FROM {源表名|源视图[,…n] }]
```

在 FROM 子句中可用以下两种格式为表或视图指定别名:

```
表名 AS 别名
表名 别名
```

【例 4.9】 查询学号、姓名和成绩信息。

```
SELECT X.StudNo, StudName, StudScore
FROM 学生表 AS X,成绩表 C
WHERE X.StudNo = C.StudNo      -- 查询条件,查询字段在两张表,这两张表要有相关联的字段,条件
                               -- 查询见任务 4.2
```

任务实施

(1) 查询所有学生的基本信息。

SQL 查询语句为:

```
SELECT   *
FROM 学生表
```

查询结果如图 4-1 所示。

(2) 查询学生的信息,包含学号、姓名和性别。

SQL 查询语句为:

```
SELECT StudNo, StudName,StudSex
FROM   学生表
```

查询结果如图 4-2 所示。

(3) 查询学生的信息,包含学号、姓名和性别,查询结果以"学生信息表"为表名存储。

图 4-1　学生信息查询结果

图 4-2　查询结果

SQL 查询语句为：

```
SELECT 学号 = StudNo, StudName 姓名, StudSex AS 性别
INTO 学生信息表
FROM 学生表
```

执行成功后，消息窗口显示如图 4-3 所示。

打开"学生信息表"，在对象资源管理器窗口中，右击"xscjgl_DB"，在弹出的菜单中选择"刷新"，可以看见刚才生成的"学生信息表"；右击"学生信息表"，在弹出的菜单中选择"选择前 1000 行"，打开的表如图 4-4 所示。

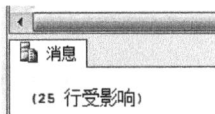

图 4-3　执行结果

图 4-4　"学生信息表"记录

成绩管理系统的数据查询

任务 4.2　带条件的查询

任务概述

(1) 查询学号为"121130250101"的所有成绩信息。

(2) 查询学号为"121130250101",且课程编号为"A001"的成绩信息。

(3) 查询学号为"121130250101"的成绩,并按成绩的升序排序。

(4) 查询成绩在 80~90 分(不含 90)之间的成绩信息。

知识与技能

本任务使用 WHERE 子句设置查询条件。WHERE 子句指定了要查询哪些行(记录),通过设置查询条件,过滤掉不需要的数据行。

语法:

WHERE <查询条件>

【例 4.10】　在学生表中,查询在 1995 年 1 月 1 日之前出生的所有学生信息。

```
SELECT *
FROM 学生表
WHERE StudBirthDay<'1995－1－1'
```

WHERE 子句可包括各种条件运算符。

比较运算符(大小比较):$>$、$>=$、$=$、$<$、$<=$、$<>$、$!>$ 和 $!<$。

范围运算符(表达式值是否在指定的范围内):BETWEEN … AND … 和 NOT BETWEEN…AND…。

列表运算符(判断表达式是否为列表中的指定项):IN (项 1,项 2…)和 NOT IN (项 1,项 2…)。

模式匹配符(判断值是否与指定的字符通配格式相符):LIKE 和 NOT LIKE。

空值判断符(判断表达式是否为空):IS NULL 和 NOT IS NULL。

逻辑运算符(用于多条件的逻辑连接):NOT、AND 和 OR。

1. 比较查询条件

比较查询条件由表达式的双方和比较运算符组成,如表 4-1 所示,系统将根据该查询条件的真假来决定某一条记录是否满足该查询条件,只有满足该查询条件的记录才会出现在最终结果集中。

表 4-1　比较运算符

运　算　符	含　　义	运　算　符	含　　义
=	等于	<>	不等于
>	大于	!>	不大于
<	小于	!<	不小于
>=	大于等于	!=	不等于
<=	小于等于		

【例 4.11】　查询姓名为李四的学生信息。

```
SELECT * FROM 学生表
WHERE StudName = '李四'
```

【例 4.12】　查询所有不合格的成绩记录。

```
SELECT * FROM 成绩表
WHERE StudScore < 60
```

【例 4.13】　查询成绩不是 100 分的所有成绩信息。

```
SELECT * FROM 成绩表
WHERE StudScore <> 100
```

或

```
SELECT * FROM 成绩表
WHERE StudScore! = 100
```

2. 逻辑运算符

优先级为 NOT、AND、OR。

1) 逻辑非(NOT)

用于反转查询条件的结果,即对指定的条件取反。

【例 4.14】　查询性别为男性的学生信息,显示学号、姓名和性别。

```
SELECT StudNo,StudName,StudSex FROM 学生表
WHERE NOT StudSex = '女'
```

2) 逻辑与(AND)

连接两个布尔型表达式并当两个表达式都为 TRUE 时返回 TRUE。当语句中有多个逻辑运算符时,AND 运算符将首先计算。可以通过使用括号更改计算次序。

【例 4.15】　查询姓名为李四,且是女性的学生信息。

```
SELECT *
FROM 学生表
WHERE StudName = '李四' AND StudSex = '女'
```

3) 逻辑或(OR)

将两个条件结合起来。当在一个语句中使用多个逻辑运算符时,在 AND 运算符之后求 OR 运算符的值。但是,通过使用括号可以更改求值的顺序。

【例 4.16】 查询成绩为 70 分或 80 分的成绩信息。

```
SELECT *
FROM 成绩表
WHERE StudScore = 70 OR StudScore = 80
```

3. 范围查询条件

内含范围条件(BETWEEN…AND…):要求返回记录某个字段的值在两个指定值范围内,同时包括这两个指定的值。

排除范围条件(NOT BETWEEN…AND…):要求返回记录某个字段的值在两个指定值范围以外,并不包括这两个指定的值。

【例 4.17】 查询成绩为 70 至 80 分之间(含 80)的成绩信息。

方法 1:使用 BETWEEN…AND…。

```
SELECT *
FROM 成绩表
WHERE StudScore BETWEEN 70 AND 80
```

方法 2:使用逻辑运算符 AND。

说明:BETWEEN 70 AND 80 相当于 StudScore >=70 AND StudScore =<80。

【例 4.18】 查询成绩为不在 70~80 分之间的成绩信息。

方法 1:使用 NOT BETWEEN…AND…。

```
SELECT *
FROM 成绩表
WHERE StudScore NOT BETWEEN 70 AND 80
```

方法 2:使用逻辑运算符 OR。

```
SELECT *
FROM 成绩表
WHERE StudScore < 70 OR StudScore > 80
```

【例 4.19】 查询学号为 1311302202001,且成绩在[70,80]分的成绩信息。

方法 1:使用 BETWEEN…AND…。

```
SELECT *
FROM 成绩表
WHERE StudNo = '1311302202001' AND StudScore BETWEEN 70 AND 80
```

方法 2:使用逻辑运算符 AND。

```
SELECT *
FROM 成绩表
WHERE StudNo = '1311302202001' AND StudScore >= 70 AND StudScore <= 80
```

4. 列表查询条件

包含列表查询条件的查询将返回所有与列表中的任意个值匹配的记录,通常使用 IN 关键字来指定列表查询条件。

格式：

IN(列表值 1, 列表值 2, …)

列表中的项目之间必须使用逗号分隔，并且括在括号中。

【例 4.20】 查询学号为 121130250101 和 121130250102 的学生信息，显示学号、姓名和出生日期。

方法 1：使用 IN 关键字。

```
SELECT StudNo,StudName,StudBirthDay
FROM 学生表
WHERE StudNo IN('121130250101','121130250102')
```

方法 2：使用逻辑运算符 OR。

```
SELECT StudNo,StudName,StudBirthDay
FROM 学生表
WHERE StudNo = '121130250101' OR StudNo = '121130250102'
```

【例 4.21】 查询学号不是 121130250101 和 121130250102 的学生信息，显示学号、姓名和出生日期。

```
SELECT StudNo,StudName,StudBirthDay
FROM 学生表
WHERE StudNo NOT IN('121130250101','121130250102')
```

5. 模式查找条件

所谓模式是一种特殊的字符串，其特殊之处在于它不仅可以包含普通字符，还可以包含通配符，用于表示任意的字符串。在实际应用中，如果需要从数据库中查询一批记录，但又不能给出精确的查询条件，在这种情况下，就可以使用 LIKE 运算符和通配符来实现模糊查询。格式如下：

```
<字符串表达式> [NOT] LIKE <模式>
```

说明：

(1) 在 LIKE 运算符前面使用 NOT 运算符，表示对运算结果取一次反。

(2) 可用于 char、varchar、text、ntext、datetime 和 smalldatetime 等类型的查询。

(3) 模式查询条件常用来返回符合某种格式的所有记录。可使用表 4-2 中的通配字符。

LIKE 关键字使用通配符来表示字符串需要匹配的模式，如表 4-2 和表 4-3 所示。

表 4-2 与 LIKE 运算符一起使用的通配符

通配符	含 义
%	包含 0 个或更多字符组成的任意字符串，起占位符作用，代替数目不确定的字符
_（下划线）	任意一个字符，一个汉字或全角字符也算一个字符
[ ]	位于指定范围中的任意一个字符。如：[a-d]或[abcd]均表示 a-d 之间的任意一个字符
[^]	不在指定范围中的任意一个字符。如：[^a-d]或[^abcd]均表示 a-d 之外的任意字符

成绩管理系统的数据查询

表 4-3　通配符作为文字和[]通配符一览表

符　号	含　义
LIKE '6[%]'	6%
LIKE '[_]d'	_d
LIKE '[a-cf]'	a、b、c 或 f
LIKE '[-acdf]'	一、a、c、d 或 f
LIKE '[[]'	[
LIKE ']'	]
LIKE 'abc[_]d%'	abc_d 和 abc_de
LIKE 'abc[def]'	abcd、abce、abcf

【例 4.22】　在学生表中,查找姓"李"的学生。

```
SELECT *
FROM 学生表
WHERE StudName LIKE '李%'
```

【例 4.23】　在学生表中,查找姓"李"、姓"张"和姓"陈"的学生。

```
SELECT *
FROM 学生表
WHERE StudName LIKE '[李张陈]%'
```

【例 4.24】　在学生表中,查询姓名中含有"三"字的学生信息。

```
SELECT *
FROM 学生表
WHERE StudName LIKE '%三%'
```

【例 4.25】　在学生表中,查询姓名第二个字为"丽"字的学生信息。

```
SELECT *
FROM 学生表
WHERE StudName LIKE '_丽%'
```

【例 4.26】　在学生表中,检索学号末位数字不在 2~4 范围内的学生。

```
SELECT *
FROM 学生表
WHERE StudName LIKE '%[^2-4]'
```

6. 空值判断查询条件

空值判断查询条件常用来查询某一字段值为空值的记录,可以使用 IS NULL 或 IS NOT NULL 关键字来指定这种查询条件。

注:NULL 值表示字段的数据值未知或不可用,它并不表示零(数字值或二进制值)、零长度的字符串或空白(字符值)。

【例 4.27】　查询出生日期为空值的学生记录。

```
SELECT *
FROM 学生表
```

```
WHERE StudBirthDay IS NULL
```

【例 4.28】 查询出生日期不为空值的学生记录。

```
SELECT *
FROM 学生表
WHERE StudBirthDay IS NOT NULL
```

7. 对查询结果进行排序

在 SELECT 语句中，可以使用 ORDER BY 子句对查询返回的结果进行排序。

语法：

```
ORDER BY {column_name [ASC|DESC]} [, …n]
```

参数：

column_name：需排序的列名。

ASC 表示升序，为默认值，DESC 为降序，排序时，空值（NULL）被认为是最小值。

ORDER BY 不能按 ntext、text 或 image 数据类型进行排序。

n：可以选择多列进行排序。

【例 4.29】 查询课程编号为 A002 的成绩信息，并按成绩由高到低排序。

```
SELECT *
FROM 成绩表
WHERE CourseID = 'A002'
ORDER BY StudScore DESC
```

【例 4.30】 查询在 1995 年出生的学生信息，并按年龄由大至小排序，年龄相同按姓名降序排序。

```
SELECT *
FROM 学生表
WHERE StudBirthDay >= '1995-01-01' AND StudBirthDay <= '1995-12-31'
ORDER BY StudBirthDay ASC, StudName DESC
```

【例 4.31】 在成绩表中，查询课程编号为 A001 的成绩中最高分的前 3 名。

```
SELECT TOP 3 *
FROM 成绩表
WHERE CourseID = 'A001'
ORDER BY StudScore DESC
```

注意：next、text 和 image 数据类型的字段不能用作 ORDER BY 排序的字段。

任务实施

（1）查询学号为"121130250101"的所有成绩信息。

SQL 查询语句为：

```
SELECT *
FROM 成绩表
WHERE StudNo = '121130250101'
```

查询结果如图 4-5 所示。

(2) 查询学号为“121130250101”,且课程编号“A001”的成绩信息。

SQL 查询语句为:

```
SELECT *
FROM 成绩表
WHERE StudNo = '121130250101' AND CourseID = 'A001'
```

查询结果如图 4-6 所示。

	StudNo	CourseID	StudScore
1	121130250101	A001	100.0
2	121130250101	A002	90.0
3	121130250101	A003	95.0

图 4-5 查询结果

	StudNo	CourseID	StudScore
1	121130250101	A001	100.0

图 4-6 查询结果

(3) 查询学号为“121130250101”的成绩,并按成绩的升序排序。

SQL 查询语句为:

```
SELECT *
FROM 成绩表
WHERE StudNo = '121130250101'
ORDER BY StudScore ASC
```

查询结果如图 4-7 所示。

(4) 查询成绩在 80 至 90 分(不含 90)之间的成绩信息。

SQL 查询语句为:

```
SELECT *
FROM 成绩表
WHERE StudScore >= 80 AND StudScore < 90
```

查询结果如图 4-8 所示。

	StudNo	CourseID	StudScore
1	121130250101	A002	90.0
2	121130250101	A003	95.0
3	121130250101	A001	100.0

图 4-7 查询结果

	StudNo	CourseID	StudScore
1	121130250103	A001	85.0
2	121130250103	A004	80.0
3	121130250103	A005	85.0
4	121130250103	A006	86.0
5	1311302101001	A002	85.0
6	1311302202001	A003	80.0
7	1311302202003	A002	85.0
8	1311302202003	A006	83.0
9	1311302202005	A001	88.0
10	1311302202006	A002	80.0

图 4-8 查询结果

任务 4.3　统计学生成绩等基本信息

任务概述

很多时候,我们希望能够通过对数据进行分析,总结出规律和趋势或生成高水平的报表。例如,对于任课老师来说,他要对各班成绩进行数据分析,包含求总分、平均分、最高分和最低分等。SQL 提供了聚合函数功能来支持对大量数据进行总结的操作。在本任务中,我们将具体来看看这些函数的功能和用法,包括数据汇总、计算平均值的函数,对符合特定标准的记录进行计数的函数,以及找出表中最大值和最小值的函数。

（1）统计所有课程的总分、平均分,最高分、最低分和考试人数。

（2）统计各课程的总分、平均分,最高分、最低分和考试人数。

（3）统计各个分数段的人数。

知识与技能

4.3.1　GROUP BY 子句

按指定的条件进行分类汇总,并且如果 SELECT 子句＜SELECT select-list＞中包含聚合函数,则计算每组的汇总值。

语法:

```
[GROUP BY [ALL] group_by_sepression [,…n]]
```

参数:

ALL:包含所有组和结果集,如果访问远程表的查询中有 WHERE 子句,则不支持 GROUP BY ALL 操作。

group_by_sepression:对其执行分组的表达式,group_by_sepression 也称为分组列。在选择列表内定义的列的别名不能用于指定分组列。注意:在使用 GROUP BY 子句时,只有聚合函数和 GROUP BY 分组的字段才能出现在 SELECT 子句中。

1. 聚合函数

聚合函数在数据库数据的查询分析中,应用十分广泛。聚合函数（aggregate functions）在查询结果集中生成汇总值。聚合函数（COUNT(＊)以外）处理单个列中全部所选的值以生成一个结果值。聚合函数可以应用于表中的所有行、WHERE 子句指定的表的子集或表中一组或多组行。应用聚合函数后,每组行都将生成一个值。

1）求和函数 SUM()

语法:SUM([ALL|DISTINCT] expression)

结果:返回数字表达式中所有值的和。

在查询语句的语法如下:

```
SELECT SUM(column_name)
FROM table_name
```

说明：SUM()函数只能作用于数值型数据，即列 column_name 中的数据必须是数值型的。

【例 4.32】 从成绩表中统计学号为 121130250101 的总成绩。查询结果如图 4-9 所示，代码如下：

```
SELECT SUM(StudScore)
FROM 成绩表
WHERE StudNo = '121130250101'
```

说明：上述代码查询结果的列名显示为无列名，如果要求显示列名为总成绩，查询结果如图 4-10 所示。代码如下：

```
SELECT SUM(StudScore) 总成绩
FROM 成绩表
WHERE StudNo = '121130250101'
```

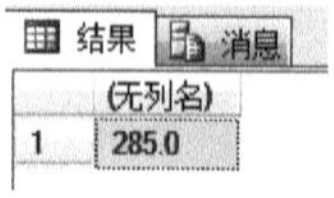

图 4-9 查询结果    图 4-10 查询结果

2）求平均函数 AVG()

语法：AVG([ALL|DISTINCT] expression)

结果：返回数字表达式中所有值的平均值。

3）计数函数 COUNT()

语法：COUNT([ALL|DISTINCT] expression)

结果：返回表达式中值的个数。

语法：COUNT(*)

结果：返回选定的行数。

【例 4.33】 从成绩表中统计学号为 121130250101 的平均分，并统计课程门数。查询结果如图 4-11 所示，代码如下：

```
SELECT AVG(StudScore) 平均分,COUNT(StudScore) 课程门数
FROM 成绩表
WHERE StudNo = '121130250101'
```

从图 4-11 的查询结果可以看出，平均分的小数点无保留，如果要求保留一位小数，可用 CAST 函数，查询结果如图 4-12 所示，代码如下：

```
SELECT CAST(AVG(StudScore) AS numeric(4,1)) 平均分,COUNT(StudScore) 课程门数
FROM 成绩表
WHERE StudNo = '121130250101'
```

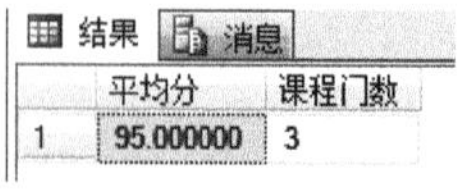

图 4-11 查询结果    图 4-12 查询结果

4）最大值函数 MAX()

语法：MAX(expression)

结果：返回表达式中的最大值。

5）求最小值函数 MIN()

语法：MIN(expression)

结果：返回表达式中的最小值。

【例 4.34】 在成绩表中，查询学号为 121130250101 的最高成绩和最低成绩。查询结果如图 4-13 所示，代码如下：

```
SELECT MAX(StudScore) 最高分,MIN(StudScore) 最低分
FROM 成绩表
WHERE StudNo = '121130250101'
```

聚合函数既可以单独查询，也可以在一条查询语句中同时统计。

【例 4.35】 在成绩表中，统计学号为 20140111001 的总分、平均分、课程门数、最高分和最低分。查询结果如图 4-14 所示，代码如下：

```
SELECT SUM(StudScore) 总成绩,CAST(AVG(StudScore) AS numeric(4,1)) 平均分,
COUNT(StudScore) 课程门数, MAX(StudScore) 最高分, MIN(StudScore) 最低分
FROM 成绩表
WHERE StudNo = '121130250101'
```

结果 消息

	最低分	最低分
1	100.0	90.0

图 4-13 查询结果

结果 消息

	总成绩	平均分	课程门数	最高分	最低分
1	285.0	95.0	3	100.0	90.0

图 4-14 综合统计结果

2. GROUP BY 和聚合函数

聚合函数通常与 GROUP BY 子句一起使用，对给定字段分组之后的结果进行分类汇总。GROUP BY 有一个原则，就是 SELECT 后面的所有列中，没有使用聚合函数的列，必须出现在 GROUP BY 后面。

【例 4.36】 统计各学生平均分。查询结果如图 4-15 所示。代码如下：

```
SELECT StudNo, CAST(AVG(StudScore) AS numeric(4,1)) AVGScore
FROM 成绩表
GROUP BY StudNo
```

结果 消息

	StudNo	AVGScore
1	121130250101	95.0
2	121130250102	40.0
3	121130250103	88.7
4	1311302101001	85.0
5	1311302101002	62.5
6	1311302102002	65.0
7	1311302202001	68.3

图 4-15 按学号分类计算平均分

【例 4.37】 统计各学生总分、课程门数和平均分。查询结果如图 4-16 所示。代码如下：

```
SELECT StudNo 学号, SUM(StudScore) 总成绩,CAST(AVG(StudScore) AS numeric(4,1)) 平均分,COUNT
( * ) 课程门数
FROM 成绩表
GROUP BY StudNo
```

结果　消息

	学号	总成绩	平均分	课程门数
1	121130250101	285.0	95.0	3
2	121130250102	120.0	40.0	3
3	121130250103	621.0	88.7	7
4	1311302101001	340.0	85.0	4
5	1311302101002	250.0	62.5	4
6	1311302102002	130.0	65.0	2
7	1311302202001	205.0	68.3	3
8	1311302202002	298.0	49.7	6

图 4-16　按学号分类汇总

3. HAVING 子句

HAVING 子句指定组或聚合的搜索条件。HAVING 子句通常与 GROUP BY 子句一起使用。如果不使用 GROUP BY 子句，HAVING 的行为与 WHERE 子句一样。但是聚合函数可以在 HAVING 子句中使用，而不能在 WHERE 子句中使用。

WHERE 子句的作用是在对查询结果进行分组前，将不符合 WHERE 条件的行去掉，即在分组之前过滤数据，条件中不能包含聚合函数，使用 WHERE 条件显示特定的行。

HAVING 子句的作用是筛选满足条件的组，即在分组之后过滤数据，条件中经常包含聚合函数，使用 HAVING 条件显示特定的组，也可以使用多个分组标准进行分组。

HAVING 子句被限制于已经在 SELECT 语句中定义的列和聚合表达式上。通常，你需要通过在 HAVING 子句中重复聚合函数表达式来引用聚合值，就如你在 SELECT 语句中做的那样。

【例 4.38】 查询平均分 80 分以上的学生记录，使用 HAVING 子句。查询结果如图 4-17 所示。代码如下：

```
SELECT StudNo, CAST(AVG(StudScore) AS numeric(4,1)) AVGScore,COUNT( * ) CourseCount
FROM 成绩表
GROUP BY StudNo
HAVING AVG(StudScore)> = 80
```

【例 4.39】 查询补考科目大于 2 科的学生(学号，补考科目)，查询结果如图 4-18 所示。代码如下：

```
SELECT StudNo 学号, COUNT( * ) 补考科目数
FROM 成绩表
WHERE StudScore < 60
GROUP BY StudNo
HAVING(COUNT(StudScore)> 2)
```

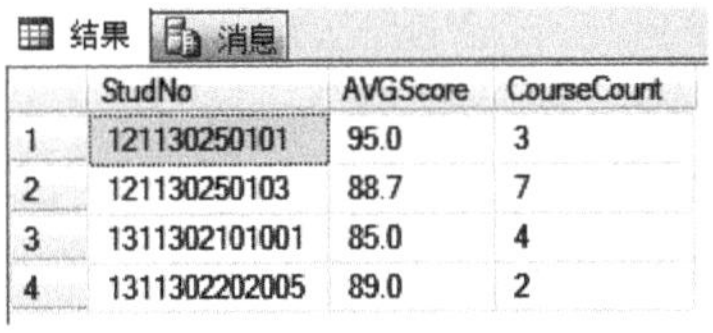

	StudNo	AVGScore	CourseCount
1	121130250101	95.0	3
2	121130250103	88.7	7
3	1311302101001	85.0	4
4	1311302202005	89.0	2

图 4-17　查询结果

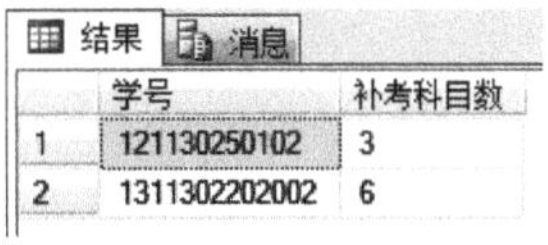

	学号	补考科目数
1	121130250102	3
2	1311302202002	6

图 4-18　查询结果

4.3.2　UNION 子句

UNION 是数据库 Translate-SQL 中的运算符，可以将两个或多个 SELECT 语句的结果合成一个结果集。这与使用连接组合两个表中的列不同。使用 UNION 组合两个查询结果集的两个基本规则是：

(1) 使用 UNION 组合的结果集都必须具有相同的结构，且列数相同。

(2) 相应的结果集列的数据类型必须兼容。

注意：

(1) UNION 中的每一个查询所涉及数据的列必须具有相同的列数和相同的数据类型，并以相同的顺序出现。

(2) 最后结果集中的列名来自第一个 SELECT 语句。

(3) 若 UNION 中包含 ORDER BY 子句，则将对最后的结果集排序。

(4) 在合并结果集时，默认从最后的结果集中删除重复的行，除非使用 ALL 关键字。

UNION 运算符的指定格式如下：

```
SELECT 语句
UNION [ALL]
SELECT 语句
```

【例 4.40】　使用 UNION 统计课程编号为“A001”各分数段人数，[90,100]为优秀，[80,90)为良好，[60,80)为一般，60 分以下为不合格。查询结果如图 4-19 所示。代码如下：

```
SELECT '优秀' AS 等级, '[90,100]' AS 分数段,COUNT( * ) as 人数
FROM 成绩表
WHERE CourseID = 'A001' AND StudScore BETWEEN 90 AND 100
UNION
SELECT '良好' AS 等级, '[80,90)' AS 分数段,COUNT( * ) as 人数
FROM 成绩表
WHERE CourseID  = 'A001' AND StudScore > = 80 AND StudScore < 90
UNION
SELECT '一般' AS 等级, '[60,80)' AS 分数段,COUNT( * ) as 人数
FROM 成绩表
WHERE CourseID = 'A001' AND StudScore > = 60 AND StudScore < 80
UNION
SELECT '不合格' AS 等级, '[0,60)' AS 分数段, COUNT( * ) as 人数
FROM 成绩表
WHERE CourseID = 'A001' AND StudScore < 60
```

	等级	分数段	人数
1	不合格	[0,60)	3
2	良好	[80,90)	2
3	一般	[60,80)	5
4	优秀	[90,100]	2

图 4-19　查询结果

任务实施

(1) 统计所有课程的总分、平均分、最高分、最低分和考试人数。查询结果如图 4-20 所示,代码如下:

```
SELECT SUM(StudScore) 总分,CAST(AVG(StudScore) AS numeric(4,1)) 平均分,
MAX(StudScore) 最高分, MIN(StudScore) 最低分,COUNT(StudScore) 考试人数
FROM 成绩表
```

	总分	平均分	最高分	最低分	考试人数
1	3113.0	70.8	100.0	30.0	44

图 4-20　查询结果

(2) 统计各课程的总分、平均分、最高分、最低分和考试人数。查询结果如图 4-21 所示,代码如下:

```
SELECT CourseID 课程编号,SUM(StudScore) 总分,CAST(AVG(StudScore) AS numeric(4,1)) 平均分,
MAX(StudScore) 最高分, MIN(StudScore) 最低分,COUNT(StudScore) 考试人数
FROM 成绩表
GROUP BY CourseID
```

	课程编号	总分	平均分	最高分	最低分	考试人数
1	A001	813.0	67.8	100.0	30.0	12
2	A002	870.0	72.5	90.0	40.0	12
3	A003	600.0	75.0	95.0	40.0	8
4	A004	346.0	69.2	80.0	58.0	5
5	A005	165.0	55.0	85.0	35.0	3
6	A006	219.0	73.0	86.0	50.0	3
7	A007	100.0	100.0	100.0	100.0	1

图 4-21　查询结果

(3) 统计各门课程的平均分的分数段人数,[90,100]为优秀,[80,90)为良好,[60,80)为一般,60 分以下为不合格。查询结果如图 4-22 所示。

代码如下:

```
SELECT CourseID 课程编号,CAST(AVG(StudScore) AS numeric(4,1)) 平均分
INTO 平均分表
FROM 成绩表
GROUP BY CourseID        --查询各课程的平均分,查询结果以平均分表为名保存
```

```
SELECT '优秀' AS 等级, '[90,100]' AS 分数段,COUNT( * ) as 人数
FROM 平均分表
WHERE 平均分 BETWEEN 90 AND 100
UNION
SELECT '良好' AS 等级, '[80,90)' AS 分数段,COUNT( * ) as 人数
FROM 平均分表
WHERE 平均分 >= 80 AND 平均分 <90
UNION
SELECT '一般' AS 等级, '[60,80)' AS 分数段,COUNT( * ) as 人数
FROM 平均分表
WHERE 平均分 >= 60 AND 平均分< 80
UNION
SELECT '不合格' AS 等级, '[0,60)' AS 分数段, COUNT( * ) as 人数
FROM 平均分表
WHERE 平均分 <60
```

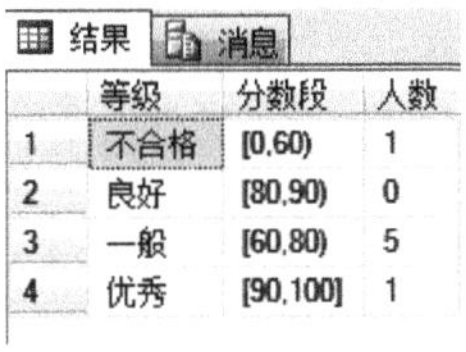

	等级	分数段	人数
1	不合格	[0,60)	1
2	良好	[80,90)	0
3	一般	[60,80)	5
4	优秀	[90,100]	1

图 4-22　查询结果

任务 4.4　高级查询

任务概述

(1) 找出学号为 121130250101 的学生相关信息,结果包含学号、姓名、课程编号和成绩。

(2) 找出学号为 121130250101 的学生相关信息,结果包含学号、姓名、课程名称和成绩。

(3) 查询是否有考满分的学生信息。

(4) 查询所有学生成绩最高的成绩信息。

(5) 统计学生平均分在 80 分以上的学生成绩记录,包括学号、姓名、总分、平均分、课程门数、课程最高分和课程最低分。

知识与技能

4.4.1　关联表查询

一个数据库中的多个表之间一般都存在某种内在联系,它们共同提供有用的信息。前面的简单查询和统计都是针对一个表进行的。例如成绩表中没有建立姓名字段,所以无法在成绩查询中提供姓名数据。数据库中的各个表存放着不同的数据,往往需要用多个表中的数据来组合查询出所需要的信息。所谓多表查询是相对单表而言的,指从多个数据表中

查询数据。

若一个查询同时涉及两个以上的表,称之为连接查询。连接查询是关系数据库中最主要的查询。表之间的连接是通过相等的字段值连接起来的查询称为等值连接查询。等值多表查询将按照等值的条件查询多个数据表中关联的数据。要求关联的多个数据表的某些字段具有相同的属性,即具有相同的数据类型、宽度和取值范围。这里介绍使用 WHERE 子句关联表实现等值多表查询。

【例 4.41】 查询学生信息和成绩信息。查询结果如图 4-23 所示。代码如下:

```
SELECT *
FROM 学生表,成绩表
WHERE 学生表.StudNo = 成绩表.StudNo
```

	StudNo	StudName	StudSex	StudBirthDay	ClassID	SID	StudNo	CourseID	StudScore
1	121130250101	黄迪	男	NULL	1211302501	1	121130250101	A001	100.0
2	121130250101	黄迪	男	NULL	1211302501	1	121130250101	A002	90.0
3	121130250101	黄迪	男	NULL	1211302501	1	121130250101	A003	95.0
4	121130250102	刘清平	男	1995-06-01 00:00:00.000	1211302501	2	121130250102	A001	30.0
5	121130250102	刘清平	男	1995-06-01 00:00:00.000	1211302501	2	121130250102	A002	50.0
6	121130250102	刘清平	男	1995-06-01 00:00:00.000	1211302501	2	121130250102	A003	40.0
7	121130250103	陈伟昌	男	NULL	1211302501	3	121130250103	A001	85.0
8	121130250103	陈伟昌	男	NULL	1211302501	3	121130250103	A002	90.0
9	121130250103	陈伟昌	男	NULL	1211302501	3	121130250103	A003	95.0
10	121130250103	陈伟昌	男	NULL	1211302501	3	121130250103	A004	80.0
11	121130250103	陈伟昌	男	NULL	1211302501	3	121130250103	A005	85.0
12	121130250103	陈伟昌	男	NULL	1211302501	3	121130250103	A006	86.0
13	121130250103	陈伟昌	男	NULL	1211302501	3	121130250103	A007	100.0

图 4-23　查询结果

从图 4-23 的查询结果可以看出,显示结果是两张表的所有记录,其中学号列重复出现,在查询时,可以根据实际情况选择显示相关字段。

【例 4.42】 查询黄迪的成绩信息,显示字段包含学号、姓名、课程编号和成绩。查询结果如图 4-24 所示。代码如下:

方法 1:

```
SELECT 学生表.StudNo,StudName,CourseID, StudScore
FROM 学生表,成绩表
WHERE 学生表.StudNo = 成绩表.StudNo AND StudName = '黄迪'
```

	StudNo	StudName	CourseID	StudScore
1	121130250101	黄迪	A001	100.0
2	121130250101	黄迪	A002	90.0
3	121130250101	黄迪	A003	95.0

图 4-24　查询结果

方法 2:使用表别名。

```
SELECT X.StudNo,StudName,CourseID, StudScore
FROM 学生表 X,成绩表 C
WHERE X.StudNo = C.StudNo AND StudName = '黄迪'
```

在实际应用中,需要将多个数据表关联查询,超过两个数据表的关联查询称为多表查询。

【例 4.43】 查询黄迪的借书信息,显示字段包含学号、姓名、课程名称和成绩。查询结果如图 4-25 所示。代码如下:

```
SELECT X.StudNo,StudName,C.CourseID, StudScore
FROM 学生表 X ,成绩表 C,课程表 K
WHERE X.StudNo = C.StudNo AND C.CourseID = K.CourseID AND StudName = '黄迪'
```

	StudNo	StudName	CourseID	StudScore
1	121130250101	黄迪	A001	100.0
2	121130250101	黄迪	A002	90.0
3	121130250101	黄迪	A003	95.0

图 4-25　查询结果

在任务 4.3 中的单表成绩统计中,可以统计各学生的总分、平均分、最高分、最低分和课程门数信息。但统计结果没有包含学生姓名信息,因为学生成绩表不包含学生姓名字段,学生姓名字段属于学生表,所以必须先将两表通过学号字段关联查询,然后进行关联表统计即可。

【例 4.44】 统计各学生平均分,结果包含学号、姓名和平均分字段信息。查询结果如图 4-26 所示。代码如下:

```
SELECT X.StudNo, StudName,CAST(AVG(StudScore) AS numeric(4,1)) AVGScore
FROM 成绩表 C, 学生表 X
WHERE C.StudNo = X.StudNo
GROUP BY X.StudNo, StudName
```

	StudNo	StudName	AVGScore
1	121130250101	黄迪	95.0
2	121130250102	刘清平	40.0
3	121130250103	陈伟昌	88.7
4	1311302101001	章秋阳	85.0
5	1311302101002	张启枝	62.5
6	1311302102002	李四	65.0
7	1311302202001	刘军	68.3
8	1311302202002	张丽萍	49.7
9	1311302202003	张三丰	71.0
10	1311302202004	梁山伯	52.5
11	1311302202005	祝英台	89.0
12	1311302202006	李天龙	77.5

图 4-26　查询结果

【例 4.45】 统计各学生平均分,结果包含学号、姓名、性别、班级名称、最高分、最低分、课程门数和平均分字段信息。查询结果如图 4-27 所示。代码如下:

```
SELECT X.StudNo, StudName, StudSex, ClassName, MAX(StudScore) MinScore, MIN(StudScore)
MinScore, COUNT( * ) CourseCount,CAST(AVG(StudScore) AS numeric(4,1)) AVGScore
FROM 成绩表 C,学生表 X,班级表 B
```

任务

4

成绩管理系统的数据查询

```
WHERE C. StudNo = X. StudNo AND X. ClassID = B. ClassID
GROUP BY X. StudNo, StudName, StudSex, ClassName
```

	StudNo	StudName	StudSex	ClassName	MaxScore	MinScore	CourseCount	AVGScore
1	121130250101	黄迪	男	12信息管理	100.0	90.0	3	95.0
2	121130250102	刘清平	男	12信息管理	50.0	30.0	3	40.0
3	121130250103	陈伟昌	男	12信息管理	100.0	80.0	7	88.7
4	1311302101001	裹秋阳	男	13软件1	95.0	70.0	4	85.0
5	1311302101002	张启枝	男	13软件1	75.0	50.0	4	62.5
6	1311302102002	李四	男	13软件2	70.0	60.0	2	65.0
7	1311302202001	刘军	男	13网络2	80.0	60.0	3	68.3
8	1311302202002	张丽萍	女	13网络2	58.0	40.0	6	49.7
9	1311302202003	张三丰	男	13网络2	90.0	35.0	6	71.0
10	1311302202004	梁山伯	男	13网络2	55.0	50.0	2	52.5
11	1311302202005	祝英台	女	13网络2	90.0	88.0	2	89.0
12	1311302202006	李天龙	男	13网络2	80.0	75.0	2	77.5

图 4-27　查询结果

4.4.2　子查询

1. 子查询的概念

在 SQL 语言中,一个 SELECT…FROM…WHERE 语句称为一个查询块。将一个查询块嵌套在另一个查询的查询条件(WHERE 或 HAVING 子句)之中时称为嵌套查询,又称子查询。嵌套查询是指在一个外层查询中包含有另一个内层查询,其中,外层查询称为主查询,内层查询称为子查询。通常情况下,使用嵌套查询中的子查询先挑选出部分数据,以作为主查询的数据来源或搜索条件。子查询总是写在圆括号中,任何允许使用表达式的地方都可以使用子查询。

子查询的求解方法是由里向外处理。即每个子查询在其上一级查询处理之前求解,子查询的结果用来建立其父查询的查找条件。

子查询可以用一系列简单查询构成复杂的查询,从而明显增强了 SQL 的查询能力。

下面是有关子查询的几点说明。

(1) 子查询通常需要包括以下组件:

标准选择列表组件的标准 SELECT 查询。

一个或多个表或者视图名的标准 FROM 子句。

可选的 WHERE 子句。

可选的 GROUP BY 子句。

可选的 HAVING 子句。

(2) 子查询 SELECT 语句通常使用圆括号括起来。

(3) 子查询的 SELECT 语句中不能包含 COMPUTE 子句。

(4) 除非在子查询中使用了 SET TOP 子句,否则子查询中不能包含 ORDER BY 子句。

(5) 子查询可以嵌套在外部的 SELECT、INSERT、UPDATE 或 DELETE 语句的 WHERE 或 HAVING 子句内,或者其他子查询中。

(6) 如果某个数据表只出现在子查询中,而不出现在主查询中,那么在数据列表中不能包含数据表中的字段。

（7）包含子查询的语句通常采用以下格式：

WHERE 表达式 [NOT] IN (子查询)
WHERE 表达式 比较运算符 [ANY | ALL] (子查询)
WHERE [NOT] EXISTS (子查询)

子查询是 SQL 语句的扩展，其语句形式如下：

SELECT <目标表达式 1> [ ]
FROM < 表或视图名 1>
WHERE [表达式] SELECT <目标表达式 2> [ ]
FROM < 表或视图名 2>
[GROUP BY <分组条件>
HAVING [<表达式> 比较运算符] SELECT <目标表达式 2> [ ]
FROM <表或视图名 2>]

2. 子查询的应用

1）带有 IN 关键字的子查询

带有 IN 关键字的子查询是指父查询与子查询之间用 IN 进行连接，即判断某个属性列值是否在子查询的结果中。由于子查询的结果往往是一个集合，所以 IN 是嵌套查询中最常用的关键字。

语法：

```
Test_expression [NOT] IN
(
  Subquery
  |exprssion[,…n]
)
```

参数：

Test_expression：是任何有效的 Microsoft SQL Server 表达式。

Subquery：是包含某列结果集的子查询。该列必须与 Test_expression 有相同的数据类型。

exprssion[,…n]：一个表达式列表，用来测试是否匹配。所有的表达式必须和 Test_expression 具有相同的类型。

【例 4.46】 查询学生平均分大于 75 分的学生信息。查询结果如图 4-28 所示。代码如下：

```
SELECT *
FROM 学生表
WHERE StudNo IN (SELECT StudNo
FROM 成绩表
GROUP BY StudNo
HAVING AVG(StudScore)> 75)
```

【例 4.47】 查询课程成绩为 95 分的学生信息。查询结果如图 4-29 所示。代码如下：

图 4-28　查询结果

```
SELECT *
FROM 学生表
WHERE StudNo IN (
SELECT StudNo
FROM 成绩表
WHERE StudScore = 95)
```

图 4-29　查询结果

除了 IN 关键字外，还可以使用 NOT IN 关键字来进行列表查询。NOT IN 的含义与 IN 关键字正好相反，查询结果将返回不在列表范围内的所有记录。

2）带有比较运算符的子查询

带有比较运算符的子查询是指父查询与子查询之间用比较运算符进行连接。当用户知道内层查询返回的是单值时，可以用＞、＞＝、＜、＜＝、＝、＜＞等比较运算符。返回单值子查询，只返回一行一列。

【例 4.48】 查询课程编号为 "A002" 且高于该门课程平均分的学生成绩信息。查询结果如图 4-30 所示。代码如下：

```
SELECT *
FROM 成绩表
WHERE CourseID = 'A002' AND StudScore >(
SELECT AVG(StudScore)
FROM 成绩表
WHERE CourseID = 'A002')
```

图 4-30　查询结果

3）带有 SOME 或 ANY 关键字的子查询

SOME 的嵌套查询是通过比较运算符将一个表达式的值或列值与子查询返回的一列值中的每一个进行比较，如果哪行的比较结果为真，满足条件就返回该行。ANY 和 SOME 关键字完全等价。

语法：

```
Scalar_expression { = | <> | != | > | >= | !> | < | <= | !< }
{ SOME | ANY } (Subquery)
```

参数：

Scalar_expression：是任何有效的 Microsoft SQL Server 表达式。

{= | < > | != | > | >= | !> | < | <= | !< }：是任何有效的比较运算符。

SOME | ANY：指定应进行比较。

Subquery：是包含某列结果集的子查询。所返回列的数据类型必须与 Scalar_expression 的数据类型相同。

【例 4.49】 查询学生成绩高于课程最低分的成绩信息。查询结果如图 4-31 所示。代码如下：

方法 1：

```
SELECT * FROM 成绩表
WHERE StudScore > ANY (
SELECT StudScore FROM 成绩表 )
```

方法 2：

```
SELECT * FROM 成绩表
WHERE StudScore > SOME (
SELECT StudScore FROM 成绩表 )
```

SOME 与 ANY 等价。

4）带有 ALL 关键字的子查询

	StudNo	CourseID	StudScore
1	121130250101	A001	100.0
2	121130250101	A002	90.0
3	121130250101	A003	95.0
4	121130250102	A002	50.0
5	121130250102	A003	40.0
6	121130250103	A001	85.0
7	121130250103	A002	90.0
8	121130250103	A003	95.0
9	121130250103	A004	80.0
10	121130250103	A005	85.0
11	121130250103	A006	86.0
12	121130250103	A007	100.0

图 4-31　查询结果

子查询返回单值时可以用比较运算符，而使用 ALL 时则必须和该谓词同时使用比较运算符。

ALL 的嵌套查询是把列值与子查询结果进行比较，但是它要求所有列的查询结果都为真，否则不返回行。

语法：

```
Scalar_expression { = | < > | != | > | >= | !> | < | <= | !< } ALL (Subquery)
```

参数：

Scalar_expression：是任何有效的 Microsoft SQL Server 表达式。

{= | < > | != | > | >= | !> | < | <= | !< }：比较运算符。

Subquery：返回单列结果集的子查询。所返回列的数据类型必须与 Scalar_expression 的数据类型相同。是受限的 SELECT 语句（不允许使用 ORDER BY 子句、COMPUTE 子句或 INTO 关键字）。

【例 4.50】 查询所有学生成绩最高的成绩信息。查询结果如图 4-32 所示。代码如下：

```
SELECT * FROM 成绩表
WHERE StudScore >= ALL(SELECT StudScore FROM 成绩表)
```

使用单值比较运算符，执行结果与 ALL 相同。

```
SELECT * FROM 成绩表
WHERE StudScore >= (SELECT MAX(StudScore) FROM 成绩表)
```

成绩管理系统的数据查询

图 4-32 查询结果

5）带有 EXISTS 关键字的子查询

带有 EXISTS 的子查询不返回任何数据，只产生逻辑真假值，即若子查询非空，则返回 TRUE，从而父查询的 WHERE 子句返回 TRUE。

语法：

EXISTS (Subquery)

参数：

Subquery：是一个受限的 SELECT 语句（不允许有 COMPUTE 子句或 INTO 关键字）。

【例 4.51】 查询课程成绩为 90 分的学生信息。查询结果如图 4-33 所示。代码如下：

```
SELECT * FROM 学生表
WHERE EXISTS(SELECT * FROM 成绩表
WHERE 学生表.StudNo = 成绩表.StudNo AND StudScore = 90)
```

图 4-33 查询结果

4.4.3 连接查询

如果一个查询同时涉及两个以上的表，就称为连接查询。连接查询的结果集或结果表，称为表之间的连接。连接查询实际上是通过各个表之间共同列的关联性来查询数据的，它是关系数据库最主要的查询。

连接查询分为等值连接查询、非等值连接查询、自连接查询、外部连接查询和复合连接查询。

SQL_92 标准所定义的 FROM 子句的连接语法格式为：

```
FROM join_table join_type join_table
[ON (join_condition)]
```

参数：

join_table：指出参与连接操作的表名，连接可以对同一个表操作，也可以对多表操作，对同一个表操作的连接又称做自连接。

join_type：指出连接类型。可分为三种：内连接、外连接和交叉连接。

ON（join_condition）：连接操作中的 ON（join_condition）子句指向连接条件，它由被连接表中的列和比较运算符、逻辑运算符等构成。

注意，无论哪种连接都不能对 text、ntext 和 image 数据类型列进行直接连接。

1. 内连接查询

内连接查询（INNER JOIN）使用比较运算符进行表间某（些）列数据的比较操作，并列出这些表中与连接条件相匹配的数据行。在内连接查询中，只有满足连接条件的元组才能出现在结果关系中。根据所使用的比较方式不同，内连接又分为等值连接、自然连接和非等值连接。

1）等值连接

在连接条件中使用等于（=）运算符比较被连接列的列值，其查询结果中列出被连接表中的所有列，包括其中的重复列。

2）非等值连接

在连接条件中使用除等于运算符以外的其他比较运算符比较被连接列的列值。这些运算符包括＞、＞＝、＜ 、＜＝、!＞、!＜和＜ ＞。

3）自然连接

在连接条件中使用等于（=）运算符比较被连接列的列值，查询所涉及的两个关系模式有公共属性，且公共属性值相等，相同的公共属性只在结果关系中出现一次。

内连接查询的语法如下：

```
SELECT select_list
 FROM { <table_source><join_type><table_source>[, … n]
 ON <search_condition>}
```

说明：

```
<join_type>::= INNER [OUTER] JOIN
```

【例 4.52】 查询学生基本信息和成绩信息。查询结果如图 4-34 所示。代码如下：

```
SELECT X. StudNo, StudName, StudSex, C. CourseID, StudScore
FROM 学生表 X INNER JOIN 成绩表 C
ON X. StudNo = C. StudNo
```

【例 4.53】 查询刘清平的成绩信息，显示字段包含学号、姓名、课程编号和成绩。查询结果如图 4-35 所示。代码如下：

```
SELECT X. StudNo, StudName, CourseID, StudScore
FROM 学生表 X INNER JOIN 成绩表 C
ON X. StudNo = C. StudNo AND StudName = '刘清平'
```

2. 外连接查询

外连接分为左连接（LEFT OUTER JOIN 或 LEFT JOIN）、右连接（RIGHT OUTER JOIN 或 RIGHT JOIN）和全连接（FULL OUTER JOINA 或 FULL JOIN）三种。与内连接不同的是，外连接不只列出与连接条件相匹配的行，而是列出左表（左外连接时）、右表（右外连接时）或两个表（全外连接时）中所有符合搜索条件的数据行。

图 4-34   查询结果

图 4-35   查询结果

语法：

```
SELECT select_list FROM { <table_source> <join_type> <table_source> [,…n]
ON <search_condition>}
<join_type>::= LEFT | RIGHT | FULL [OUTER] JOIN
```

1）左连接

左外连接的结果集包括 LEFT JOIN 或 LEFT OUTER JOIN 子句中指定的左表的所有行，而不仅仅是连接列所匹配的行。如果左表的某行在右表中没有匹配行，则在相关联的结果集行中右表的所有选择列表均为空值。

【例 4.54】 使用左连接查询所有学生基本信息和班级信息。查询结果如图 4-36 所示。代码如下：

```
SELECT *
FROM 学生表 X LEFT OUTER JOIN 班级表 B
ON X.ClassID = B.ClassID
```

2）右连接

右外连接使用 RIGHT JOIN 或 RIGHT OUTER JOIN 子句，是左向外连接的反向连接，将返回右表的所有行。如果右表的某行在左表中没有匹配行，则将为左表返回空值。

【例 4.55】 使用右连接查询所有学生基本信息和班级信息。查询结果如图 4-37 所示。代码如下：

	StudNo	StudName	StudSex	StudBirthDay	ClassID	SID	ClassID	ClassName	ClassDesc
15	1311302202003	张三丰	男	1996-01-01 00:00:00.000	1311302202	15	1311302202	13网络2	好
16	1311302202004	梁山伯	男	1995-10-01 00:00:00.000	1311302202	16	1311302202	13网络2	好
17	1311302202005	祝英台	女	1995-05-01 00:00:00.000	1311302202	17	1311302202	13网络2	好
18	1311302202006	李天龙	男	NULL	1311302202	18	1311302202	13网络2	好
19	1311302202007	王丽	女	NULL	1311302202	19	1311302202	13网络2	好
20	1311302202008	张春丽	女	NULL	1311302202	20	1311302202	13网络2	好
21	1311302202009	王八	男	NULL	1311302202	21	1311302202	13网络2	好
22	1311302202010	李四	男	1995-01-06 00:00:00.000	1311302202	22	1311302202	13网络2	好
23	1311302202011	李四	男	1995-02-01 00:00:00.000	1311302202	23	1311302202	13网络2	好
24	1311302202012	王峰	男	1905-06-08 00:00:00.000	1311302202	24	1311302202	13网络2	好
25	1422302202001	陈六	男	1905-06-08 00:00:00.000	1422302202	25	NULL	NULL	NULL

图 4-36　查询结果

```
SELECT *
FROM 学生表 X RIGHT OUTER JOIN 班级表 B
ON X.ClassID = B.ClassID
```

	StudNo	StudName	StudSex	StudBirthDay	ClassID	SID	ClassID	ClassName	ClassDesc
1	121130250101	黄迪	男	NULL	1211302501	1	1211302501	12信息管理	一般
2	121130250102	刘清平	男	1995-06-01 00:00:00.000	1211302501	2	1211302501	12信息管理	一般
3	121130250103	陈伟昌	男	NULL	1211302501	3	1211302501	12信息管理	一般
4	NULL	NULL	NULL	NULL	NULL	NULL	1211303501	12电子商务1班	一般
5	NULL	NULL	NULL	NULL	NULL	NULL	1211303502	12电子商务2班	一般
6	NULL	NULL	NULL	NULL	NULL	NULL	1311301601	13模具1班	好
7	NULL	NULL	NULL	NULL	NULL	NULL	1311301602	13模具2班	良好

图 4-37　查询结果

3）全连接

全连接使用 FULL JOIN 或 FULL OUTER JOIN 子句返回左表和右表中的所有行。当某行在另一个表中没有匹配行时，则另一个表的选择列表包含空值。如果表之间有匹配行，则整个结果集行包含基表的数据值。

【例 4.56】　使用全连接查询所有学生基本信息和班级信息。查询结果如图 4-38 所示。代码如下：

```
SELECT X.StudNo, StudName, StudSex, B.ClassID, ClassName
FROM 学生表 X FULL OUTER JOIN 班级表 B
ON X.ClassID = B.ClassID
```

	StudNo	StudName	StudSex	ClassID	ClassName
29	1311302202012	王峰	男	1311302202	13网络2
30	NULL	NULL	NULL	1311302203	13网络3
31	NULL	NULL	NULL	1311302204	13网络4
32	NULL	NULL	NULL	1311302501	13信息管理
33	NULL	NULL	NULL	1311306101	13电气1班
34	NULL	NULL	NULL	1311306102	13电气2班
35	NULL	NULL	NULL	1311306103	13电气3班
36	NULL	NULL	NULL	1411302501	14信息管理
37	1422302202001	陈六	男	NULL	NULL
38	NULL	NULL	NULL	20000704	2000级计算机

图 4-38　查询结果

成绩管理系统的数据查询

3. 交叉连接查询

交叉连接(CROSS JOIN)没有 WHERE 子句,它返回连接表中所有数据行的笛卡儿积,是指两个关系中所有元组的任意组合,其结果集合中的数据行数等于第一个表中符合查询条件的数据行数乘以第二个表中符合查询条件的数据行数。

(1) 如果两个关系模式中有同名属性,那么应该在执行查询语句之前使用关系名限定同名的属性。

(2) 如果两个关系模式中的元组个数分别是 m 和 n,那么结果关系中的元组个数是两个关系模式中元组个数的乘积,即 m * n。

【例 4.57】 使用交叉连接查询所有学生基本信息和成绩信息。查询结果如图 4-39 所示。代码如下:

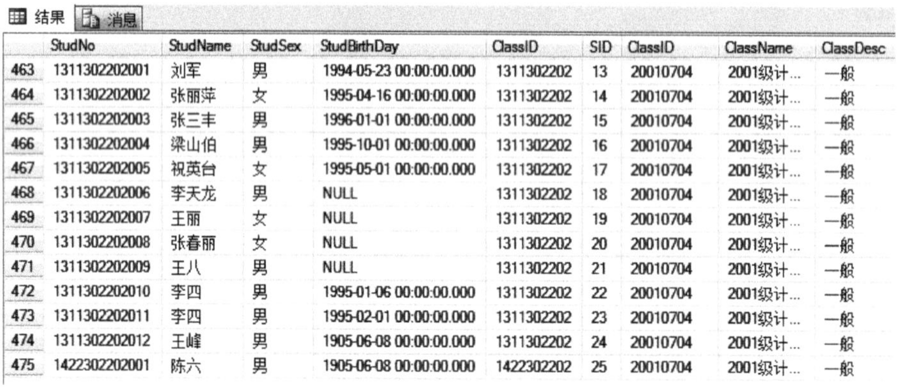

	StudNo	StudName	StudSex	StudBirthDay	ClassID	SID	ClassID	ClassName	ClassDesc
463	1311302202001	刘军	男	1994-05-23 00:00:00.000	1311302202	13	20010704	2001级计…	一般
464	1311302202002	张丽萍	女	1995-04-16 00:00:00.000	1311302202	14	20010704	2001级计…	一般
465	1311302202003	张三丰	男	1996-01-01 00:00:00.000	1311302202	15	20010704	2001级计…	一般
466	1311302202004	梁山伯	男	1995-10-01 00:00:00.000	1311302202	16	20010704	2001级计…	一般
467	1311302202005	祝英台	女	1995-05-01 00:00:00.000	1311302202	17	20010704	2001级计…	一般
468	1311302202006	李天龙	男	NULL	1311302202	18	20010704	2001级计…	一般
469	1311302202007	王丽	女	NULL	1311302202	19	20010704	2001级计…	一般
470	1311302202008	张春丽	女	NULL	1311302202	20	20010704	2001级计…	一般
471	1311302202009	王八	男	NULL	1311302202	21	20010704	2001级计…	一般
472	1311302202010	李四	男	1995-01-06 00:00:00.000	1311302202	22	20010704	2001级计…	一般
473	1311302202011	李四	男	1995-02-01 00:00:00.000	1311302202	23	20010704	2001级计…	一般
474	1311302202012	王峰	男	1905-06-08 00:00:00.000	1311302202	24	20010704	2001级计…	一般
475	1422302202001	陈六	男	1905-06-08 00:00:00.000	1422302202	25	20010704	2001级计…	一般

图 4-39 查询结果

```
SELECT *
FROM 学生表 CROSS JOIN 班级表
```

下面的语句与上面语句执行结果相同

```
SELECT *
FROM 学生表,班级表
```

4. 自连接查询

连接不仅可以在表之间进行,也可以使一个表同其自身进行连接,这种连接称为自连接(Self Join),相应的查询称为自连接查询。在 FROM 子句中可以给这个表取不同的别名,在语句的其他需要使用到该别名的地方用点来连接该别名和字段名。下面举例介绍自连接的应用。

假设有一张行政区划表,其数据表结构如表 4-4 所示。

表 4-4 行政区划表

字段名称	数据类型	字段长度	PK
区编码	varchar	20	Y
区名称	varchar	30	
上级区编码	varchar	20	

(1) 使用 CREATE TABLE 创建行政区划表

```
CREATE TABLE 行政区划表
(
 区编码 varchar(20) primary key,
 区名称 varchar(30) not null,
上级区编码 varchar(20)
)
```

(2) 使用 INSERT 语句添加记录

```
INSERT INTO 行政区划表
 (区编码,区名称,上级区编码)
VALUES
 ('44','广东省','0'),
 ('4412','肇庆市','44'),
 ('441202','端州区','4412'),
 ('441283','高要市','4412'),
 ('4401','广州市','44')
```

添加之后的行政区划表数据表如表 4-5 所示。

表 4-5　行政区划表数据

区　编　码	区　名　称	上级区编码
44	广东省	0
4401	广州市	44
4412	肇庆市	44
441202	端州区	4412
441283	高要市	4412

【例 4.58】 使用自连接查询行政区的上下级关系。查询结果如图 4-40 所示。代码如下：

```
SELECT P.区编码　上级编号,P.区名称 上级名称,D.区编码 下级编号,D.区名称 下级名称
FROM　行政区划表 P,行政区划表 D
WHERE　D.上级区编码 = P.区编码
```

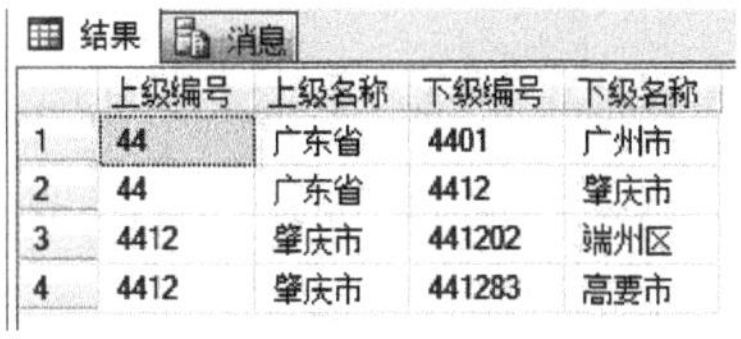

	上级编号	上级名称	下级编号	下级名称
1	44	广东省	4401	广州市
2	44	广东省	4412	肇庆市
3	4412	肇庆市	441202	端州区
4	4412	肇庆市	441283	高要市

图 4-40　自连接查询结果

任务实施

(1) 找出学号为 121130250101 的学生相关信息，结果包含学号、姓名、课程编号和成绩。查询结果如图 4-41 所示。代码如下：

```
SELECT X.StudNo,StudName, CourseID,StudScore
FROM 学生表 X,成绩表 C
WHERE X.StudNo = '121130250101' AND X.StudNo = C.StudNo
```

	StudNo	StudName	CourseID	StudScore
1	121130250101	黄迪	A001	100.0
2	121130250101	黄迪	A002	90.0
3	121130250101	黄迪	A003	95.0

图 4-41 查询结果

（2）找出学号为 121130250101 的学生相关信息，结果包含学号、姓名、课程名称和成绩。查询结果如图 4-42 所示。代码如下：

```
SELECT X.StudNo,StudName, CourseName,StudScore
FROM 学生表 X,成绩表 C,课程表 K
WHERE X.StudNo = '121130250101' AND X.StudNo = C.StudNo AND C.CourseID = K.CourseID
```

	StudNo	StudName	CourseName	StudScore
1	121130250101	黄迪	SQL	100.0
2	121130250101	黄迪	java	90.0
3	121130250101	黄迪	计算机基础	95.0

图 4-42 查询结果

（3）查询是否有考满分的学生信息。查询结果如图 4-43 所示。代码如下：

```
SELECT *
FROM 学生表
WHERE StudNo IN(SELECT StudNo
                FROM 成绩表
WHERE StudScore = 100)
```

	StudNo	StudName	StudSex	StudBirthDay	ClassID	SID
1	121130250101	黄迪	男	NULL	1211302501	1
2	121130250103	陈伟昌	男	NULL	1211302501	3

图 4-43 查询结果

（4）查询所有学生成绩最高的成绩信息。查询结果如图 4-44 所示。代码如下：

```
SELECT *
FROM 成绩表
WHERE StudScore >= ALL(SELECT StudScore FROM 成绩表)
 -- 使用单值比较运算符,执行结果与 ALL 相同
SELECT * FROM 成绩表
WHERE StudScore >= (SELECT MAX(StudScore) FROM 成绩表)
```

（5）统计学生平均分在 80 分以上的学生成绩记录，包括学号、姓名、总分、平均分、课程门数、课程最高分和课程最低分。查询结果如图 4-45 所示。代码如下：

```
SELECT X.StudNo 学号,StudName 姓名, SUM(StudScore) 总分,CAST(AVG(StudScore) AS numeric(4,1))
```

图 4-44　查询结果

平均分,MAX(StudScore) 最低分, MIN(StudScore) 最低分,COUNT(*) 课程门数
FROM 学生表 X,成绩表 C
WHERE X. StudNo = C. StudNo
GROUP BY X. StudNo,StudName
HAVING AVG(StudScore)> = 80

图 4-45　查询结果

小　结

　　本次任务主要介绍了成绩管理系统的数据库查询方法,即如何使用 SELECT 语句从数据库中检索数据,SELECT 语句是 SQL Server 中最基本和最重要的语句之一。介绍了在单表内的简单数据查询,在多表之间的关联查询,各种子句的使用,子查询概念及使用,左连接、右连接、全连接查询及实用 SQL 语句的使用等内容。通过完成本任务,要求读者掌握数据库的高级查询技术,灵活应用关联表查询和数据统计处理等技术来解决实际问题。

动 手 实 践

实训目的

　　(1) 掌握 SELECT 简单查询语句的基本使用方法;掌握 DISTINCT 和 TOP 选项的使用方法。

　　(2) 掌握 INTO、WHERE 和 UNION 子句的使用方法;掌握字段别名和表别名的使用方法。

　　(3) 掌握 LIKE、AND、NOT、BETWEEN…AND 和>= 等运算符的使用方法。

　　(4) 掌握 SUM、AVG、MIN、MAX 和 COUNT(*)的使用方法;灵活利用聚合函数、GROUP BY 以及条件查询进行数据处理。

　　(5) 掌握等值多表查询的使用方法;掌握 IN 子查询的使用方法;掌握多表关联查询的使用方法。

　　(6) 掌握 HAVING 的使用方法。

成绩管理系统的数据查询

(7) 了解 ANY、SOME 和 ALL 子查询的使用方法。

(8) 掌握 EXISTS 和 NOT EXISTS 的使用方法。

(9) 了解连接的分类。

(10) 掌握左连接(LEFT JOIN、LEFT OUTER JOIN)、右连接(RIGHT JOIN、RIGHT OUTER JOIN)、全连接(FULL JOIN)和内连接(INNER JOIN)的使用方法。

实训内容

附加"图书管理系统数据库",完成下列查询。

(1) 列出图书库中所有藏书的图书名称及出版单位。

(2) 在图书明细表中,查询信息前 3 条记录。

(3) 查阅年份最久远的书。

(4) 检索借阅了图书编号为 6005 这本书的借书证号。

(5) 从学生信息表中查找"机械"系读者的所有信息。

(6) 为用户找回密码:查询用户名为赵丽芳的密码。

(7) 找出姓李的读者姓名和所在系别。

(8) 查找出高等教育出版社的所有图书及单价,结果按单价降序排列。

(9) 在学生信息表中,选出学号(XH)、姓名(XM)、系别(XB)和借书证号(JSZH),以英文作为别名,将表结构和数据同时存入名为 StudInfo 的新表中。

(10) 查找定价介于 20 元和 30 元之间的图书种类,结果按出版单位和定价升序排列。(利用 between…and 和 ＞＝、＜＝ 两种方法实现)

(11) 写出定价不在[20,30]之间的所有图书记录的 SQL 语句。(利用 NOT 和 OR 两种方法实现)

(12) 找出借阅了《电脑爱好者》一书的借书证号。

(13) 查询 2006 年 5 月 10 日以后借书的读者借书证号、姓名和系别。

(14) 查询 2006 年 5 月 1 日以后没有借书的读者借书证号、姓名及系别。

(15) 找出姓名为三个字,且以"丽"结尾的学生的借书信息,查询字段包含姓名、借书证号和图书名称。

(16) 从图书明细表中查找各出版社图书的定价总计,并按价格降序输出。

(17) 在图书明细表中,试用 AVG 函数统计所有图书的平均价格。

(18) 在图书明细表中,试用 AVG 函数统计各出版社图书的平均价格。

(19) 在图书明细表中,试用 AVG、SUM 和 COUNT 函数统计各出版社图书的平均价格、总价和图书数量。

(20) 求清华大学出版社图书的最高定价、最低定价和平均定价。

(21) 查询各个系当前借阅图书的读者人次。

(22) 从借出信息表中查询每本书的借阅次数。

(23) 查询在学生信息表和借出信息表中系别为"工业"系所有学生的借书信息(利用子查询(IN)和关联表查询两种方法实现)。

(24) 在图书明细表和借出信息表中,统计已借出的各出版社图书的册数和价值总额。

(25) 统计各种图书的定价区间,定价在(0,20]的等级为便宜,定价在(20,40]的等级为适中,定价在 40 元以上的等级为较贵。

(26) 查找藏书数超过 10 种的出版社信息。

(27) 在图书明细表中,查询图书平均定价高于 30 元的图书信息,字段含图书名称和定价。

(28) 在图书明细表和图书类别表中,查询平均定价在 55 元至 60 元之间的各类图书信息。字段含图书名称、图书类别和平均定价。

(29) 在作者表、图书明细表和图书类别表中,统计由同一作者编写且同一图书类别在 3 本以上的图书信息,包含作者姓名、性别、图书类别、总价格、册数、最高价和最低价。

(30) 在学生信息表和借出信息表中,分别使用内连接、左连接、右连接和全连接查询学生的姓名、系别、借书证号和图书编号。

(31) 查询各个系当前借阅图书的读者人次(用 INNER JOIN 实现)。

成绩管理系统的数据查询

任务 5　成绩管理系统中视图的应用和管理

任务 5.1　视图的应用和管理

任务概述

（1）分别使用 SQL Server Management Studio 与 SQL 语句，创建学生成绩管理系统中各基本表的视图，然后使用视图和数据表进行查询。

（2）使用 SQL Server Management Studio 与存储过程查看视图信息，然后对视图进行修改、重命名和删除等操作。

知识与技能

由于数据库表是许多用户共同使用的数据资源，不同的用户会从不同角度查看相同的数据源，这就需要视图。从数据库系统内部来看，一个视图是由 SELECT 语句组成的查询定义的虚拟表，即视图是由一张或多张表中的数据组成；从数据库系统外部（用户角度）来看，视图如同一张表，对表能够进行的一般操作都可以应用于视图，如查询、插入、修改和删除等。

该任务首先讨论如何利用不同的方法创建视图，然后利用视图和数据表进行查询，最后介绍如何对视图进行各种不同的操作。

5.1.1　视图概述

1. 视图的含义

视图是一种数据库对象，是从一个或者多个数据表或视图中导出的虚拟表，视图所对应的数据并不真正存储在视图中，而是存储在所引用的数据表中，视图的结构和数据是对数据表进行查询的结果。

视图是一种虚拟表，其内容由查询定义。同真实的表一样，视图的作用类似于筛选。定义视图的筛选可以来自当前或其他数据库的一个或多个表，或者其他视图。分布式查询也可用于定义使用多个异类源数据的视图。它存储了要进行检索的查询语句的定义，以便在引用视图时使用。

视图是存储在数据库中的 SQL 查询语句，它主要出于两种原因：安全原因，视图可以隐藏一些数据，如社会保险基金表，可以用视图只显示姓名和地址，而不显示社会保险号和工资数等；另一原因是可使复杂的查询易于理解和使用。

视图是查看图形或文档的方式，视图一经定义便存储在数据库中，与其对应的数据并没有像表那样在数据库中再存储。当对通过视图看到的数据进行修改时,相应的基本表的数据也要发生变化,同时,若基本表的数据发生变化,则这种变化也可以自动反映到视图中。

2. 视图的优点

(1) 简化用户对数据的操作:视图可以简化用户对数据的操作,可以隐藏表与表之间复杂的连接操作。

(2) 可以对数据库进行重构:不必要的数据或敏感数据可以不出现在视图中,还可以实现让不同的用户以不同的方式看到不同或相同的数据集。

(3) 提供了简单而有效的安全机制,可以制定不同用户对数据的访问权限,防止未授权用户查看特定的行或列。

(4) 提供向后兼容性:视图使用户能够在表的架构更改时为表创建向后兼容接口。

3. 创建视图的基本原则

(1) 只能在当前数据库中创建视图;

(2) 视图名称必须遵循标识符的规则,且对每个架构都必须唯一;

(3) 必须获取有数据库所有者授予的创建视图的权限。

任务实施

5.1.2 视图的创建

1. 使用 SQL Server Management 创建视图

【操作步骤】

(1) 展开要创建的数据库 xscjgl_DB→选中"视图"→单击鼠标右键选择"新建视图",如图 5-1 所示。

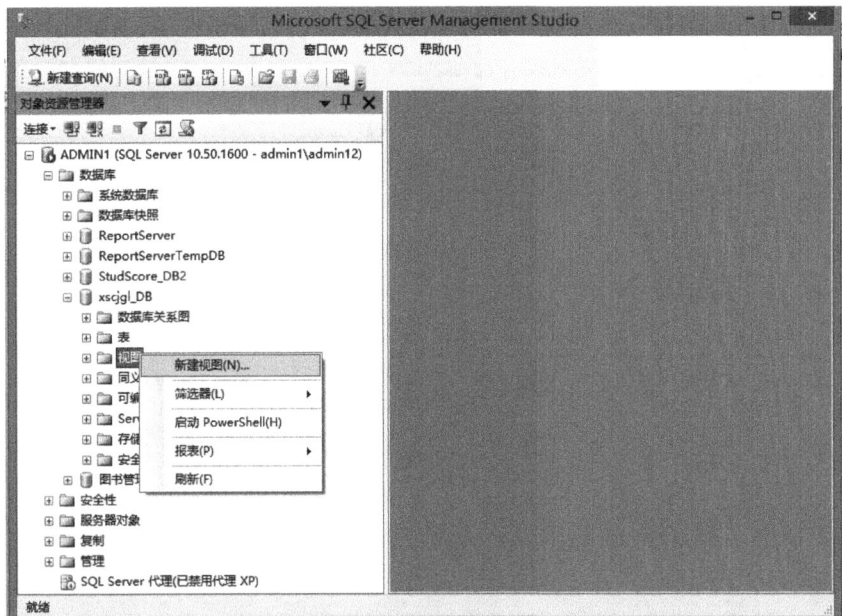

图 5-1　新建视图

成绩管理系统中视图的应用和管理

（2）打开视图"添加表"对话框，选中创建视图需要添加的表（如学生表、成绩表），单击"添加"按钮，如图 5-2 所示。

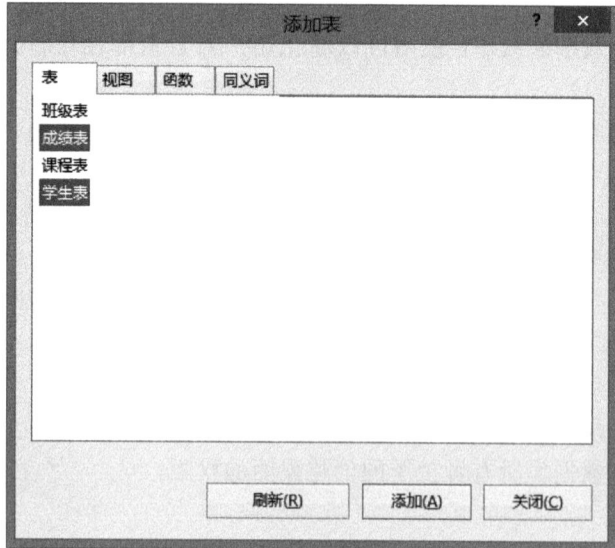

图 5-2 "添加表"对话框

（3）打开新建视图窗口（如图 5-3 所示），共有 4 个区：表区、列区、SQL 语句区和查询结果区，在表区中选择要包括在视图的字段名，此时相应的 SQL Server 脚本便显示在 SQL 语句区中，在列区中可以修改列的别名并显示。

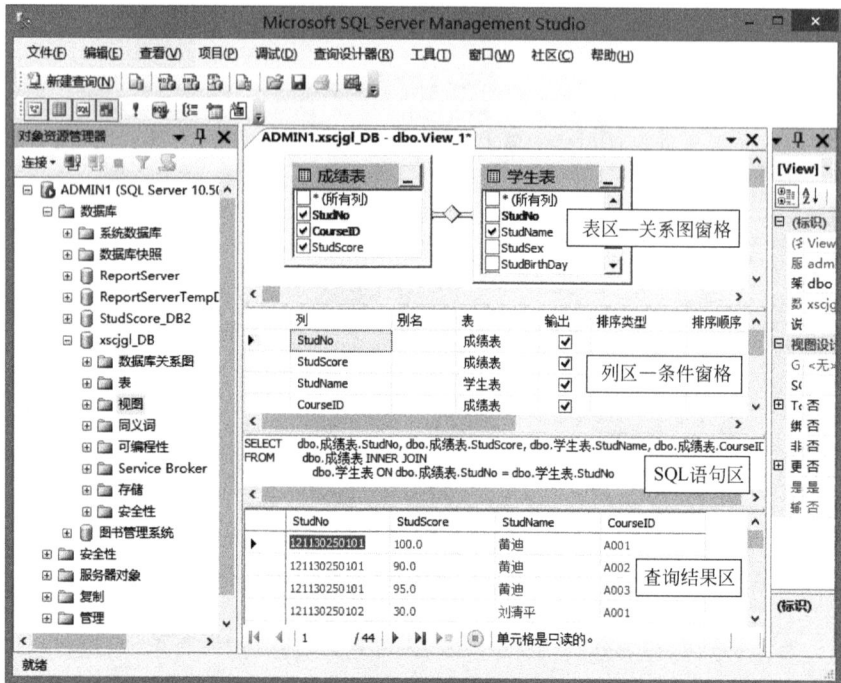

图 5-3 新建视图窗口

（4）如果在创建视图时，还需要添加表，则点击 ▦ 按钮或在表区的空白处单击鼠标右键选择"添加表"，打开添加表对话框，选择需要添加的表，单击"添加"按钮即可。

（5）单击 ▮ 运行按钮，在查询结果区将显示包含在视图中的数据行。

（6）单击 ▯ 按钮，在弹出对话框中输入视图名（如"V-学生成绩信息表"）。

2. 使用 SQL 语句创建视图

语法：

```
CREATE VIEW[<database_name>.][<owner>.]view_name[(column[,…n])]
    [WITH<view_attribute>[,…n]]
    AS
    select_statement
[WITH CHECK OPTION]
<VIEW_ATTRIBUTE>::=
{ ENCRYPTION | SCHEMABINDING | VIEW_METADATA}
```

各参数的含义如下：

view_name：视图名称。

select_statement：构成视图文本的主体，利用 SELECT 命令从表中或视图中选择构成新视图的列。

WITH CHECK OPTION：保证在对视图执行数据修改后，通过视图仍能够看到这些数据。比如创建视图时定义了条件语句，很明显视图结果集中只包括满足条件的数据行。如果对某一行数据进行修改，导致该行记录不满足这一条件，但由于在创建视图时使用 WITH CHECH OPTION 选项，所以查询视图时，结果集依然包括这条记录，同时修改无效。

ENCRYPTION：对视图文本进行加密，这样当查看 syscomments 表时，所见的 text 字段值只是一些乱码。

SCHEMABINDING：在 SELECT_statement 语句中如果包含表、视图或引用用户自定义函数名，则表名、视图名或函数名前必须有所有者前缀。

VIEW_METADATA：如果某一查询中引用该视图且要求返回浏览模式的元数据，那么 SQL Server 将向 DBLIB 和 OLE DB APIS 返回视图的元数据信息。

【例 5.1】 创建用于查询学生基本信息的视图（V_stud_Info）。

（1）启动 SQL Server 2008，右击"xscjgl_DB"，选择"新建查询"，在右窗口弹出编辑窗口，如图 5-4 所示。

（2）在"新建查询"窗口中输入：

```
CREATE VIEW V_stud_Info
AS
SELECT StudNo,StudName,StudSex,StudBirthDay,ClassID
FROM 学生表
```

【例 5.2】 创建用于查询学生信息、班级信息和成绩信息的视图（V_XS_BJ_CJ_Info）。

（1）在"新建查询"窗口中输入：

```
CREATE VIEW V_XS_BJ_CJ_Info
```

```
AS
SELECT X.StudNo,X.StudName,C.ClassID, C.ClassName, CJ.CourseID, CJ.StudScore
FROM 学生表 X,班级表 C,成绩表 CJ
WHERE X.StudNo = CJ.StudNo AND C.ClassID = X.ClassID
```

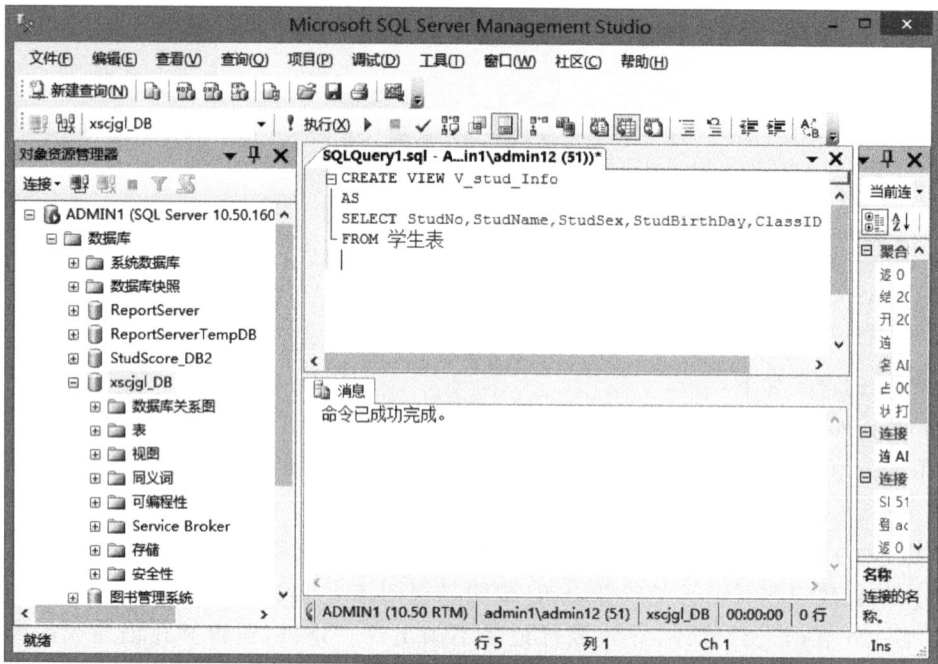

图 5-4　新建查询窗口

（2）单击"执行"按钮，消息框中显示"命令已成功完成"。

（3）新建查询窗口，输入 SELECT ＊ FROM V_XS_BJ_CJ_Info，查询结果如图 5-5 所示。

【例 5.3】　使用例 5.2 的视图（V_XS_BJ_CJ_Info）与课程表，创建统计各课程平均分的视图（V_KC_FS_Info），包括课程编号、课程名称和课程平均分。

（1）在"新建查询"窗口中输入：

```
CREATE VIEW V_KC_FS_Info
AS
SELECT V_X.CourseID,K.CourseName,AVG(StudScore) as 平均分
FROM V_XS_BJ_CJ_Info V_X,课程表 K
WHERE V_X.CourseID = K.CourseID
GROUP BY V_X.CourseID,K.CourseName
```

（2）新建查询窗口，输入 SELECT ＊ FROM V_KC_FS_Info，查询结果如图 5-6 所示。

3. 对视图定义进行加密

视图创建以后，系统将这个视图的定义存储在系统表 syscomments 中。通过执行系统存储过程 sp_helptext 或直接打开系统表 syscomments，可以查看视图的定义文本。SQL Server 为了保护视图的定义，提供了 WITH ENCRYPTION 子句，可以不让用户查看视图的定义文本。

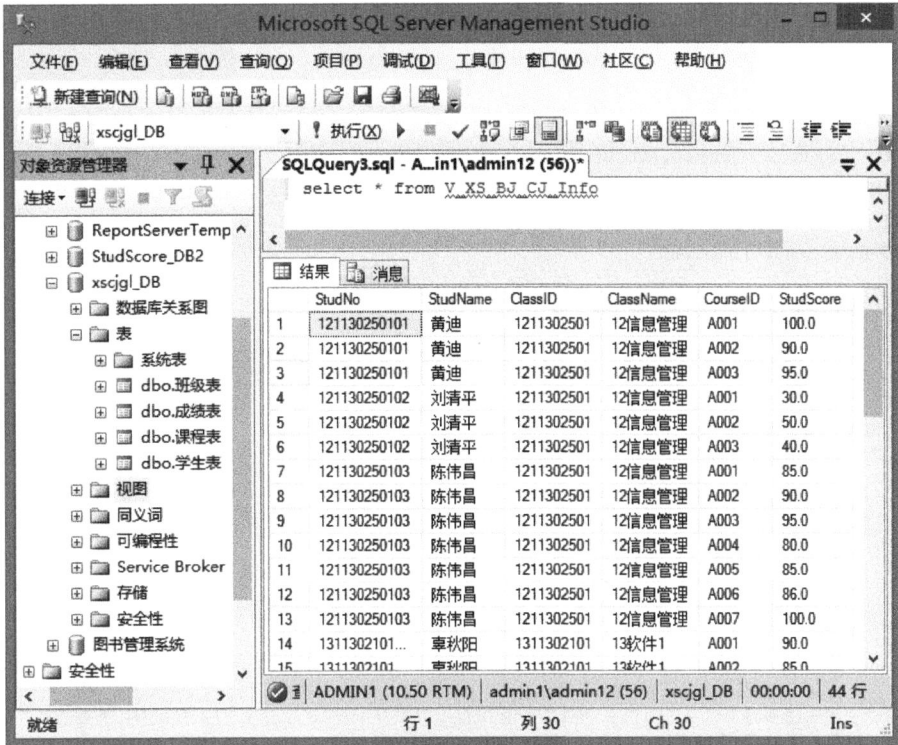

图 5-5　查询结果

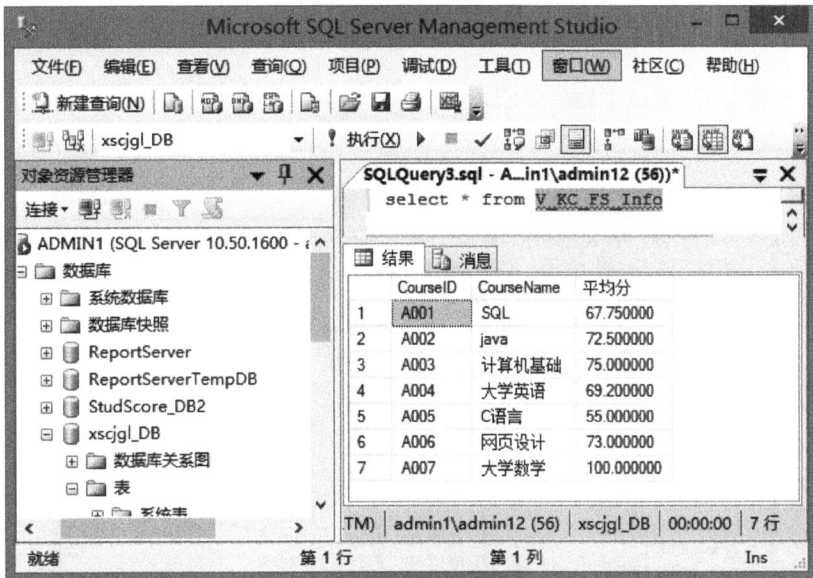

图 5-6　查询结果

【例 5.4】　创建统计各学生平均分数的视图(V_XS_FS_Info),使用字段别名与加密选项。

成绩管理系统中视图的应用和管理

（1）在"新建查询"窗口中输入：

```
CREATE VIEW V_XS_FS_Info(学生学号,学生姓名,平均分)
WITH ENCRYPTION
AS
SELECT X.StudNo,StudName,AVG(StudScore)
FROM 学生表 X,成绩表 CJ
WHERE X.StudNo = CJ.StudNo
GROUP BY X.StudNo,StudName
```

（2）单击"执行"按钮，结果如图 5-7 所示。

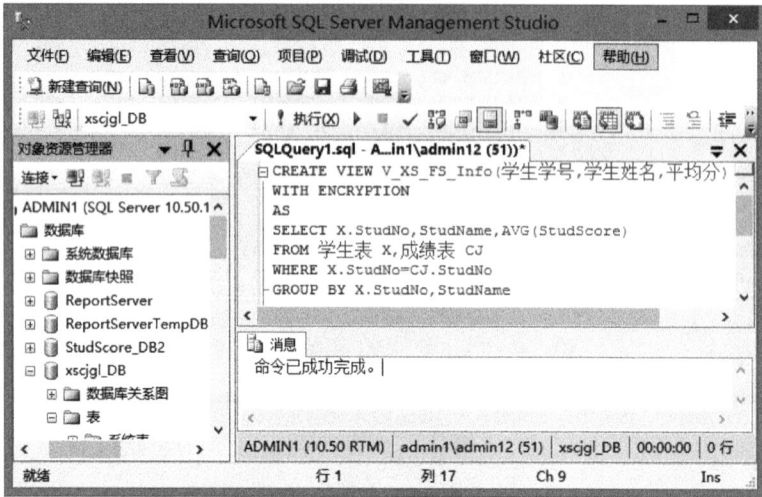

图 5-7　对视图定义进行加密

（3）在"新建查询"窗口中输入 SELECT ＊ FROM V_TS_TJ_Info，查询结果如图 5-8 所示。

图 5-8　查询结果窗口

5.1.3 视图的使用

视图一经创建,可以当成表来使用。可以使用单个视图查询,也可以使用视图和数据表或视图和视图关联查询。

【例 5.5】 使用例 5.1 创建的视图(V_stud_Info)查询各学生基本信息。

SELECT * FROM V_stud_Info

查询结果如图 5-9 所示。

图 5-9　查询结果窗口

【例 5.6】 使用例 5.3 创建的视图与课程表查询课程平均分在 70 分以下的课程信息。查询结果包括课程编号、课程名称、课程类别、课程学分和课程平均分。

```
SELECT KC.CourseID,V_KC.CourseName,CourseType,CourseCredit,平均分
FROM V_KC_FS_Info V_KC,课程表 KC
WHERE V_KC.CourseID = KC.CourseID AND 平均分<70
```

查询结果如图 5-10 所示。

5.1.4 视图的管理

1. 查看修改视图

使用 SQL 语句修改已经存在的视图比较简单,只需要将 CREATE VIEW 改为 ALTER VIEW 即可。ALTER VIEW 语法与 CREATE VIEW 语法完全相同。这里介绍使用 SQL Server Management Studio 查看和修改视图,主要操作步骤如下:

(1) 启动 SQL Server Management Studio,连接到指定的服务器;

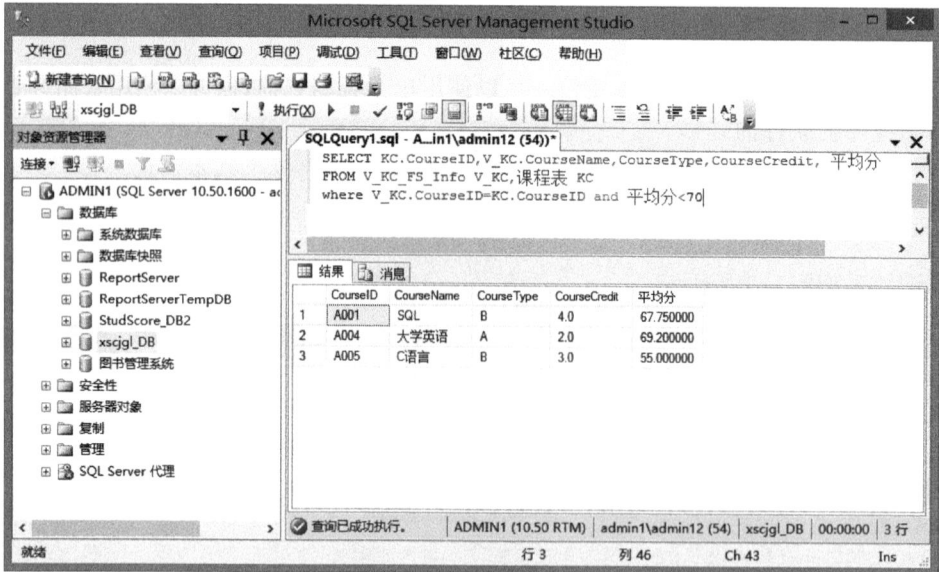

图 5-10　查询结果窗口

（2）打开要查看或修改视图的数据库（如 xscjgl_DB），双击展开"视图"，此时显示当前数据库的所有视图，选中需要修改的视图（如 V_stud_Info），单击鼠标右键，选择"设计"菜单项，打开如图 5-11 所示的视图查看和修改操作界面。

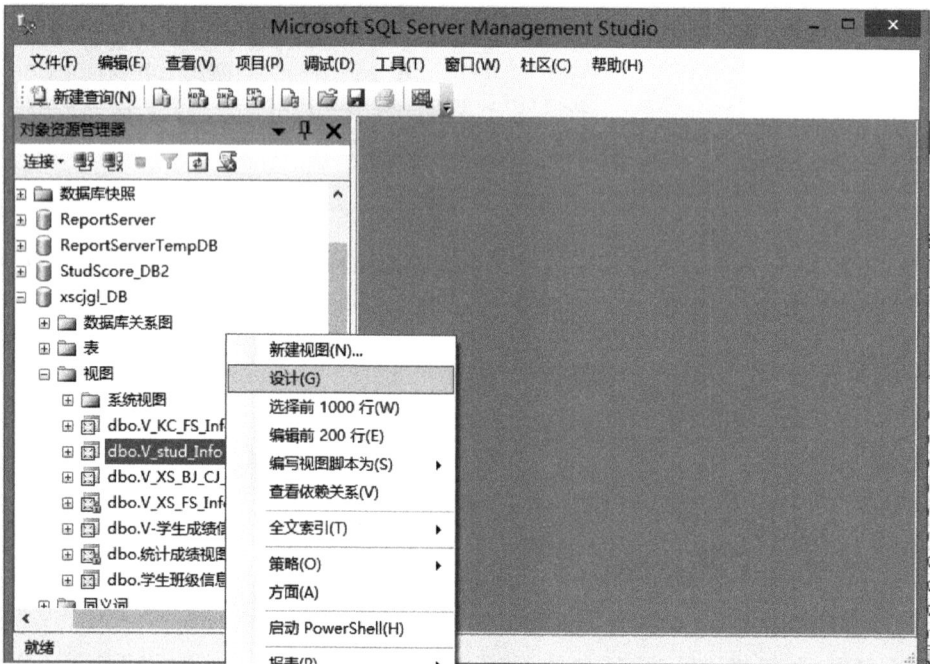

图 5-11　选择视图

（3）在如图 5-12 所示的窗口内可浏览该视图的定义，也可以对该视图进行修改，修改完成后单击"保存"按钮完成视图的修改。

图 5-12　修改视图

2. 使用存储过程检查视图

在 SQL Server 中可以使用 sp_depends、sp_help 和 sp_helptext 3 个关键存储过程查看视图信息。

1）sp_depends

存储过程 sp_depends 返回系统表中存储的任何信息，该系统表指出该对象所依赖的对象，除视图外，这个系统过程可以在任何数据库对象上运行。其语法格式如下：

sp_depends 数据库对象名称

【例 5.7】　查看视图（V_XS_BJ_CJ_Info）上的依赖对象。

sp_depends V_XS_BJ_CJ_Info

2）sp_help

系统过程 sp_help 用来返回有关数据库对象的详细信息，如果不针对某一特定对象，则返回数据库中所有对象信息。其语法格式如下：

sp_help 数据库对象名称

【例 5.8】　查看视图（V_XS_BJ_CJ_Info）的详细信息。

sp_help V_XS_BJ_CJ_Info

成绩管理系统中视图的应用和管理

3）sp_helptext

系统过程 sp_helptext 检索出视图、触发器和存储过程的文本。其语法格式如下：

sp_helptext 数据库对象名称

【例 5.9】 查看视图（V_XS_BJ_CJ_Info）的文本信息。

sp_helptext V_XS_BJ_CJ_Info

注意：如某一数据库对象已经加密操作，则使用该语句不能查看该对象的文本信息。

5.1.5 删除视图

使用 DROP 命令删除视图，语法格式如下：

DROP VIEW view_name

【例 5.10】 删除视图（V_XS_BJ_CJ_Info）。

DROP VIEW V_XS_BJ_CJ_Info

小 结

视图是一种常用的数据库对象。视图与选择查询、数据表都有着密切的联系，可把视图理解为一个基于选择查询的虚拟表。视图提供查看和存取数据的另一种途径，使用视图不仅可以简化数据操作，还可提高数据库的安全性。

本次任务主要介绍了视图的概念，视图的创建、使用、修改及删除等内容。通过本任务的学习，要求读者理解视图的概念，针对具体情况，灵活应用视图来解决实际问题。

动 手 实 践

实训目的

（1）掌握视图的概念及创建、修改、删除方法。

（2）掌握创建视图的语法及注意事项。

（3）结合实际，灵活创建视图来解决实际问题。

实训内容

1. 创建视图

（1）使用 SQL Server Management Studio 创建视图。

在学生成绩管理系统数据库（xscjgl_DB）中创建一个名为"V_13 软件 1"的学生信息视图，包括学生学号、姓名、班级编号和班级名称等字段。

（2）使用 T-SQL 语句创建视图。

在学生成绩管理系统数据库（xscjgl_DB）中创建一个名为"V_学生成绩信息"视图，包含学生学号、姓名、班级编号、班级名称、课程编号和课程成绩等数据内容。

2. 使用视图

(1) 查询以上所建的视图结果。

(2) 通过视图 V_13 软件 1，新增加一个学生记录（"1311302101004"，"李好"，"1311302101"，"13 软件 1"），并查询结果。

(3) 利用已建的视图"V_学生成绩信息"统计平均分在 70 分以上的学生信息，查询结果包括学生学号、姓名和平均分。

(4) 删除 V_13 软件 1 视图中学号为"1311302101002"的学生信息，并查询结果。

3. 查看并修改视图定义信息

(1) 使用 SQL Server Management Studio 查看并修改视图。

在 SQL Server Management Studio 中查看并修改"V_13 软件 1"视图，在该视图中增加一列班级描述信息。

(2) 使用 T-SQL 语句修改视图。

查看并修改"V_13 软件 1"视图，使修改后的视图中只包含学生学号、姓名和班级名称的学生基本信息。

4. 删除视图

使用 T-SQL 删除视图 V_13 软件 1。

成绩管理系统中视图的应用和管理

任务 6 成绩管理系统中存储过程的应用

任务 6.1　存储过程的应用和管理

任务概述

（1）分别使用 SQL Server Management Studio 与 SQL 语句，创建学生成绩管理系统中用户自定义的各种存储过程。

（2）熟练掌握存储过程的各种操作，包括运行、查看、修改和删除存储过程等操作。

知识与技能

存储过程（Stored Procedure）是在大型的数据库系统中，一组预先编译好完成特定功能的 SQL 语句集。用户可以通过存储过程的名字及参数来执行它，同时也可以返回用户需要的数据。存储过程存储在数据库中，它是数据库中的一个重要对象，可以提高程序运行的效率和可复用性。

该任务首先讨论如何利用不同的方法创建存储过程，然后对存储过程进行不同的操作，包括运行、查看、修改和删除等操作。

6.1.1　存储过程概述

1. 存储过程的含义

存储过程（Stored Procedure）是一组为了完成特定功能的预先编译好的 SQL 语句集，即将常用的或复杂的工作，预先以 SQL 程序形式编写好，并指定一个程序名称保存起来。要完成相应的功能，只需调用该存储过程即可自动完成。存储过程可以包含变量声明、数据存储语句、流程控制语句和错误处理语句等，使用非常灵活。

2. 存储过程的优点

（1）执行效率高

存储过程在服务器端运行，可以利用服务器强大的计算能力和速度，执行速度快。而且存储过程是预编译的，第一次执行后的存储过程会驻留在高速缓存中，以后直接调用，执行速度很快，如果某个操作需要大量的 T-SQL 语句或重复执行，那么使用存储过程比直接使用 T-SQL 语句执行得更快。

（2）增强代码的重用性和共享性

存储过程创建后，可以在程序中多次调用，不必重新编写。所有的客户端都可以使用相同的存储过程来确保数据访问和修改的一致性。而且存储过程可以独立于应用程序进行修改，大大提高了程序的可移植性。

（3）减少网络流量

调用一个行数不多的存储过程与直接调用 SQL 语句的网络通信量可能不会有很大的差别，可是如果存储过程包含了上百行 SQL 语句，那么其性能绝对比一条一条地调用 SQL 语句要好得多，因为存储过程代码直接存储于数据库中，所以不会产生大量 SQL 语句的代码流量。

（4）提供了安全机制

如果存储过程支持用户需要执行的所有业务功能，SQL Server 可以不授予用户直接访问表和视图的权限，而是授权用户执行该存储过程，这样，可以防止把数据库中表的细节暴露给用户，保证表中数据的安全性。

3. 存储过程的缺点

（1）可移植性差：由于存储过程将应用程序绑定到 SQL Server，因此使用存储过程封装业务逻辑将限制应用程序的可移植性。

（2）代码可读性较差，比较难维护。

（3）大部分存储过程不支持面向对象的设计，无法采用面向对象的方式将业务逻辑进行封装，从而无法形成通用的可支持复用的业务逻辑框架。

4. 存储过程的分类

（1）系统存储过程（System Stored Procedures）

系统存储过程以"sp_"开头，例如"sp_help"。此类存储过程是 SQL Server 内置的存储过程，通常用来进行系统的各项设置、读取信息或进行相关管理工作。比如 sp_helptext 系统存储过程的功能是显示用户定义的规则、默认值、未加密的 Transact-SQL 存储过程、用户定义的 Transact-SQL 函数、触发器、计算列、CHECK 约束、视图或系统对象的定义文本。

（2）扩展存储过程（Extended Stored Procedures）

扩展存储过程通常以"xp_"开头，例如"xp_sendmail"。此类存储过程大多是用传统的程序设计语言（例如 C++）编写而成，其内容并不保存在 SQL Server 中，而是以 DLL 形式单独存在。

（3）用户定义的存储过程（User-Defined Stored Procedures）

用户定义的存储过程是由用户设计的存储过程，其名称可以是任意符合 SQL Server 命名规则的字符组合，尽量避免以"sp_"或"xp_"开头，以免造成混淆。自定义的存储过程会添加到所属数据的存储过程项目中，并以对象的形式保存。

任务实施

6.1.2 创建存储过程

1. 使用 SQL Server Management 创建存储过程

【操作步骤】

（1）展开要创建的数据库 xscjgl_DB→选中"可编程性"→选择"存储过程"→单击鼠标右键选择"新建存储过程"，如图 6-1 所示。

成绩管理系统中存储过程的应用

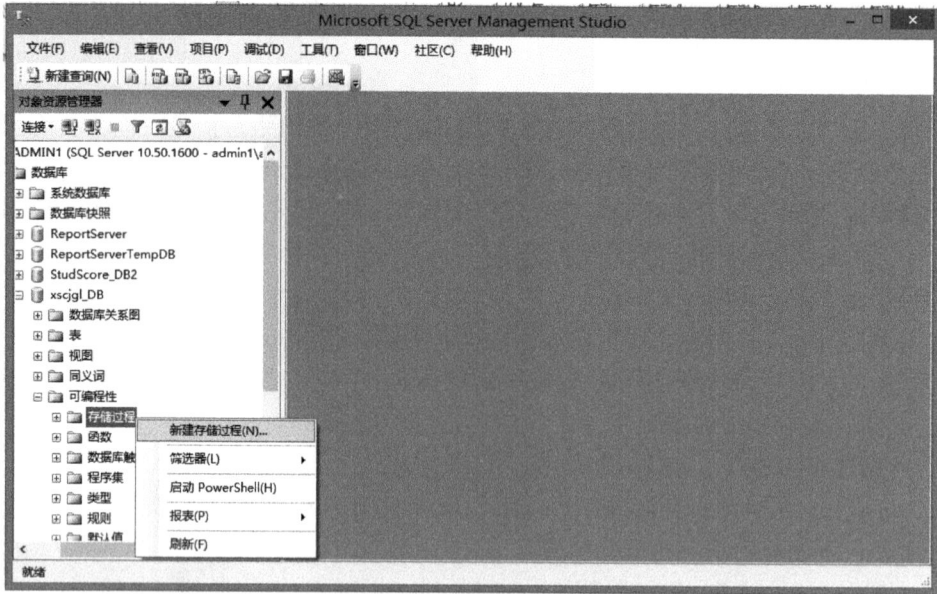

图 6-1　新建存储过程

（2）在打开的创建存储过程的窗口中，右侧查询编辑器中出现存储过程的模板，显示 CREATE PROCEDURE 语句的框架，可以修改要创建的存储过程的名称，然后加入存储过程所包含的 T-SQL 语句，如图 6-2 所示。

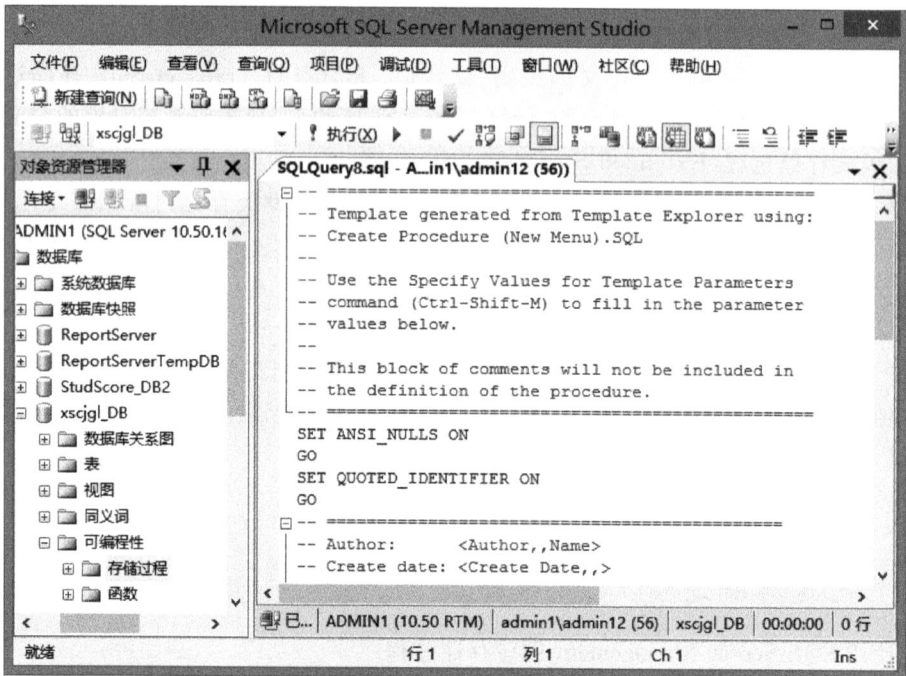

图 6-2　存储过程定义模板

2. 使用 SQL 语句创建存储过程

语法：

```
CREATE { PROC | PROCEDURE } [ EDURE ] procedure_name [ ; number ]
    [ { @ parameter data_type }
        [ VARYING ] [ = default ] [ OUTPUT ]
    ] [ , … n ]
[ WITH { RECOMPILE | ENCRYPTION | RECOMPILE ,ENCRYTION } ]
[ FOR REPLICATION ]
AS { < sql_statement > [ ; ] [ … n ] } |
```

各参数的含义如下：

procedure_name：存储过程名称，它的后面跟一个可选 number，它是一个整数，用来区别一组同名的存储过程，如 proc1、proc2 等。命名必须符合命名规则，且唯一。

@parameter：声明存储过程的形式参数。可以声明一个或多个参数，当调用该存储过程时，用户必须给出所有的参数值，除非定义了参数的默认值。一个存储过程最多有 1024 个参数。

data_type：参数的数据类型。在存储过程中，所有的数据类型包括 text 和 image 都可用作参数。但是，游标 cursor 数据类型只能用作 OUTPUT 参数。定义游标数据类型时，也必须对 VARYING 和 OUTPUT 关键字进行定义。游标型数据类型的 OUTPUT 参数的数目没有限制。

VARYING：指定由 OUTPUT 参数支持的结果集，仅用于游标型参数。

default：参数的默认值。如果定义了默认值，即使不给出参数值，该存储过程仍能被调用。默认值必须是常数或者空值。

OUTPUT：该参数是一个返回参数。用 OUTPUT 参数可以向调用者返回信息。text 类型参数不能用作 OUTPUT 参数。

RECOMPILE：指明 SQL Server 并不保存该存储过程的执行计划，该存储过程每执行一次都要重新编译。

ENCRYPTION：表明 SQL Server 加密了 syscomments 表，该表的 text 字段包含有 CREATE PROCEDURE 语句的存储过程文本，使用该关键字无法通过查看 syscomments 表来查看存储过程内容。

FOR REPLICATION：指明为复制创建的存储过程不能在订购服务器上执行，只有在创建过滤存储过程时（仅当进行数据复制时过滤存储过程才被执行），才使用该选项。FOR REPLICATION 与 WITH RECOMPILE 选项是互不兼容的。

AS：指明该存储过程将要执行的动作。

sql_statement：包含在存储过程中的任意数量和类型的 SQL 语句。一个存储过程的大小最大值为 128MB，用户定义的存储过程必须创建在当前数据库中。

【例 6.1】 创建存储过程，实现从学生表中查询"1995-1-1"之前出生的学生信息。

（1）启动 SQL Server 2008，右击 xscjgl_DB，选择"新建查询"，在右窗口弹出编辑窗口，如图 6-3 所示。

（2）在"新建查询"窗口中输入：

```
CREATE PROCEDURE PROCGetstud
AS
SELECT * FROM 学生表
WHERE StudBirthDay <= '1995 - 1 - 1'
```

图 6-3　用户定义存储过程

6.1.3　使用存储过程

语法：

```
[[EXEC[UTE]]
{
[@return_status = ]
{procedure_name[;number]|@procedure_name_var
}
[@parameter = ]{value|@variable[OUTPUT]|[DEFAULT]}
[,…n]
[WITH RECOMPILE]
```

执行字符串：

```
EXEC[UTE]({@string_variable|[N]'tsql_string'}[ + …n])
```

参数含义与 CREATE PROCEDURE 相同。

【例 6.2】　执行存储过程 PROCGetstud

```
exec PROCGetstud
```

执行结果如图 6-4 所示。

图 6-4 指定出生日期之前的学生信息的存储过程

【例 6.3】 编写一个存储过程,获取一个指定成绩区间范围内的学生成绩信息。

(1) 在"新建查询"窗口中输入:

```
CREATE PROCEDURE PROCGetStudscore @Start numeric(4,1),@End numeric(4,1)
WITH ENCRYPTION
AS
SELECT * FROM 成绩表
WHERE Studscore > = @Start AND Studscore < = @End
-- 调用存储过程 PROCGetStudscore,并传递参数 60 和 80,显示定价在区间[60,80]的学生成绩信息
```

(2) "新建查询"窗口,输入:

```
EXEC PROCGetStudscore 60,80
```

执行结果如图 6-5 所示。

【例 6.4】 编写一个带输出参数的存储过程(OUTPUT 参数),获取一个范围内的学生成绩的记录条数。

(1) 在"新建查询"窗口中输入:

```
CREATE PROCEDURE PROCGetStudscoreCount @Start numeric(4,1),@End numeric(4,1),
@RecordCount int output
AS
SELECT @RecordCount = COUNT( * ) FROM 成绩表
WHERE Studscore > = @Start AND Studscore < = @End
GO
CREATE PROCEDURE GetRecordCount @RecordCount int
AS
SELECT '记录条数: ' + CAST( @RecordCount AS VARCHAR)
```

成绩管理系统中存储过程的应用

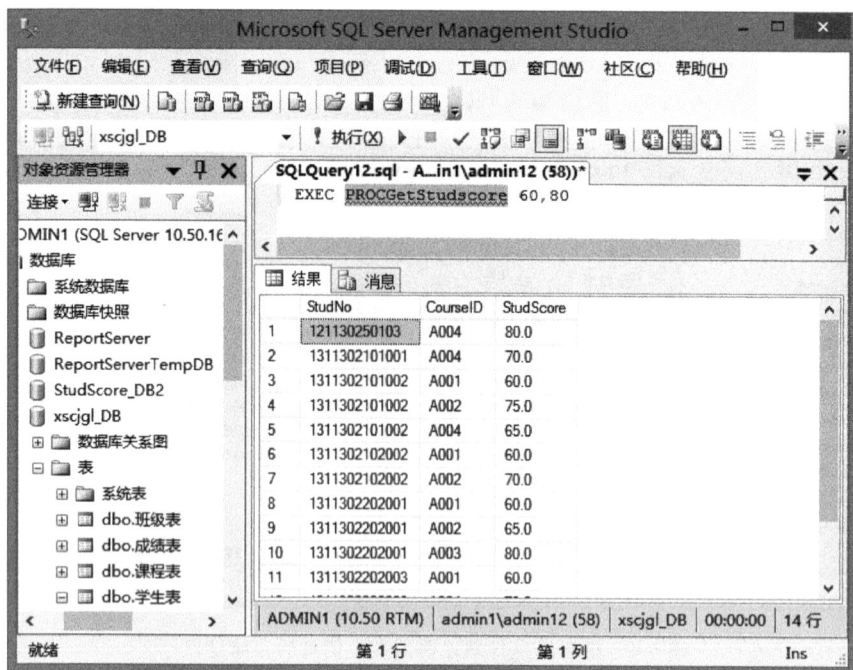

图 6-5　某区间范围的存储过程

```
GO
```

（2）在"新建查询"窗口中输入：

```
Declare @RecordCount int
Exec PROCGetStudscoreCount 60,80,@RecordCount output
Exec GetRecordCount @RecordCount
```

执行结果如图 6-6 所示。

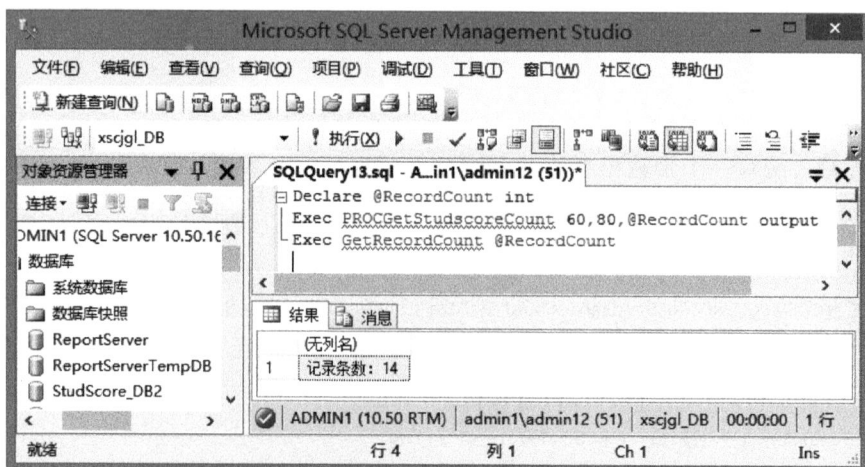

图 6-6　带输出参数的存储过程

【例 6.5】 编写一个计算阶乘的存储过程。

```
CREATE PROCEDURE P_GET_JC @N int
AS
Declare @i int, @k bigint
set @i = 1
set @k = 1
while @i < = @N
begin
    set @k = @k * @i
    set @i = @i + 1
end
print @k
```

执行结果如图 6-7 所示。

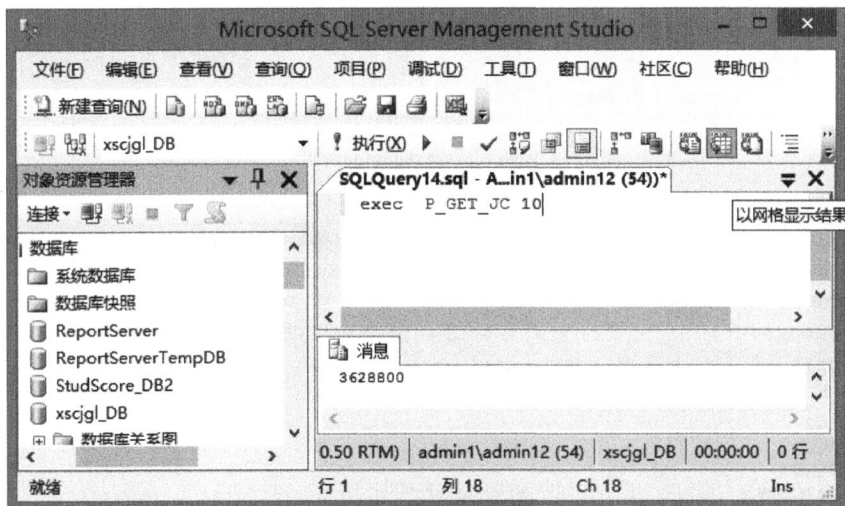

图 6-7　求阶乘的存储过程

6.1.4　查看存储过程

查看存储过程除了使用 SQL Server Management Studio,也可以使用系统存储过程查看存储过程的定义及相关属性。

1. 在 SQL Server Management Studio 中查看存储过程

(1) 启动 SQL Server 2008,选择 xscjgl_DB,打开"可编程性"文件夹,展开"存储过程"文件夹,右击要修改的存储过程,执行"修改"命令,如图 6-8 所示,可以对存储过程进行修改。例如打开已创建的 GetRecordCount 存储过程,查询编辑器中显示存储过程的定义信息,如图 6-9 所示。

(2) 可以在图 6-9 所示窗口中直接修改存储过程的定义,也可以设置存储过程的权限。完成后,单击"完成"按钮即可。

成绩管理系统中存储过程的应用

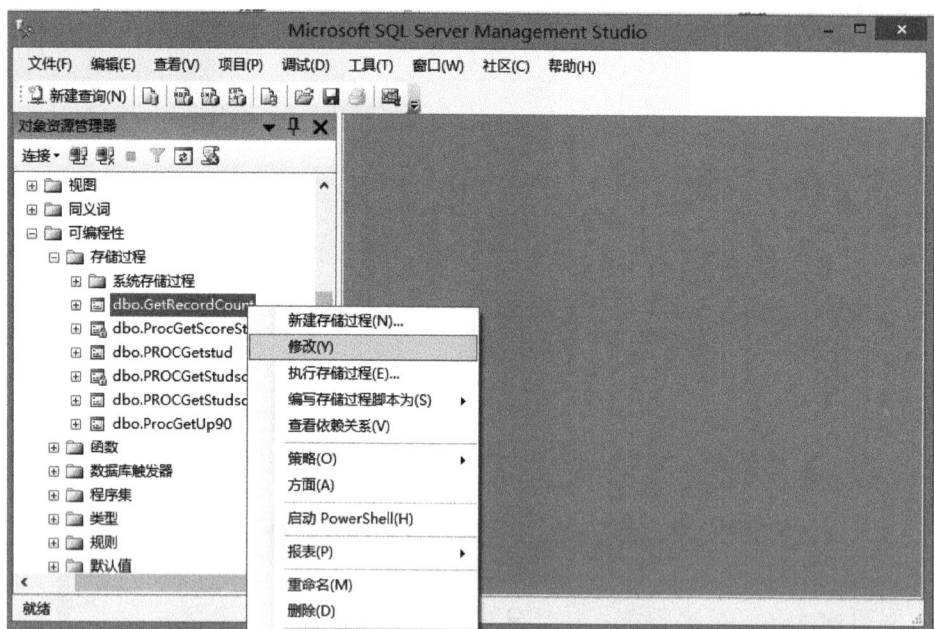

图 6-8　使用 SQL Server Management Studio 查看存储

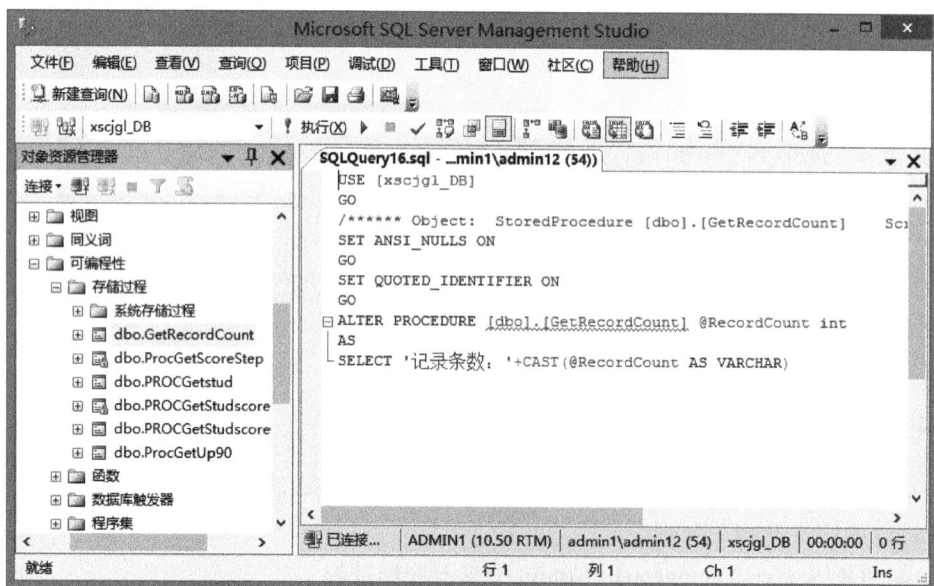

图 6-9　存储过程修改界面

2. 使用 sp_helptext 查看存储过程的定义

语法：

EXECUTE|EXEC sp_helptext 存储过程名

功能：执行存储过程。

注意：如果在创建存储过程时使用了 WITH ENCRYPTION 关键字，则不能查看该存储过程的定义文本。

【例 6.6】 使用 sp_helptext 查看存储过程 GetRecordCount 的内容。

EXECUTE|EXEC sp_helptext GetRecordCount

执行结果如图 6-10 所示。

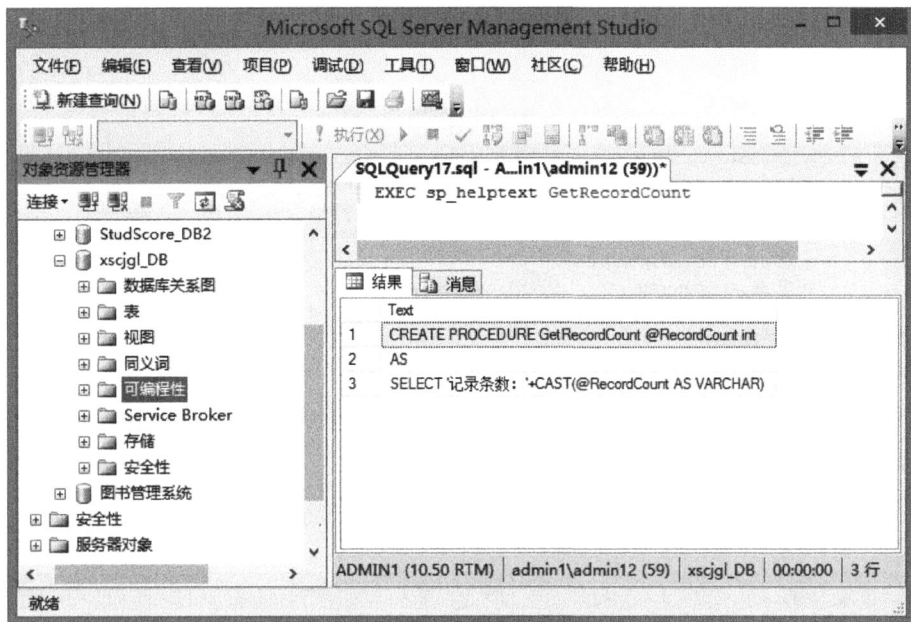

图 6-10　使用 sp_helptext 查看存储过程

3. 查看存储过程的相关性

语法：

EXECUTE|EXEC sp_depends 存储过程名

功能：显示有关数据库对象依赖关系的信息，例如，依赖于表或视图的过程，以及视图或过程所依赖的表和视图。不报告对当前数据库以外对象的引用。

【例 6.7】 显示存储过程 PROCGetStudscore 的相关性。

EXEC sp_depends PROCGetStudscore

执行结果如图 6-11 所示。

4. 查看存储过程的其他属性

语法：

EXECUTE|EXEC sp_help 存储过程名

功能：报告有关数据库对象（sys.sysobjects 兼容视图中列出的所有对象）、用户定义数据类型或某种数据类型的信息。

【例 6.8】 显示学生成绩管理系统中学生表的相关信息，如图 6-12 所示。

成绩管理系统中存储过程的应用

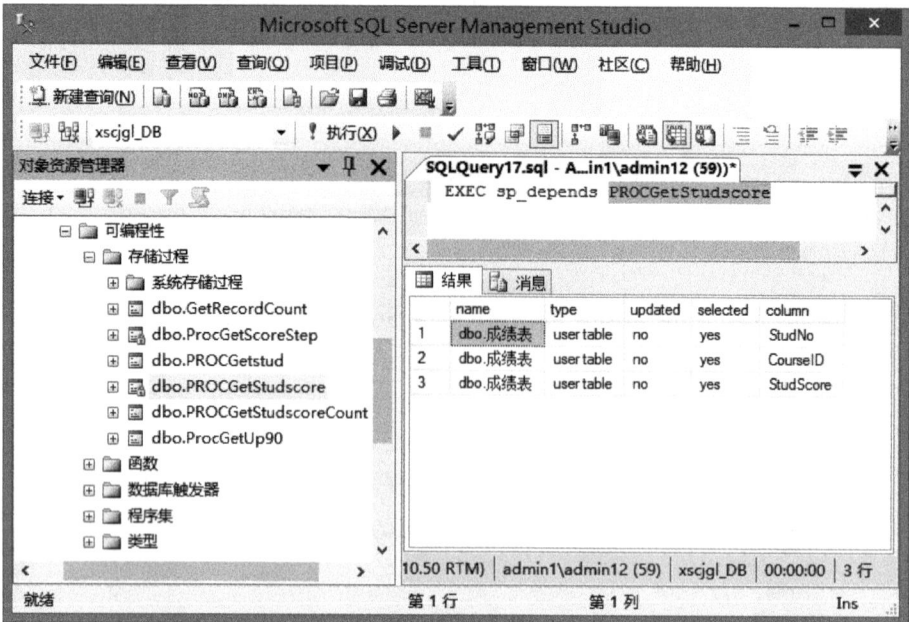

图 6-11　显示 PROCGetStudscore 存储过程的相关性

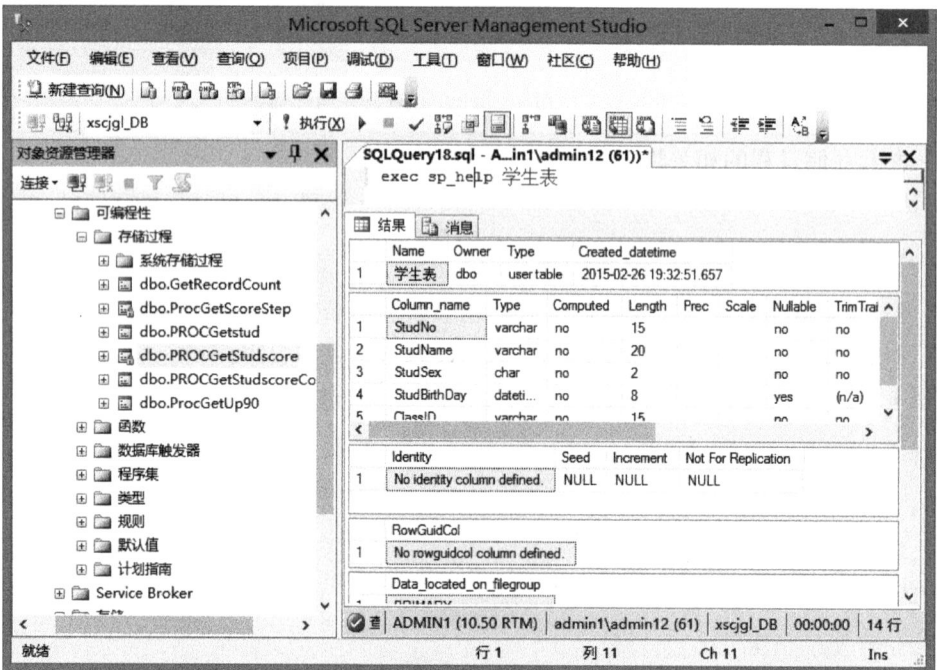

图 6-12　显示学生表的相关信息

6.1.5 修改存储过程

语法：

```
ALTER PROC[EDURE] <存储过程名称>
[@参数名称 数据类型]
[ = default][output][, … n1]
AS
SQL 语句[, … , n2]
```

各参数的操作与创建存储过程相同。

【例 6.9】 修改存储过程 PROCGetStudscore：通过输入学生学号来查询学生成绩的详细信息。修改完成后查询学号为：121130250101 的成绩信息。

（1）在"新建查询"窗口中输入：

```
ALTER PROCEDURE PROCGetStudscore
@nunber varchar(20)
AS
SELECT * FROM 成绩表
WHERE studno = @nunber
GO
exec PROCGetStudscore '121130250101'
```

（2）执行结果如图 6-13 所示。

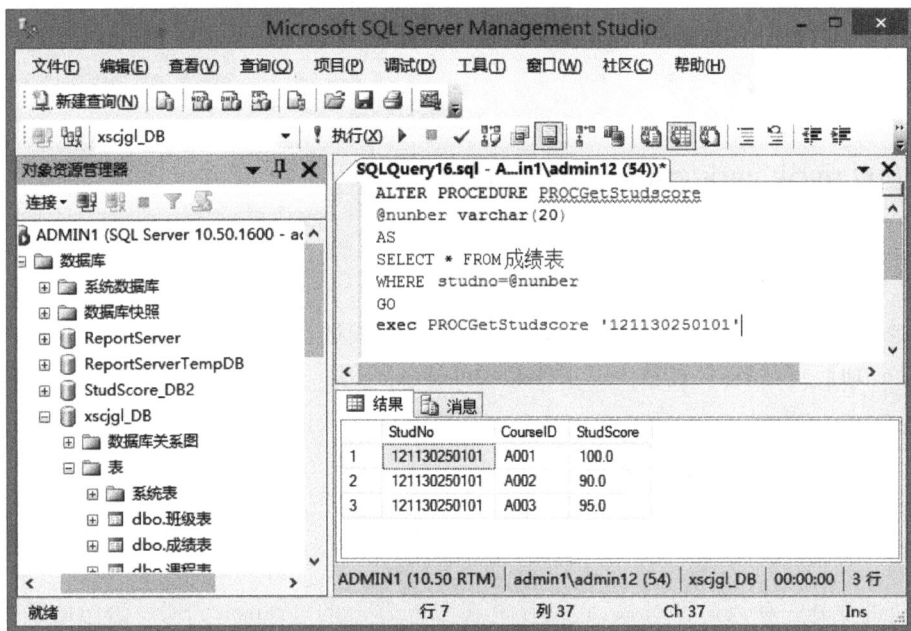

图 6-13 修改存储过程

成绩管理系统中存储过程的应用

6.1.6 删除存储过程

1. 使用 SQL Server Management Studio 删除存储过程

打开"对象资源管理器",展开对应的数据库节点,展开"可编程性"文件夹和"存储过程"节点,选中要删除的存储过程,右击执行"删除"命令,如图 6-14 所示。

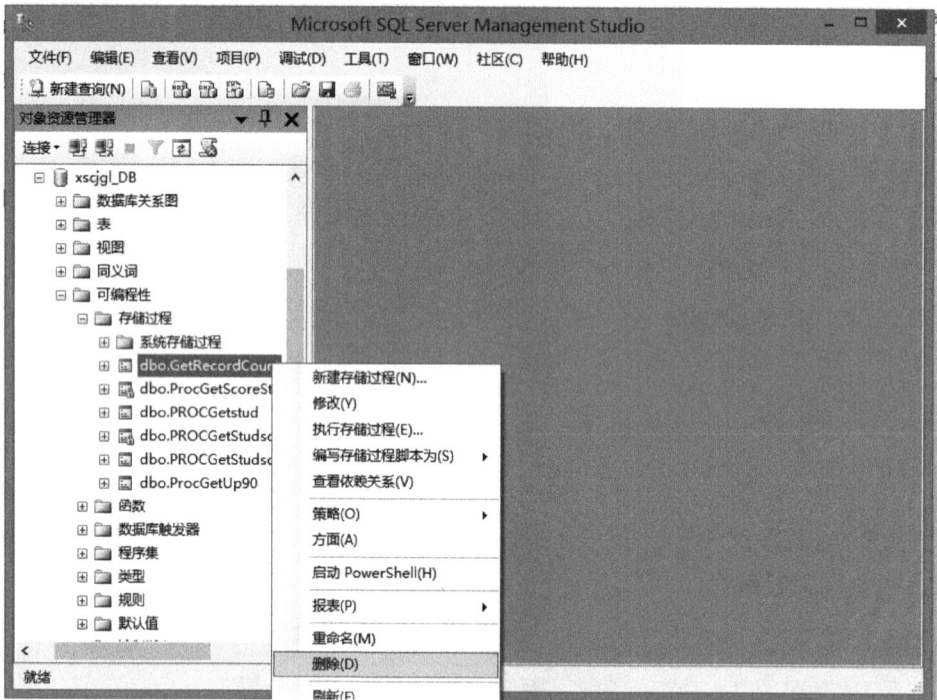

图 6-14 删除存储过程

2. 使用 DROP PROCEDURE 删除存储过程

语法:

```
DROP PROCEDURE {procedure}[, … n]
```

功能:从当前数据库中删除一个或多个存储过程或过程组。

【例 6.10】 删除存储过程 PROCGetStudscore 示例。

```
DROP PROCEDURE PROCGetStudscore
```

小 结

存储过程是一种数据库对象,它是存放在服务器上的 Transact-SQL 语句的预编译集合。建立存储过程并将编译好的版本存储在高速缓存中,使程序的执行更加迅速高效。存储过程可以接收输入参数和输出参数,还可以返回单个或多个结果集以及返回值,从而为数据库维护和管理带来很大的方便。

本次任务主要介绍了存储过程的概念,存储过程的创建、使用、修改及删除等内容。通过本次任务的学习,要求读者理解存储过程的概念,针对具体情况,灵活应用存储过程来解决实际问题。

动 手 实 践

实训目的

(1) 掌握存储过程的概念及创建、修改和删除方法。

(2) 掌握创建存储过程的语法及注意事项。

(3) 结合实际,灵活应用存储过程解决实际问题。

实训内容

(1) 创建一个简单的存储过程(ProGetA_Z),要求输出 A 到 Z 之间的 26 个大写字母。

(2) 创建一个简单的存储过程,求 S=1!+3!+5!+ … +N!,直到 S 大于 10000 时 N 的值和 S 的值。

(3) 在学生成绩管理系统的"学生表"中创建一个查询学生详细信息的存储过程。执行该存储过程,通过输入学生的学号,显示学生的详细信息。

(4) 在学生成绩管理系统的"成绩表"中创建带两个输入参数和一个输出参数的存储过程,执行存储过程时,输入参数为分数范围,输出参数为得到该定价区间的分数记录条数。

任务 7 成绩管理系统中触发器和游标的应用

触发器是由特定的 SQL 操作触发执行的特殊的存储过程。触发器创建后,在指定的表中执行特定操作(如插入、修改以及删除)时,触发器会自动执行。

游标提供能从包括多条记录的结果集中每次提取一条记录的方法。

任务 7 主要介绍触发器的基本概念,创建、使用、修改和删除触发器的操作以及游标的概念和使用方法。

任务 7.1 触 发 器

任务概述

(1) 使用 Transact-SQL 语句创建 DML 触发器。

(2) 使用 Transact-SQL 语句创建 DDL 触发器。

知识与技能

触发器是一种特殊类型的存储过程,触发器主要是通过事件进行触发而被执行的,而存储过程可以通过存储过程名字而被直接调用。触发器与表紧密相连,在表中数据发生变化时自动强制执行。触发器可以用于 SQL Server 约束、默认值和规则的完整性检查,还可以完成难以用普通约束实现的复杂功能。

7.1.1 触发器的概念

Microsoft SQL Server 提供两种主要机制来强制使用业务规则和数据完整性,即约束和触发器。

触发器是一种特殊类型的存储过程,当指定表中的数据发生变化时触发器自动生效。它与表紧密相连,可以看作是表定义的一部分。触发器不能通过名称被直接调用,更不允许设置参数。在 SQL Server 中一张表可以有多个触发器。用户可以使用 INSERT、UPDATE 或 DELETE 语句对触发器进行触发执行,也可以对一张表上的特定操作设置多个触发器。触发器可以包含复杂的 SQL 语句。不论触发器所进行的操作有多复杂,触发器都只作为一个独立的单元被执行,被看作是一个事务。如果在执行触发器的过程中发生了错误,则整个事务会自动回滚。

7.1.2　触发器的优点

当对某一张表进行诸如 UPDATE、INSERT 和 DELETE 操作时,SQL Server 就会自动执行触发器所定义的 SQL 语句,确保对数据的处理符合由这些 SQL 语句所定义的规则。触发器的主要作用是能实现由主键和外键所不能保证的复杂的参照完整性和数据的一致性,有助于强制引用的完整性,以便在添加、更新或删除表中的行时保证表之间已定义的关系。

由于在触发器中可以包含复杂的处理逻辑,因此,应该将触发器用来保持低级的数据完整性,而不是返回大量的查询结果。

触发器的优点:

1. 强制比 CHECK 约束更复杂的数据完整性

在数据库中要实现数据完整性的约束,可以使用 CHECK 约束或触发器来实现。但是在 CHECK 约束中不允许引用其他表中的列来完成检查工作,而触发器可以引用其他表中的列来完成数据完整性的约束。

2. 使用自定义的错误提示信息

用户有时需要在数据的完整性遭到破坏或其他情况下,使用预先自定义好的错误提示信息或动态自定义的错误提示信息。通过使用触发器,用户可以捕获破坏数据完整性的操作,并返回自定义的错误提示信息。

3. 实现数据库中多张表的级联修改

用户可以通过触发器对数据库中的相关表进行级联修改。

4. 比较数据库修改前后数据的状态

触发器提供了访问由 INSERT、UPDATE 或 DELETE 语句引起的数据前后状态变化的能力,因此用户可以在触发器中引用由于修改所影响的记录行。

5. 调用更多的存储过程

约束的本身是不能调用存储过程的,但是触发器本身就是一种存储过程,而存储过程是可以嵌套使用的,所以触发器也可以调用一个或多个存储过程。

6. 维护非规范化数据

用户可以使用触发器来保证非规范数据库中的低级数据的完整性。维护非规范化数据与表的级联是不同的。表的级联指的是不同表之间的主、外键关系,维护表的级联可以通过设置表的主键与外键的关系来实现。非规范数据通常是指在表中派生的冗余数据值,维护非规范化数据应该通过使用触发器来实现。

7.1.3　触发器的分类

1. DML 触发器

DML 触发器是当数据库服务器中发生数据操作语言(Data Manipulation Language)事件时要执行的操作。通常所说的 DML 触发器主要包括 3 种:INSERT 触发器、UPDATE 触发器和 DELETE 触发器。DML 触发器可以查询其他表,还可以包含复杂的 Transact-SQL 语句。将触发器和触发它的语句作为可在触发器内回滚的单个事务对待,如果检测到错误,则整个事务自动回滚。

SQL Server 2008 为每个触发器语句都创建了两种特殊的表：DELETED 表和 INSERTED 表。这是两个逻辑表，由系统自动创建和维护，用户不能对它们进行修改，它们存放在内存而不是数据库中。这两个表的结构总是与被该触发器作用的表的结构相同。触发器执行完成后，与该触发器相关的这两个表也会被删除。

DELETED 表存放由执行 DELETE 或者 UPDATE 语句而从表中删除的所有行。在执行 DELETE 或者 UPDATE 操作时，被删除的行从触发器所作用的表中移动到 DELETED 表，可以在 DELETED 表中检查删除的数据是否满足业务需求。如果不满足，可以向用户报告错误消息，并回滚删除操作。

INSERTED 表存放由执行 INSERT 或者 UPDATE 语句而向表中插入的所有行。在执行 INSERT 或者 UPDATE 操作时，新的行同时添加到触发器所作用的表和 INSERTED 表中，INSERTED 表的内容是触发器所在的表中新行的副本。

表 7-1 是 INSERTED 和 DELETED 两个虚拟表的比较。

表 7-1　INSERTED 和 DELETED 虚拟表的比较

操　作	INSERTED 虚拟表	DELETED 虚拟表
增加记录	存放新增的记录	不存储记录
修改记录	存放用来更新的新记录	存放更新前的记录
删除记录	不存放记录	存放被删除的记录

按照触发时间，DML 触发器分为以下两类。

(1) AFTER 触发器：这类触发器是在记录已经改变完之后，才会被激活执行，主要是用于记录变更后的处理或检查，一旦发现错误，也可以用 ROLLBACK TRANSACTION 语句来回滚本次操作。以删除记录为例，当 SQL Server 接收到一个要执行删除操作的 SQL 语句时，SQL Server 先将要删除的记录存放在一个临时表（DELETED 表）里，然后把数据表里的记录删除，再激活 AFTER 触发器，执行 AFTER 触发器里的 SQL 语句。执行完毕之后，删除内存中的 DELETED 表，退出整个操作。

(2) INSTEAD OF 触发器：与 AFTER 触发器不同，这类触发器一般是用来取代原本操作的，在记录变更之前发生的，它并不执行原来 SQL 语句里的操作（UPDATE、INSERT、DELETE），而是执行触发器本身所定义的操作。

表 7-2 是对 AFTER 触发器和 INSTEAD OF 触发器的比较。

2. DLL 触发器

当数据库服务器中发生数据定义语言(Data Definition Language)事件时，调用 DDL 触发器。DDL 触发器可以用于在数据库中执行管理任务，此类触发器与 DML 触发器的相同之处是两者都需要事件进行触发。不同之处是 DDL 触发器不会响应针对表或视图的 UPDATE、INSERT 或 DELETE 语句，而是响应数据定义语言（DDL）语句而被激发。如 CREATE、ALTER、DROP、GRANT、DENY 和 REVOKE 等语句。DDL 触发器可用于管理任务，例如审核和控制数据库操作。

DDL 触发器主要用于以下 3 个方面：防止对数据库或表架构进行某些更改、防止数据库或数据表被误操作删除、记录数据库架构中的更改或事件。

表 7-2　AFTER 触发器和 INSTEAD OF 触发器的比较

触发器	不　同　点	相　同　点
事后触发器（AFTER 触发器）	（1）激活时间：引发触发器执行的 INSERT、UPDATE、DELETE 语句通过各种约束检查，成功执行后才激活并执行触发器程序。 （2）只能创建在数据表上，不能创建在视图上，一个表可以有多个事后触发器。 （3）主要是用于记录变更后的处理或检查	（1）触发器被激活时，系统都自动为它们创建两个临时表：INSERTED 表和 DELETED 表。 （2）两个表的结构与激活触发器的原数据表相同
替代触发器（ INSTEAD OF 触发器）	（1）激活时间：激活触发器的 INSERT、UPDATE、DELETE 语句仅仅起到激活触发器的作用，一旦激活触发器后该语句即停止执行，立即转去执行触发器定义的操作。 （2）可以创建在表上，也可以创建在视图上，一个表只能有一个替代触发器。 （3）主要是用于禁止数据库中数据的修改和视图的更新	

任务实施

7.1.4　创建 DML 触发器

使用 T-SQL 语句创建 DML 触发器的基本语法如下：

```
CREATE TRIGGER 触发器名称
ON {数据表或者视图名}
{FOR|AFTER|INSTEAD OF}
{[INSERT][,][UPDATE][,][DELETE]}
AS
要执行的 SQL 语句
```

在创建触发器时，需要明确以下内容：

（1）触发器名称，定义触发器的名字。

（2）数据表或视图名，DML 触发器所在的表或视图名。

（3）FOR、AFTER 或 INSTEAD OF，指定触发器触发的时机，其中 FOR 也就是创建 AFTER 触发器。

（4）DELETE、INSERT、UPDATE 指定在表或者视图上用来引起触发器执行的动作，至少要给定一个指令选项。在触发器定义中允许使用以任意顺序组合的这些关键字，如果指定的选项多于一个，需要用逗号分隔这些选项。

1. 创建 INSERT 触发器

当执行插入数据操作时，要插入的数据首先保存在 INSERTED 表中。

【例 7.1】　创建一个 INSERT 触发器完成在学生成绩管理数据库的学生表中插入新记录时，触发该触发器。提示"新的记录被插入，请检查正确性."。

【操作步骤】

（1）打开 SSMS 窗口，在查询编辑器中输入以下代码。

```
use 学生成绩管理数据库
```

```
GO
CREATE TRIGGER 触发器_1
ON 学生表
FOR INSERT
AS
BEGIN
PRINT '新的记录被插入,请检查正确性.'
END
```

（2）在学生表中插入一条记录，查看触发器运行结果，如图 7-1 所示。

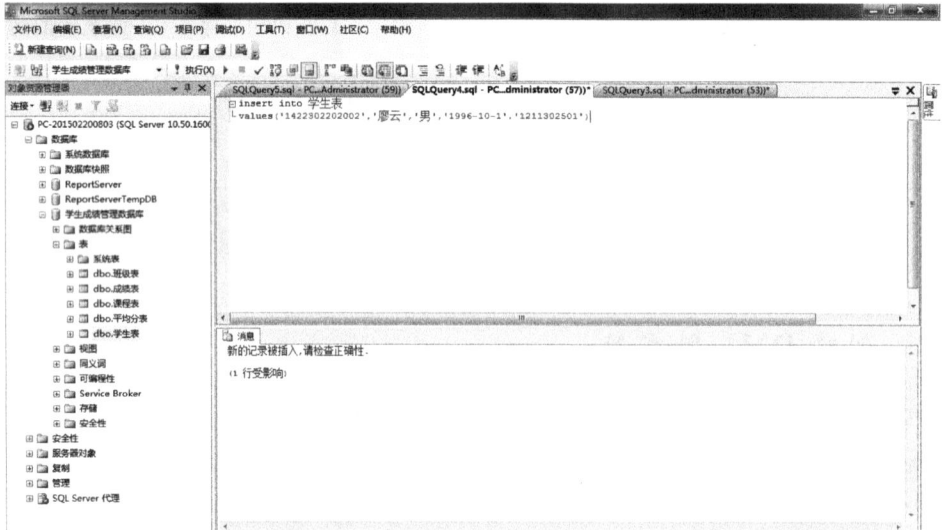

图 7-1　触发器 7_1 运行结果

【例 7.2】　在成绩表中创建一个 INSERT 触发器，完成以下功能：当将成绩信息插入成绩表时，若该成绩记录中的学生学号在学生表中不存在或该成绩记录中的课程编号在课程表中不存在，则提示该生或该课程不存在，并撤销成绩表的插入操作。

【操作步骤】

（1）打开 SSMS 窗口，在查询编辑器中输入以下代码：

```
use 学生成绩管理数据库
GO
CREATE TRIGGER 触发器_2
ON 成绩表
FOR INSERT
AS
BEGIN
declare @xh varchar(30)
declare @kh varchar(30)
select @xh = StudNo,@kh = CourseID from inserted
declare @m int,@n int
select @m = COUNT( * )from 学生表 where StudNo = @xh
select @n = COUNT( * )from 课程表 where CourseID = @kh
if (@m = 0) or (@n = 0)
```

```
begin
print '该生或该课程不存在!'
rollback transaction
end
END
```

（2）在成绩表中插入一条记录，所插入记录的学号在学生表中不存在或课程号在课程表中不存在，查看触发器运行结果，如图 7-2 所示。

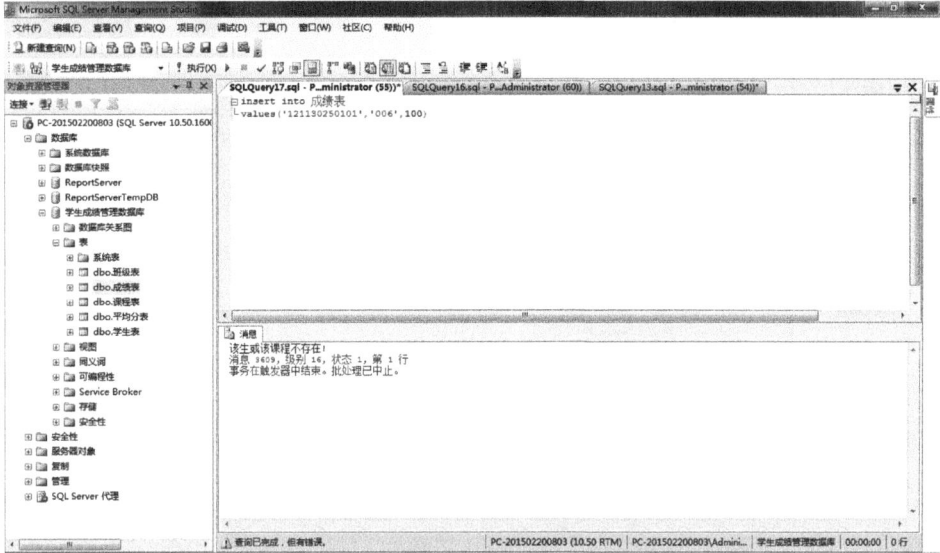

图 7-2　在成绩表中插入记录

2. 创建 UPDATE 触发器

当在数据表中执行更新操作时，UPDATE 触发器首先将原始数据行移到 DELETED 表，然后将一个新行插入 INSERTED 表，之后再将这行数据插入触发器所作用的表中。

【例 7.3】　在课程表中创建一个 UPDATE 触发器，使得当课程表记录中的课程编号被修改时，成绩表中的课程编号也做出相应的修改。

【操作步骤】

（1）打开 SSMS 窗口，在查询编辑器中输入以下代码。

```
use 学生成绩管理数据库
GO
CREATE TRIGGER 触发器_3
ON 课程表
FOR UPDATE
AS
BEGIN
declare @xkh varchar(15)
declare @jkh varchar(15)
select @xkh = CourseID from inserted
select @jkh = CourseID from deleted
update 成绩表
```

成绩管理系统中触发器和游标的应用

```
set CourseID = @xkh
where CourseID = @jkh
END
```

（2）在课程表更新一条记录，查看触发器运行结果，以及在更新记录前后成绩表的学生成绩记录中课程编号的变化，如图 7-3、图 7-4 和图 7-5 所示。

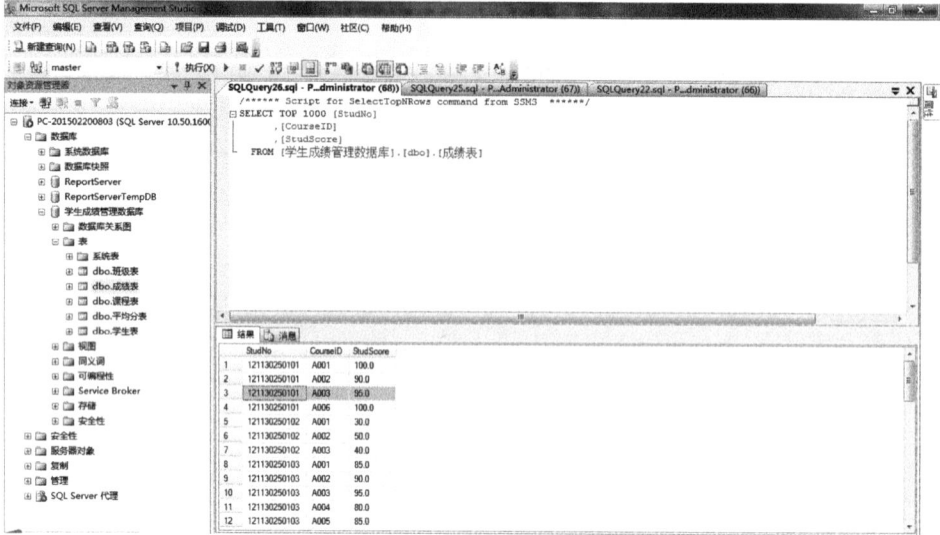

图 7-3　在课程表更新课程编号前成绩表中课程编号为 A003 的记录

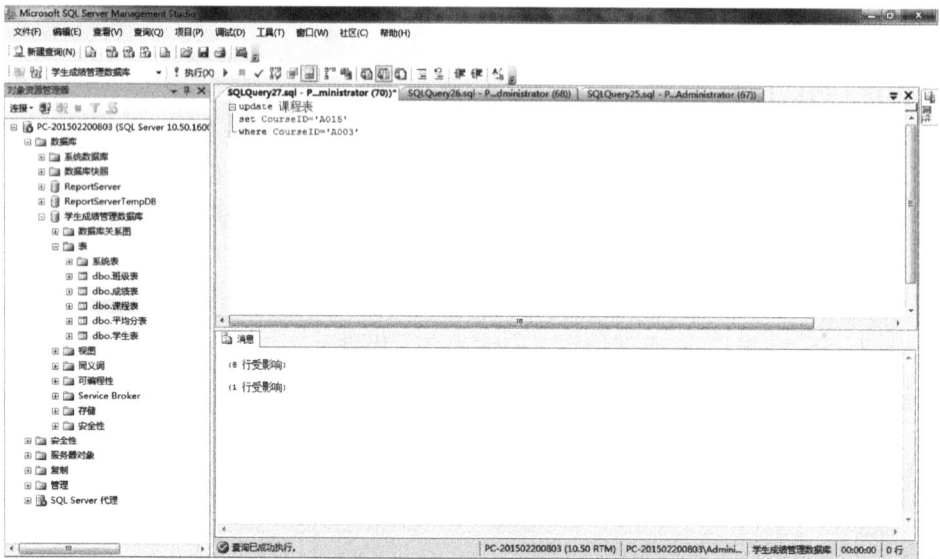

图 7-4　触发器 7_3 运行结果

3. 创建 DELETE 触发器

DELETE 触发器将删除的数据行放到 DELETED 表中，并确定 DELETED 表中的行数据是否需要执行触发器操作，之后再将触发器所作用的表中这行数据删除。

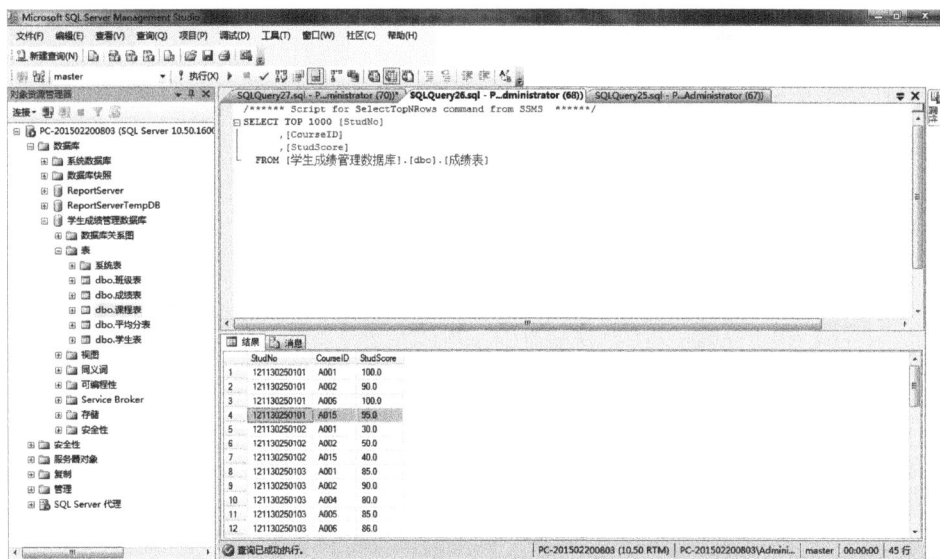

图 7-5　在课程表更新记录后成绩表中课程编号为 A015 的记录

【例 7.4】　在班级表中创建一个 DELETE 触发器,使得当删除班级表中的某条记录时,若在学生表中存在学生,其班级属于欲在班级表中删除的班级,则阻止删除操作,并提示"该班级编号在学生表中存在,不可删除!"。

【操作步骤】

(1) 打开 SSMS 窗口,在查询编辑器中输入以下代码。

```
use 学生成绩管理数据库
GO
CREATE TRIGGER 触发器_4
ON 班级表
FOR DELETE
AS
BEGIN
declare @bh varchar(30)
select @bh = ClassID from deleted
if(select COUNT( * ) from 学生表 where ClassID = @bh)> 0
begin
print '该班级编号在学生表中存在,不可删除!'
rollback transaction
end
END
```

(2) 在班级表中删除一条记录,该记录的班级号在学生表中存在,查看触发器运行结果,如图 7-6 所示。

7.1.5　创建 DDL 触发器

DDL 触发器在响应数据定义语言(DDL)语句时触发。它们可以在数据库中执行管理任务,例如审核和规范数据库操作。与 DML 触发器不同的是,它们不会被针对表或者视图

成绩管理系统中触发器和游标的应用

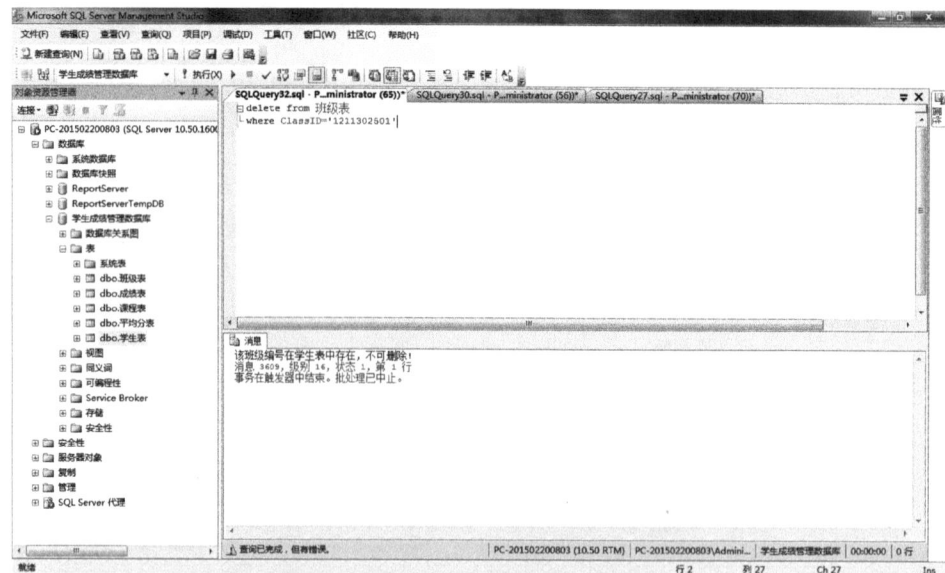

图 7-6　触发器 7_4 运行结果

的 UPDATE、INSERT 或者 DELETE 语句激发,而会被各种数据定义语言(DDL)事件激发。这些事件主要与以关键字 CREATE、ALTER 和 DROP 开头的 Transact-SQL 语句对应。

使用 T-SQL 语句创建 DLL 触发器的基本语法如下:

```
CREATE TRIGGER 触发器名称
ON {ALL SERVER|DATABASE}
{FOR|AFTER}
{EVENT_TYPE}
AS
要执行的 SQL 语句
```

其中 EVENT_TYPE 为指定触发 DDL 触发器的事件。

【例 7.5】　创建一个 DDL 触发器,通过该触发器可以阻止用户删除数据库中的任何数据表。

【操作步骤】

(1) 打开 SSMS 窗口,在查询编辑器中输入以下代码:

```
use 学生成绩管理数据库
GO
CREATE TRIGGER 触发器_5
ON DATABASE
FOR DROP_TABLE
AS
PRINT '禁止删除数据表'
ROLLBACK
GO
```

（2）删除数据库中任意一个数据表，查看触发器运行结果，如图 7-7 所示。

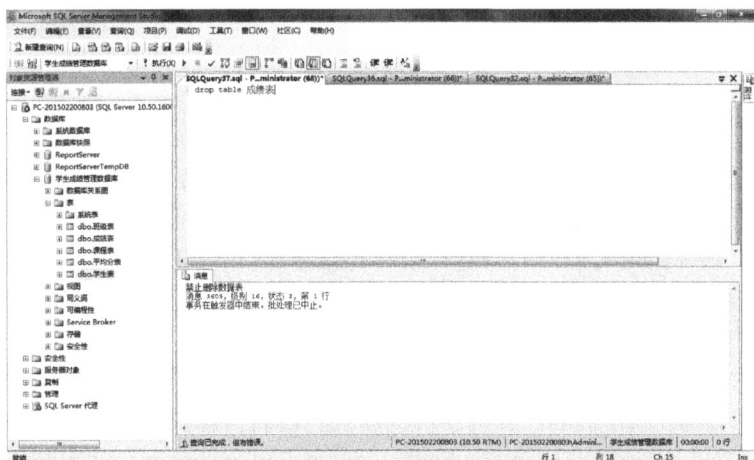

图 7-7　触发器 7_5 运行结果

7.1.6　修改触发器

在 T-SQL 中，使用 ALTER TRIGGER 语句可以实现修改触发器的操作。ALTER TRIGGER 语句的语法结构如下：

```
ALTER TRIGGER 触发器名称
ON {数据表或者视图名}
{FOR|AFTER|INSTEAD OF}
{[INSERT][,][UPDATE][,][DELETE]}
AS
要执行的 SQL 语句
```

7.1.7　删除触发器

在 T-SQL 中，使用 DROP TRIGGER 语句可以实现删除触发器的操作。DROP TRIGGER 语句的语法结构如下：

```
DROP TRIGGER trig_name[,…n]
```

上述语句中的 trig_name 表示要删除触发器的名称。在使用 DROP TRIGGER 语句删除多个触发器时，各触发器名称之间需要用逗号分隔。

【例 7.6】　删除触发器"触发器_4"。

```
DROP TRIGGER 触发器_4
```

任务 7.2　游　　标

在数据库开发过程中，常常会从某一结果集中逐一地读取每一条记录。那么如何解决这种问题呢？游标为我们提供了一种非常优秀的解决方案。

任务概述

利用游标,逐行读取数据表中的数据信息。

知识与技能

游标是取用一组数据并能够一次与一个单独的数据进行交互的方法。关系数据库中的操作会对整个行集起作用。由 SELECT 语句返回的行集包括满足该语句 WHERE 子句中条件的所有行。这种由语句返回的完整行集称为结果集。应用程序,并不总是能将整个结果集作为一个单元来有效地处理。这些应用程序需要一种机制以便每次处理一行或部分行。游标就提供了这种机制,它是对结果集的一种扩展。

游标提供了一种从表中检索数据并进行操作的灵活手段,游标主要用在服务器上,处理由客户端发送给服务器端的 SQL 语句,或者批处理、存储过程和触发器中的数据处理请求。游标的优点在于它可以定位到结果集中的某一行,并可以对该行数据执行特定操作,它为用户在处理数据的过程中提供了很大方便。一个完整的游标使用由以下 5 个步骤组成,并且这 5 个步骤应符合下面的顺序:

(1) 声明游标。
(2) 打开游标。
(3) 从一个游标中查找信息。
(4) 关闭游标。
(5) 释放游标。

任务实施

7.2.1 声明游标

定义游标使用 DECLARE CURSOR 语句来实现。使用 DECLARE CURSOR 语句可以指定用户使用游标时采取的动作,同时也可以指定存储于游标中的结果集。

DECLARE CURSOR 语句的语法格式:

```
DECLARE cursor_name [scroll] cursor
FOR SELECT_statement
[FOR{READ ONLY |UPDATE[OF column_name[,…n]]}]
```

上述语句中的相关参数说明如下。

cursor name:被声明游标的名称。

SCROLL:所有的提取操作(如 FIRST、LAST、NEXT、RELATIVE 和 ABSOLUTE等)都可用。如果不使用该关键字,那么只能执行 NEXT 提取操作。

SELECT_statement:定义游标结果集中的 SQL 语句。

READ ONLY:指定的游标为只读游标。

UPDATE[OF column_name[,…n]]:指定游标内可更新的列。如果指定 OF 参数,则只允许修改所列出的列。

【例 7.7】 创建一个名为 cur1 的标准游标,指定学生表中的所有记录为存储于该游标中的结果集。

【操作步骤】 打开 SSMS 窗口,在查询编辑器中输入以下代码,并运行。

```
use 学生成绩管理数据库
GO
DECLARE cur1 cursor for
select * from 学生表
GO
```

【例 7.8】 创建一个名为 cur2 的只读游标。

【操作步骤】 打开 SSMS 窗口,在查询编辑器中输入以下代码,并运行。

```
use 学生成绩管理数据库
GO
DECLARE cur2 cursor for
select * from 学生表
FOR READ ONLY
GO
```

7.2.2 打开游标

打开一个声明的游标可以使用 OPEN 命令。

语法如下:

```
OPEN{{[GLOBAL] cursor_name}|cursor_variable_name}
```

参数说明如下。

GLOBAL:指定 cursor_name 为全局游标。

cursor_name:已声明的游标名称,如果全局游标和局部游标都使用 cursor_name 作为其名称,那么如果指定了 GLOBAL,cursor_name 指的是全局游标,否则,cursor_name 指的是局部游标。

cursor_variable_name:游标变量的名称,该名称引用一个游标。

【例 7.9】 首先声明一个名为 cur_01 的游标,然后使用 OPEN 命令打开该游标。

【操作步骤】 打开 SSMS 窗口,在查询编辑器中输入以下代码,并运行。

```
use 学生成绩管理数据库
GO
DECLARE cur_01 cursor for
select * from 学生表
open cur_01
GO
```

注意:游标在被打开后,必须将其关闭才能再次将其打开。

7.2.3 读取游标

读取游标通常使用 FETCH 语句。一条 FETCH 语句一次可以将一条记录放入指定的变量中。FETCH 语句用于查找数据集中的单行数据,并且将其提取的单个值传给主变量。

FETCH 语句的语法结构如下。

```
FETCH
[[NEXT|PRIOR|FIRST|LAST]
FROM]
{{[GLOBAL]cur_name]|@cur_var_name}
[INTO @variable_name[,…n]]
```

参数说明如下：

FIRST：返回游标中的第一行数据记录。

LAST：返回游标中的最后一行数据记录。

NEXT：返回结果集中当前行的下一行数据记录。

PRIOR：返回结果集中当前行的前一行数据记录。

GLOBAL：指定 cur_name 为全局游标。

cur_name：游标的名称。

@cur_var_name：游标变量的名称。

INTO @variable_name[,…n]：允许将提取操作的列数据放到局部变量中。

【例 7.10】 定义游标 c_ts,然后用@@FETCH_STATUS 控制一个 WHILE 循环中的游标活动。通过该游标逐行读取学生表中的数据信息。

说明：@@fetch-status 是 SQL Server 的一个全局变量,使用它获取游标 FETCH 语句的状态。其返回值有以下三种,分别表示三种不同含义：

0   FETCH 语句成功。

−1   FETCH 语句失败或行不在结果集中。

−2   提取的行不存在。

【操作步骤】 打开 SSMS 窗口,在查询编辑器中输入以下代码,并运行。

```
use 学生成绩管理数据库
GO
DECLARE c_ts cursor for
select * from 学生表
open c_ts
fetch next from c_ts
while @@FETCH_STATUS = 0
begin
fetch next from c_ts
end
close c_ts
deallocate c_ts
GO
```

运行结果如图 7-8 所示。

【例 7.11】 定义游标 c_ts1,通过该游标逐行读取学生表中的数据信息,并将部分信息显示。

【操作步骤】 打开 SSMS 窗口,在查询编辑器中输入以下代码,并运行。

```
use 学生成绩管理数据库
```

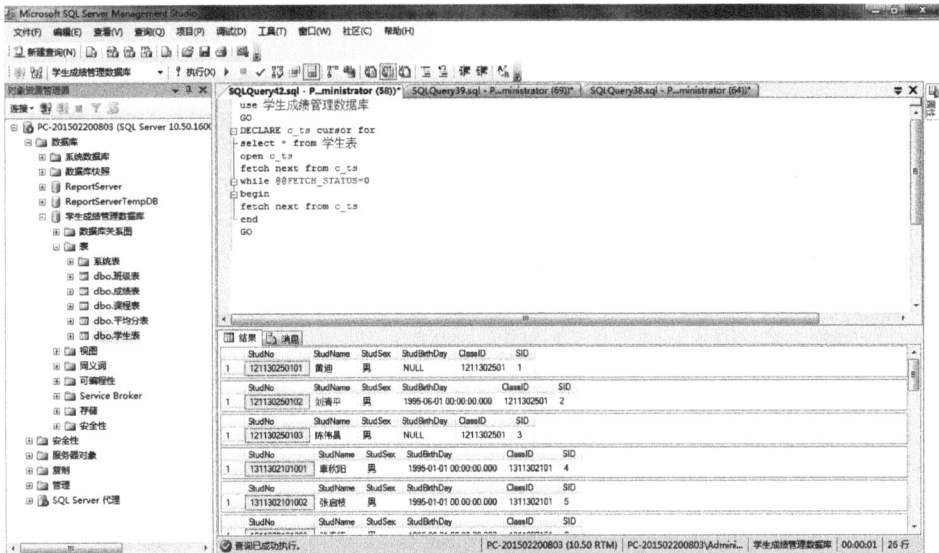

图 7-8　通过游标 c_ts 读取数据运行结果

```
GO
DECLARE c_ts1 cursor for
select studname,classid from 学生表
open c_ts1
declare @xsxm varchar(30),@bjbh varchar(10)
fetch next from c_ts1 into @xsxm,@bjbh
print space(3) + '班级编号' + space(25) + '学生姓名'
while @@FETCH_STATUS = 0
begin
print space(3) + @bjbh + space(20) + @xsxm + space(10)
fetch next from c_ts1 into @xsxm,@bjbh
end
close c_ts1
deallocate c_ts1
GO
```

运行结果如图 7-9 所示。

7.2.4　关闭游标

游标在使用完毕后需要将其关闭。在 T-SQL 中使用 CLOSE 语句关闭游标,其实现的语法结构如下:

```
CLOSE cursor_name
```

在关闭游标之后,就不能够检索结果集中的数据行信息了,只有通过 OPEN 语句再次打开游标后,才能够执行检索操作。

7.2.5　释放游标

通过 CLOSE 语句只能够关闭游标,而不能释放游标所占用的资源。在 SQL Server

成绩管理系统中触发器和游标的应用

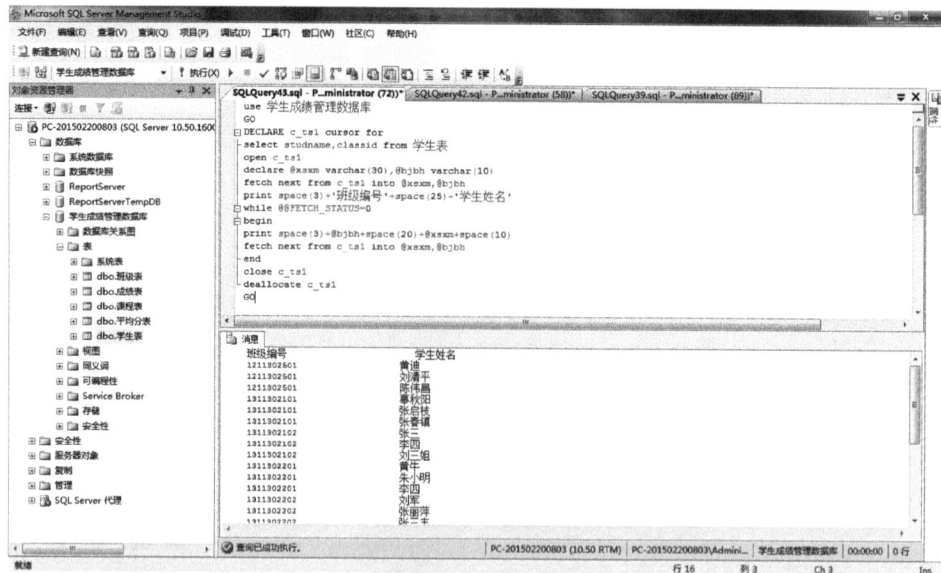

图 7-9　通过游标 c_ts1 读取数据并显示

中，使用 DEALLOCATE 命令释放游标所占用的系统资源。使用 DEALLOCATE 命令可以将游标作为对象连同游标中的数据信息一起从数据库中删除。使用 DEALLOCATE 命令的语法格式如下：

```
DEALLOCATE cursor_name
```

代码中的 cursor_name 表示游标的名称。

如果使用 CLOSE 语句关闭游标，可以再次通过 OPEN 语句打开游标；在使用 DEALLOCATE 命令释放游标之后，就不能再通过 OPEN 语句打开游标了。如果想再次打开游标，必须通过 DECLARE CUSOR 语句重新创建游标。

7.2.6　利用游标更新删除数据

【例 7.12】　定义游标 cur_xm，然后通过该游标将学生表中学生姓名为"黄迪"的信息，修改为"黄文迪"。

使用游标可以修改数据信息，在使用游标修改数据信息时需要创建可更新的游标，即用来创建游标的 DECLARE CURSOR 语句中不包含 READ ONLY 选项。这样就可以在游标中使用 UPDATE 语句更新数据记录。通过可更新游标更新数据信息的语法格式如下：

```
UPDATE tb_name
SET columnl = valuel,column2 = value2, … ,columnN = valueN
WHERE CURRENT OF Cursor_name
```

【操作步骤】　打开 SSMS 窗口，在查询编辑器中输入以下代码，并运行。

```
declare cur_xm cursor
for
select studname from 学生表 where studname = '黄迪'
```

```
for update
open cur_xm
fetch next from cur_xm
while @@FETCH_STATUS = 0
begin
update 学生表
set studname = '黄文迪'
where current of cur_xm
fetch next from cur_xm
end
close cur_xm
deallocate cur_xm
```

运行结果如图 7-10 所示。

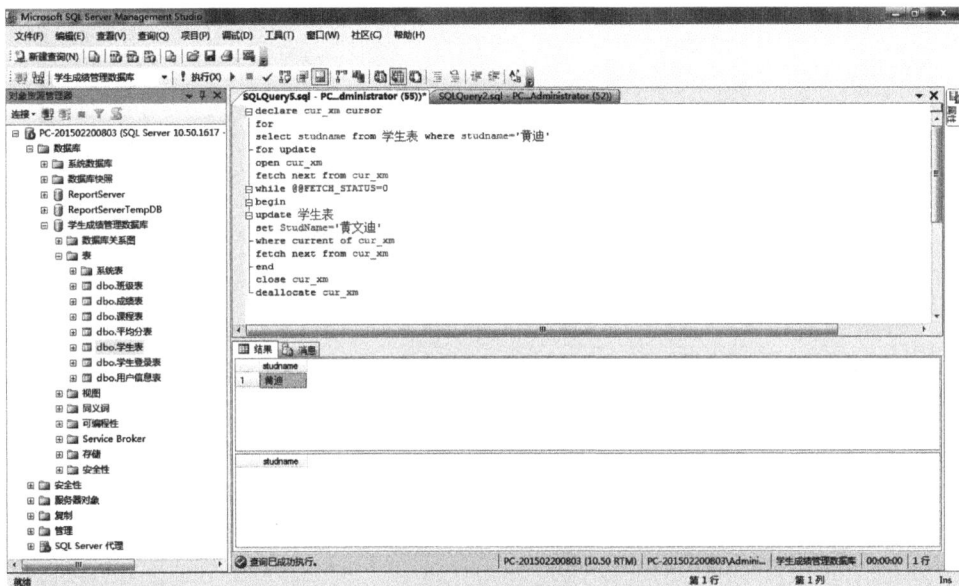

图 7-10　通过游标 cur_xm 修改数据

【例 7.13】　定义游标 cur_xm1,然后通过该游标将学生表中姓名为"王丽"的信息记录删除。

使用基于游标的 DELETE 语句可以实现删除数据表中数据记录的操作,其实现的语法结构如下:

```
DELETE FROM tb_name
WHERE CURRENT OF Cursor_name
```

【操作步骤】　打开 SSMS 窗口,在查询编辑器中输入以下代码,并运行。

```
declare cur_xm1 cursor
for
select studname from 学生表 where studname = '王丽'
for update
open cur_xm1
```

成绩管理系统中触发器和游标的应用

```
fetch next from cur_xm1
while @@FETCH_STATUS = 0
begin
delete from 学生表
where current of cur_xm1
fetch next from cur_xm1
end
close cur_xm1
deallocate cur_xm1
```

运行结果如图 7-11 所示。

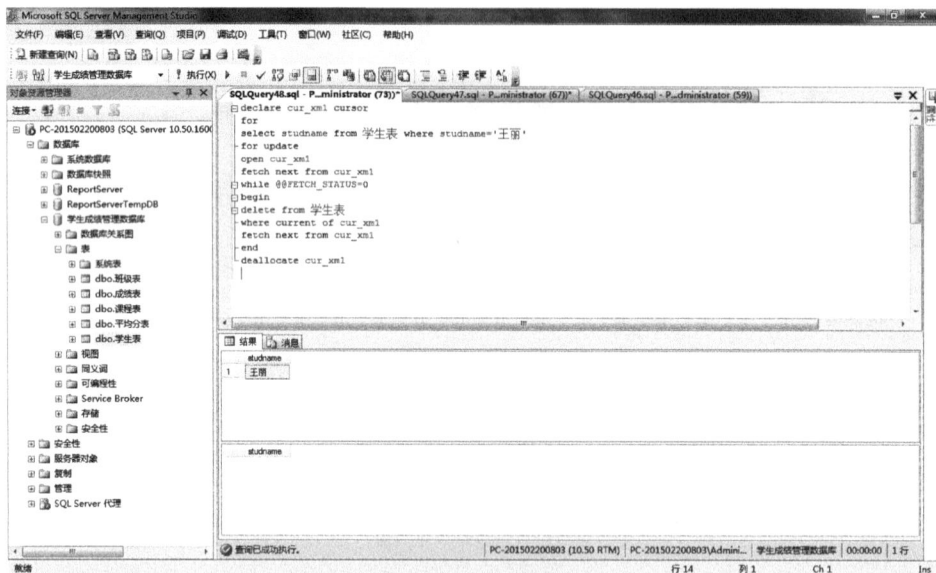

图 7-11　通过游标 cur_xm1 删除数据

小　　结

触发器是一种特殊的存储过程,在对表或视图发出 UPDATE、INSERT 或 DELETE 语句时自动执行。触发器与表的关系很密切,触发器的定义就存储在表中。游标用于从结果集之中提取特定的记录进行处理。使用游标时,首先要声明游标,以指定游标的结果集和滚动属性,然后从游标中提取或修改数据,最后还要记住关闭和释放游标。

本次任务主要介绍了使用触发器保证强制使用业务规则和数据完整性,以及使用游标逐行读取数据表中的数据信息。

动 手 实 践

实训目的

(1) 了解触发器和游标的概念。

（2）掌握 INSERT、UPDATE 和 DELETE 触发器的创建。

（3）掌握触发器的修改和删除。

（4）掌握游标的使用方法。

实训内容

（1）在学生成绩管理数据库中，为学生表建立名为'insert_xs'的 INSERT 触发器，其作用是在学生表中插入新记录时，检查班级表中是否存在新纪录中的班级编号，如果不存在则提示'该班级不存在，不允许插入该学生记录！'，并回滚插入操作。

（2）在班级表中创建一个 UPDATE 触发器，使得当班级表记录中的班级编号被修改时，学生表中的班级编号也做出相应的修改。

（3）在课程表建立名为'del_kc'的 DELETE 触发器，实现删除课程表中的记录时，检查成绩表中是否存在该课程，如果存在则提示'成绩表有该课程，不允许删除该课程信息。'，并回滚删除操作。

（4）在学生表中创建一个 DELETE 触发器，完成以下功能：当学生表记录被删除时，则该生在成绩表的所有成绩记录也被删除。

（5）在学生成绩管理数据库中，为学生表建立名为'insert_xs1'的 INSERT 触发器，其作用是在'学生表'中插入新记录时，检查学号是否长度大于或等于 12，如果不是，则提示'学号错误，不允许插入该学生信息'，并回滚插入操作。

（6）定义游标 c_xs，通过该游标逐行读取学生表中的数据信息，并将学生学号、姓名、性别和班级编号等部分信息逐行显示。

成绩管理系统中触发器和游标的应用

任务 8 成绩管理系统安全性管理

任务 8.1　安全性管理

任务概述

（1）创建数据库服务器的登录账户。

（2）创建使用数据库的用户账户。

（3）为数据库用户设置权限。

（4）利用角色来集中管理数据库或者服务器权限。

知识与技能

数据的安全性管理是数据库服务器应实现的重要功能之一。SQL Server 2008 数据库采用了复杂的安全保护措施，其安全管理体现在如下两个方面。

（1）对用户登录进行身份验证。当用户登录到数据库系统时，系统对该用户的账户和口令进行验证，包括确认用户账户是否有效以及能否访问数据库系统。

（2）对用户进行的操作进行权限控制。当用户登录到数据库后，只能对数据库中的数据在允许的权限内进行操作。

也就是说，一个用户如果要对某一数据库进行操作，必须满足以下 3 个条件：

（1）登录 SQL Server 服务器时必须通过身份验证。

（2）必须是该数据库的用户，或者是某一数据库角色的成员。

（3）必须有执行该操作的权限。

任务实施

8.1.1　登录管理

在 SQL Server 中，账户有两种：一种是登录服务器的登录账户，另外一种就是使用数据库的用户账户。在数据库中，用户账户与登录账户是两个不同的概念。一个合法的登录账户只表明该账户通过了 Windows 认证或者 SQL Server 认证，但不能表明其可以对数据库数据和数据对象进行某种或者某些操作，所以一个登录账户总是与一个或者多个数据库用户账户（这些账户必须分别存在相异的数据库中）相对应，这样才可以访问数据库。例如，登录账户 sa 自动与每一个数据库用户 dbo 相关联。要对 SQL Server 2008 中的数据库进行操作,需要先使用登录名登录 SQL Server 2008,然后再对数据库进行操作。然而,在对数据库进行操作时,其所操作的数据库中还要存在与登录名相应的数据库用户。

下面将介绍登录名的创建与删除,更改登录用户的验证方式等。

1. 验证模式

验证模式指数据库服务器如何处理用户名与密码。SQL Server 2008 的验证方式包括 Windows 验证模式与混合验证模式。

1) Windows 验证模式

Windows 验证模式是 SQL Server 2008 使用 Windows 操作系统中的信息验证账户名和密码。这是默认的身份验证模式,比混合模式安全。Windows 身份验证提供有关强密码复杂性验证的密码策略强制,还提供账户锁定与密码过期功能。

2) 混合模式

在 SQL Server 验证模式下,SQL Server 服务器要对登录的用户进行身份验证。当 SQL Server 在 Windows 操作系统上运行时,系统管理员设定登录验证模式的类型可为 Windows 验证模式和混合模式。当采用混合模式时,SQL Server 系统既允许使用 Windows 登录账号登录,也允许使用 SQL Server 登录账号登录。

2. 创建、修改和删除登录名

在 SQL Server 2008 中有两类登录账户:一类是登录服务器的登录账户;另一类是使用数据库的用户账号。登录账户是指能登录到 SQL Server 的账号,它属于服务器的层面,本身并不能让用户访问服务器中的数据库,而登录者要使用服务器中的数据库时,必须要有用户账号才能存取数据库。

管理员可以通过 SQL Server Management Studio 工具对 SQL Server 2008 中的登录名进行创建、修改和删除等管理。

在 SQL Server 2008 中可以创建的登录账户有两种:一种是 SQL Server 标准登录账户,如 sa 账户;另一种是 Windows 系统账户,如 Administrator 账户。

【例 8.1】 创建一个标准登录账户。

【操作步骤】

(1) 打开 SQL Server Management Studio,选择"服务器名"→"安全性"→"登录名"命令,展开所连接的服务器,并右击登录名节点,在弹出的快捷菜单中选择"新建登录名"命令,如图 8-1 所示。

(2) 弹出"登录名-新建"对话框,在"登录名"文本框中输入创建的登录名,并选中"SQL Server 身份验证"单选按钮,此时在"密码"及"确认密码"文本框中可以输入创建的登录名登录时所用的密码,如图 8-2 所示。

(3) 输入要创建的登录名与密码后,单击"确定"按钮即可完成创建标准登录账户。

【例 8.2】 创建一个 Windows 系统登录账户。

【操作步骤】

(1) 打开"控制面板"→"管理工具"中的"计算机管理"窗口,展开"系统工具"→"本地用户和组"节点,如图 8-3 所示。

(2) 右击"用户"节点,从快捷菜单中打开"新用户"对话框,输入相应信息,设置用户名为 wang,全名为 wang,描述为"学生成绩管理系统管理员",设置相应的密码并且选中"密码

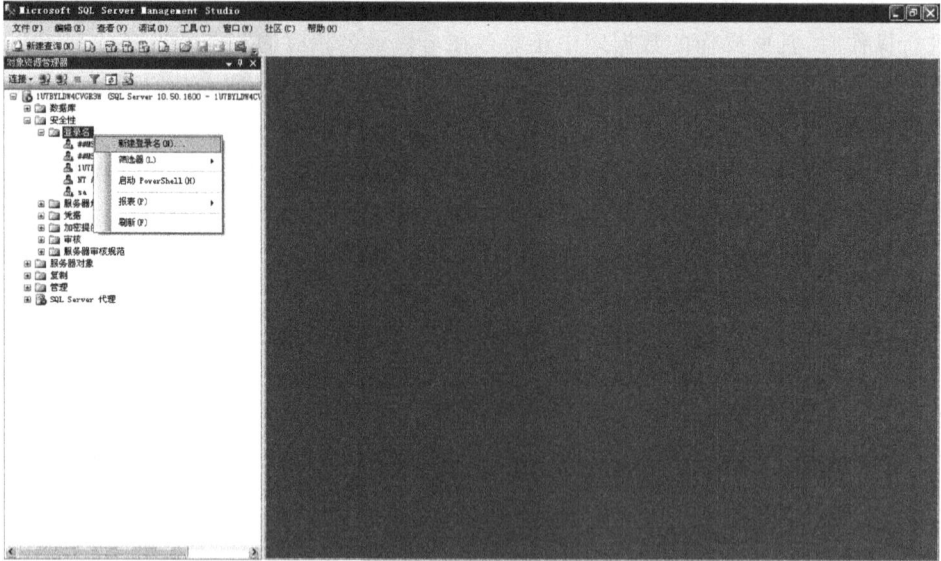

图 8-1　新建登录账户

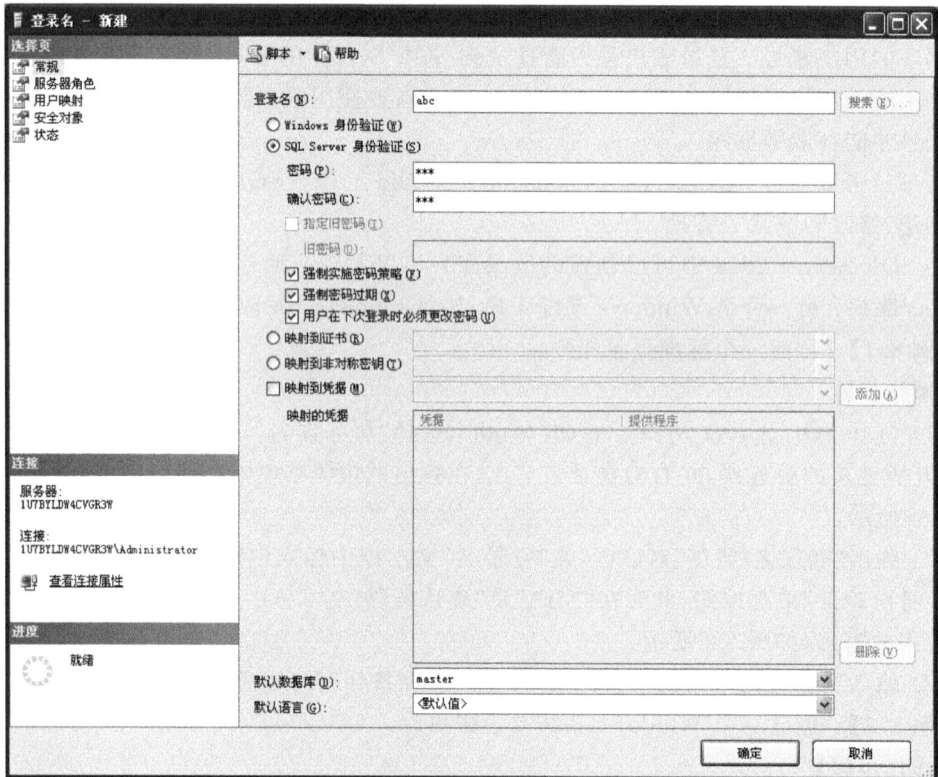

图 8-2　"登录名-新建"对话框

永不过期"复选框,如图 8-4 所示。

(3) 设置完成后,单击"创建"按钮完成新用户的创建。

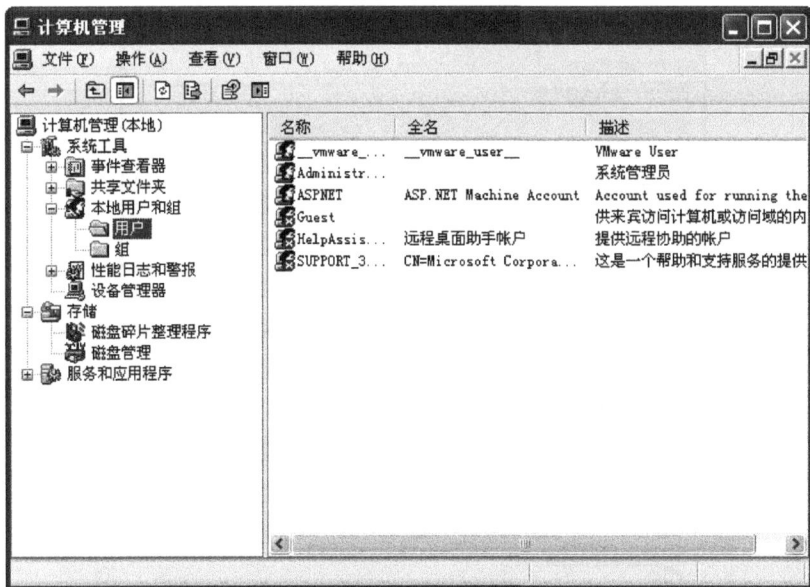

图 8-3 "计算机管理"窗口

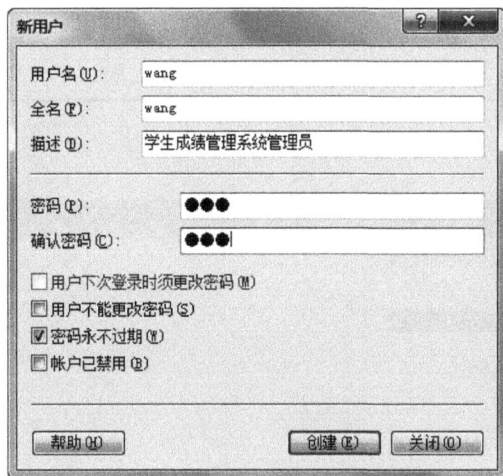

图 8-4 新建 Windows 用户

（4）按照创建标准登录账户的方法打开"登录名-新建"对话框，单击"Windows 身份验证"单选按钮，单击"搜索"按钮。弹出"选择用户或组"对话框如图 8-5 所示。

（5）在弹出的"选择用户或组"对话框中单击"对象类型"按钮，弹出"对象类型"对话框，如图 8-6 所示，在此对话框中可以选择查找对象的类型。

（6）单击"确定"按钮，在弹出的"选择用户或组"对话框中单击"位置"按钮，打开"位置"对话框，如图 8-7 所示，在此对话框中选择进行搜索的位置。

（7）单击"确定"按钮，弹出"选择用户或组"对话框，在文本框中输入要选择的对象名，如图 8-8 所示。

（8）单击"确定"按钮进行查找，将创建的系统用户对象添加到"登录名-新建"窗口中的

成绩管理系统安全性管理

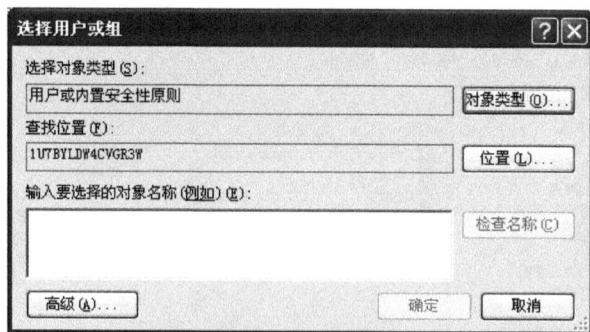

图 8-5 "选择用户或组"对话框

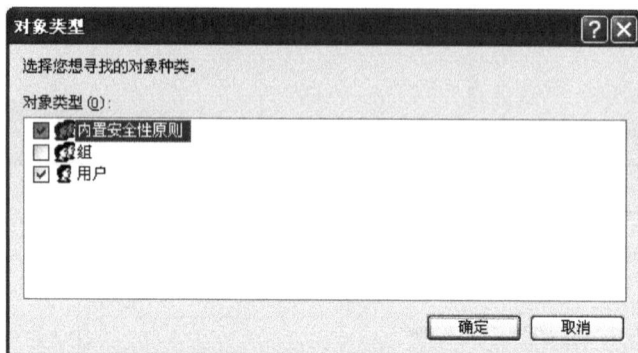

图 8-6 选择查找对象类型

图 8-7 选择查找位置

"登录名"处,如图 8-9 所示。

(9) 选择"学生成绩管理数据库"为默认的数据库。单击"确定"按钮,即可完成创建 SQL Server 登录名。

【例 8.3】 修改登录名。

【操作步骤】

(1) 打开 SSMS 窗口,选择"服务器名"→"安全性"→"登录名"命令,展开所连接的服务器,并在登录名界面列中选择"登录名"下需要修改的登录名,单击鼠标右键,在弹出的菜单

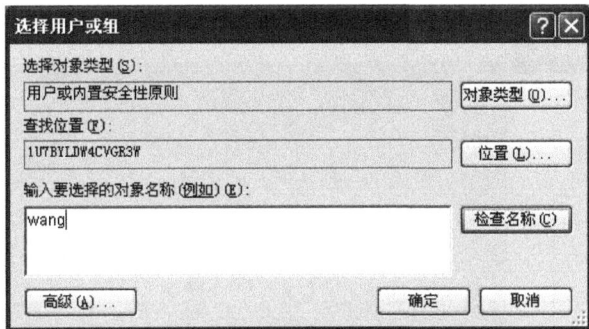

图 8-8　输入要选择的对象名

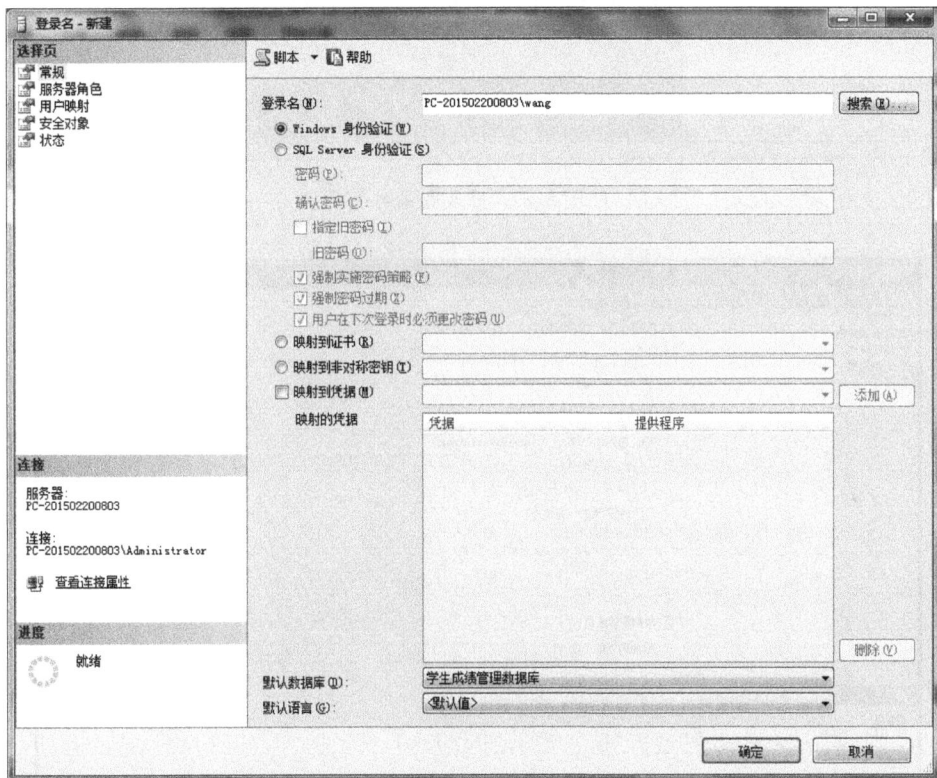

图 8-9　显示创建的登录名

中选择"属性"命令,如图 8-10 所示。

(2) 在弹出的"登录属性"窗口中修改该登录名的信息,单击"确定"按钮即可完成修改,如图 8-11 所示。

【例 8.4】　删除登录名。

【操作步骤】

(1) 打开 SSMS 窗口,选择"服务器名"→"安全性"→"登录名"命令,展开所连接的服务器,并在登录名界面列中选择"登录名"下需要删除的登录名,单击鼠标右键,在弹出的菜单中选择"删除"命令,如图 8-12 所示。

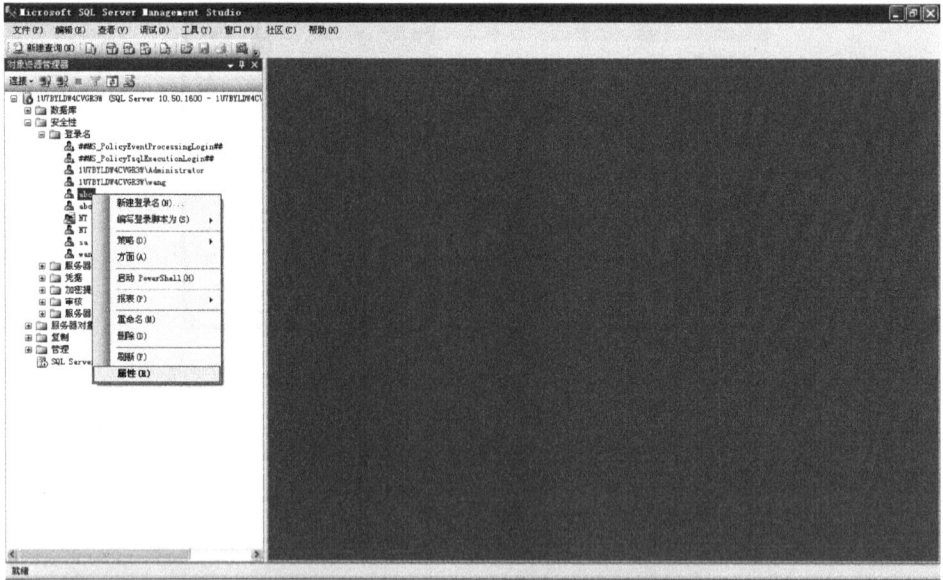

图 8-10　修改登录名

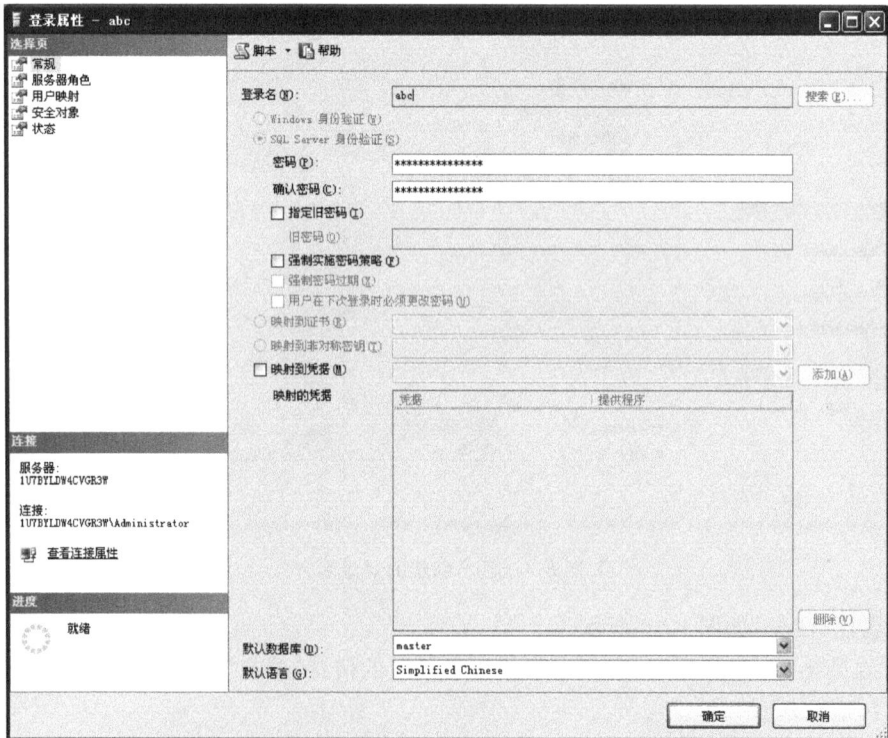

图 8-11　"登录属性"窗口

（2）在弹出的"删除对象"窗口中，单击"确定"按钮，如图 8-13 所示。

（3）在弹出的 Microsoft SQL Server Management Studio 提示框中单击"确定"按钮，即可完成登录名的删除，如图 8-14 所示.

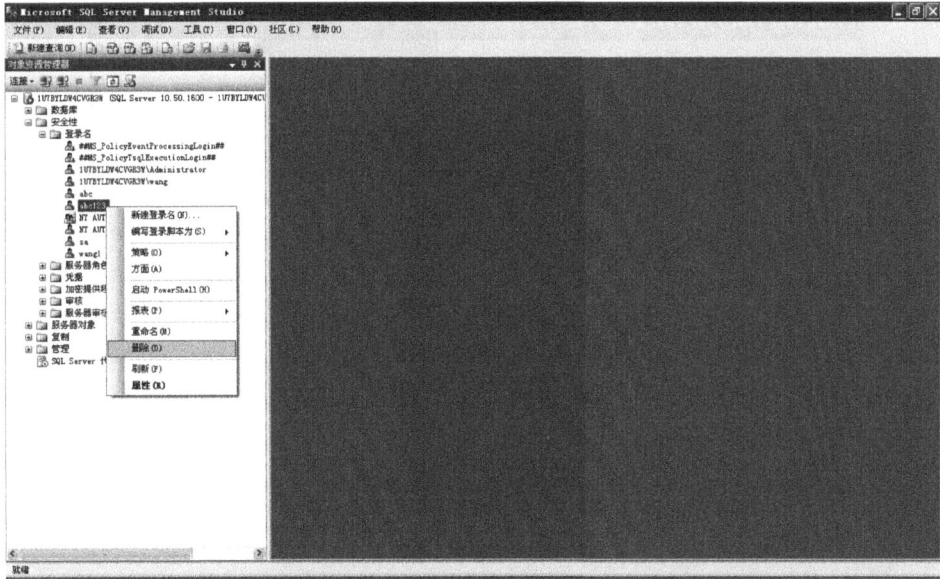

图 8-12　删除登录名

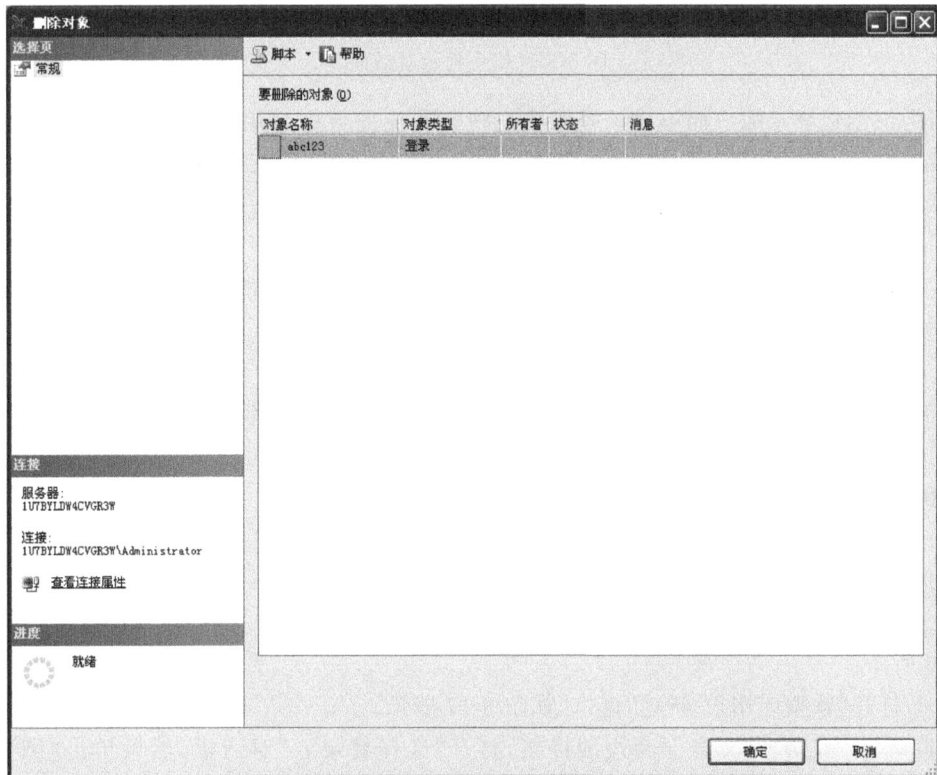

图 8-13　删除对象窗口

成绩管理系统安全性管理

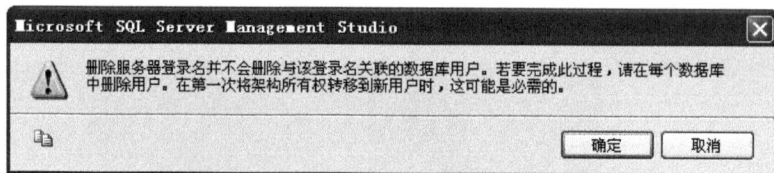

图 8-14　完成登录名的删除

8.1.2　用户管理

登录名创建之后,用户只能通过该登录名访问整个 SQL Server 2008,而不是 SQL Server 2008 当中的某个数据库。如若用例 8.1 创建的账户登录并访问学生成绩管理数据库就会有如图 8-15 所示的提示。

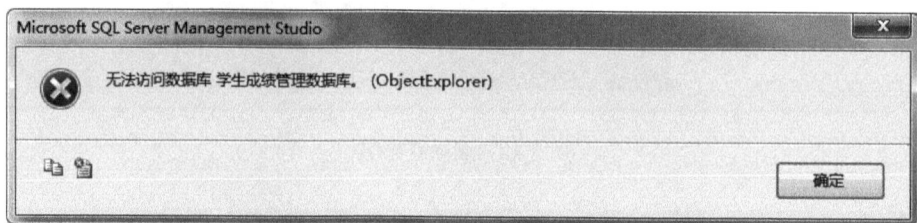

图 8-15　错误提示对话框

因为仅创建登录账户而不为该登录账户映射相应的数据库用户,该登录账户依然无法访问数据库。一般情况下,用户登录 SQL Server 实例后,还不具备访问数据库的条件。在用户可以访问数据库之前,管理员必须为该用户在数据库中建立一个数据库账号作为访问该数据库的 ID,这个过程就是将 SQL Server 登录账户映射到每个需要访问的数据库中,这样才能够访问数据库。如果数据库中没有用户账户,则即使用户能够连接到 SQL Server 实例库中也无法访问到该数据库。

1. 创建数据库用户账户

【例 8.5】　使用 SQL Server Management Studio 创建数据库用户账户,然后给用户授予访问学生成绩管理数据库的权限。

【操作步骤】

(1) 打开 SQL Server Management Studio,选择"服务器名"→"数据库"→"学生成绩管理数据库"。

(2) 再展开"安全性"节点,右击"用户"节点,从快捷菜单中选择"新建用户"命令,如图 8-16 所示。

(3) 打开"数据库用户-新建"窗口,如图 8-17 所示。

(4) 单击"登录名"文本框旁边的按钮,打开"选择登录名"对话框,然后单击"浏览"按钮,打开"查找对象"对话框,选择例 8.1 创建的 SQL Server 登录账户 abc,如图 8-18 所示。

(5) 单击"确定"按钮返回,在"选择登录名"对话框中就可以看到选择的登录名对象,如图 8-19 所示。

(6) 单击"确定"按钮返回。设置用户名为 le,选择默认架构为 dbo,并设置用户的角色

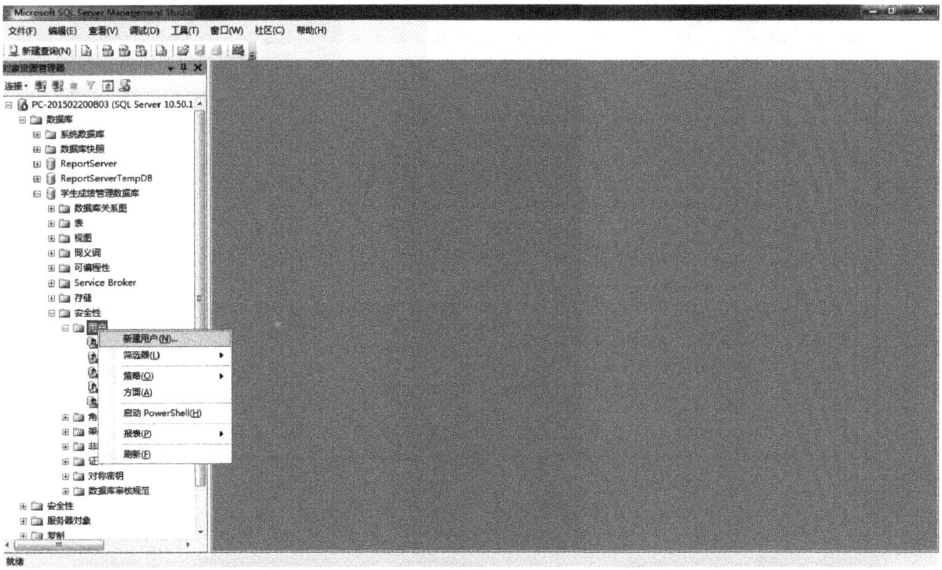

图 8-16 选择"新建用户"命令

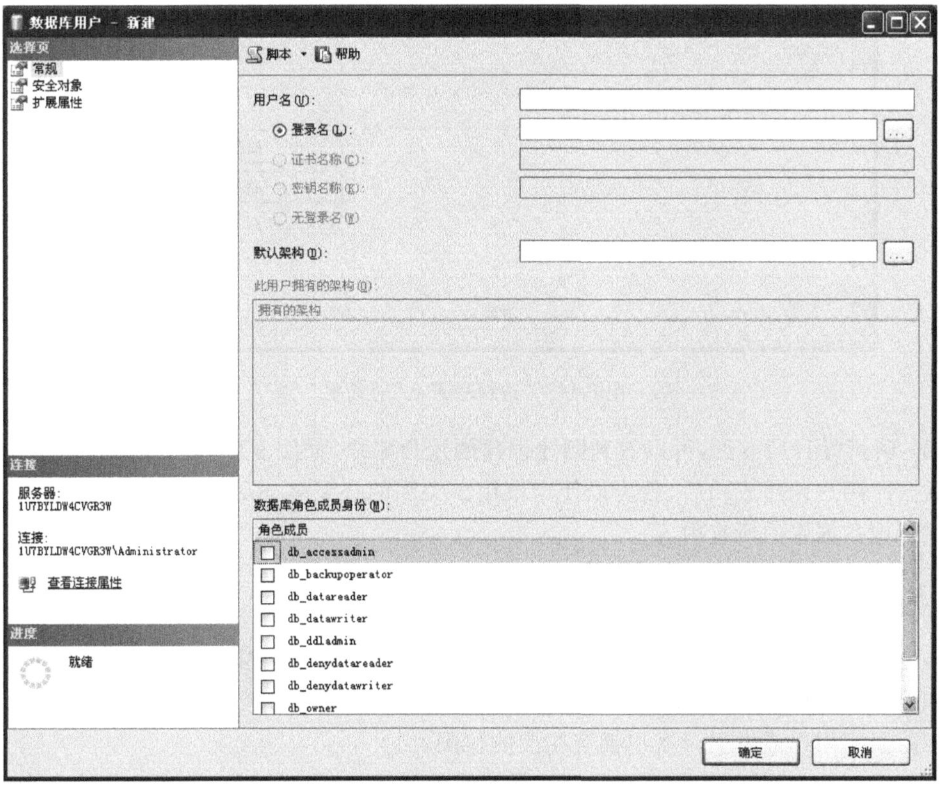

图 8-17 "数据库用户-新建"窗口

为 db_owner,具体设置如图 8-20 所示。

(7) 单击"确定"按钮,完成数据库用户的创建。

成绩管理系统安全性管理

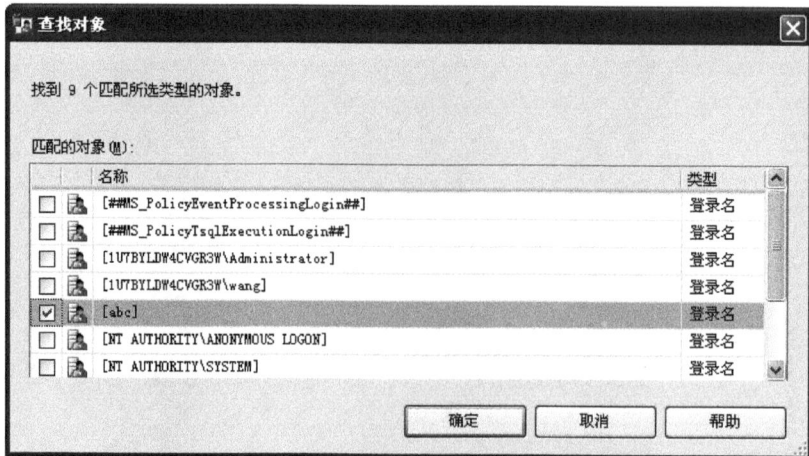

图 8-18 "查找对象"对话框

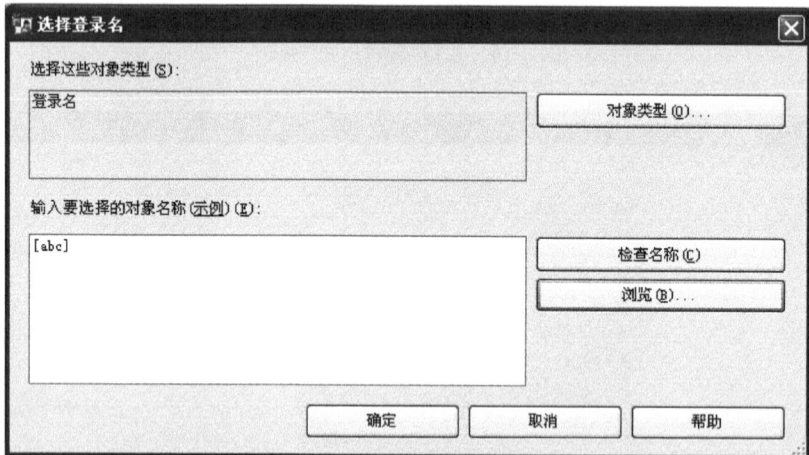

图 8-19 "选择登录名"对话框

（8）刷新"用户"节点，可以看到刚才创建的用户账户，如图 8-21 所示。

数据库用户创建成功后，就可以使用该用户关联的登录名 abc 进行登录，就可以访问学生成绩管理数据库的所有内容。

8.1.3 角色管理

角色是 SQL Server 2008 用来集中管理数据库或者服务器权限的方式。数据库管理员将操作数据库的权限赋予角色，然后数据库管理员再将角色赋予数据库用户或者登录账户，从而使数据库用户或者登录账户拥有相应的权限。

SQL Server 给用户提供了预定义的服务器角色（固定服务器角色）和数据库角色（固定数据库角色），固定服务器角色和固定数据库角色都是 SQL Server 内置的，不能进行添加、修改和删除。用户也可根据需要，创建自己的数据库角色，以便对具有同样操作的用户进行统一管理。

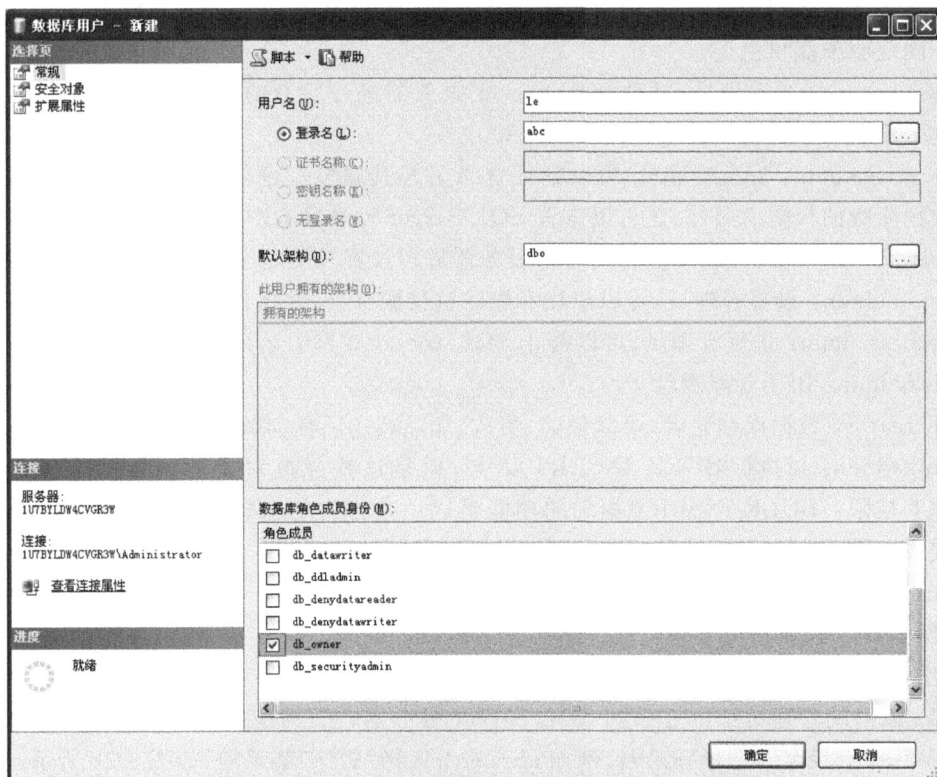

图 8-20　选择默认架构,并设置用户的角色

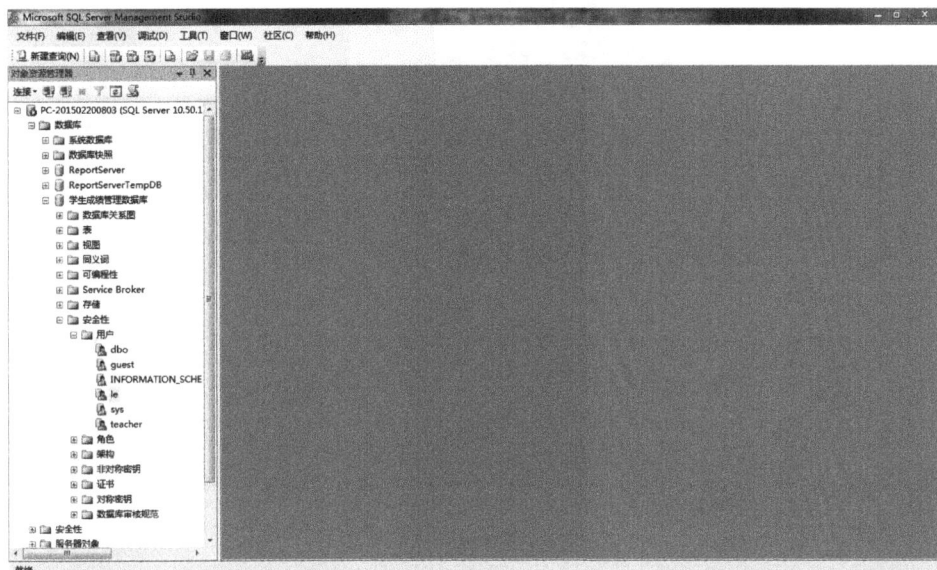

图 8-21　新创建用户账户

1. 固定服务器角色

服务器角色独立于各个数据库。如果在 SQL Server 中创建一个登录名后,要赋予该登

成绩管理系统安全性管理

录者具有管理服务器的权限,此时可设置该登录名为服务器角色的成员。SQL Server 提供了以下固定服务器角色。

sysadmin:系统管理员,可对 SQL Server 服务器进行所有的管理工作,为最高管理角色。这个角色一般适合数据库管理员(DBA)。

securityadmin:安全管理员,可以管理登录名及其属性。可以授予、拒绝、撤销服务器级和数据库级的权限。另外,还可以重置 SQL Server 登录名的密码。

serveradmin:服务器管理员,具有对服务器进行设置及关闭服务器的权限。

setupadmin:设置管理员,可以添加和删除链接服务器,并执行某些系统存储过程。

processadmin:进程管理员,可以终止 SQL Server 实例中运行的进程。

diskadmin:用于管理磁盘文件。

dbcreator:数据库创建者,可以创建、更改、删除或还原任何数据库。

bulkadmin:可执行 BULK INSERT 语句,但是这些成员对要插入数据的表必须有 INSERT 权限。BULK INSERT 语句的功能是以用户指定的格式复制一个数据文件至数据库表或视图。

public:可以查看任何数据库。

【例 8.6】 添加服务器角色成员。

【操作步骤】

(1) 以系统管理员身份登录到 SQL Server 服务器,在"对象资源管理器"窗口中展开"安全性"→"登录名",选择登录名,例如 abc,右击选择"属性"菜单项,如图 8-22 所示。

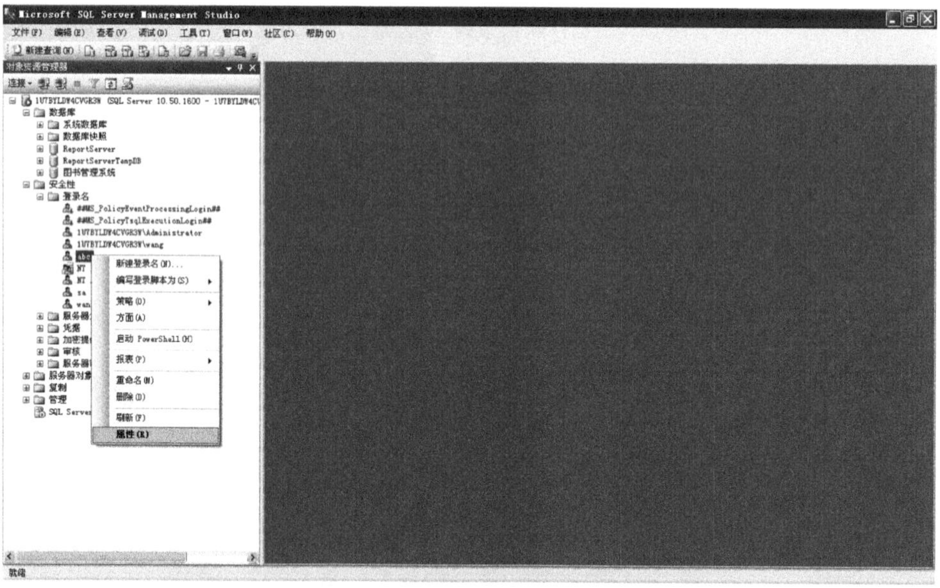

图 8-22 选择"属性"菜单项

(2) 在打开的"登录属性"窗口中选择"服务器角色"选项。如图 8-23 所示,在"登录属性"窗口右边列出了所有的固定服务器角色,用户可以根据需要,在"服务器角色"前的复选框中打钩,来为该登录名添加相应的服务器角色,此处默认已经选择了 public 服务器角色。单击"确定"按钮完成添加。

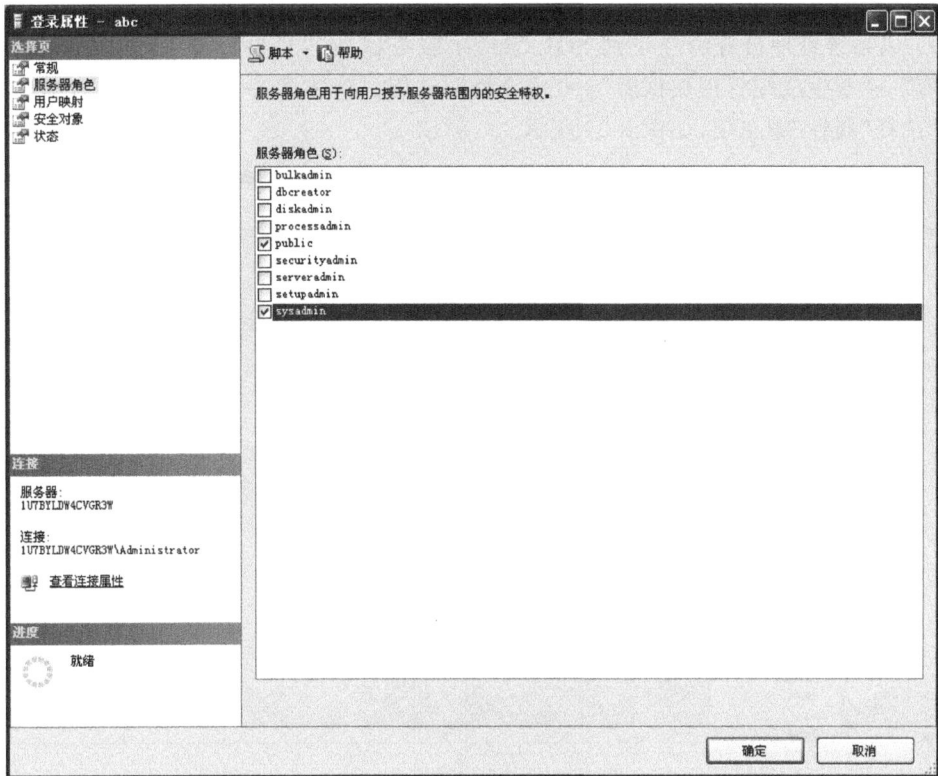

图 8-23 添加服务器角色

2. 固定数据库角色

固定数据库角色是为某一个用户或某一组用户授予不同级别的管理或访问数据库以及数据库对象的权限,这些权限是数据库专有的,并且还可以使一个用户具有属于同一个数据库的多个角色。

SQL Server 提供了以下固定数据库角色。

db_owner:具有数据库中的全部权限。

db_accessadmin:可以添加和删除用户。

db_securityadmin:可以管理全部权限、对象所有权限,拥有角色和角色成员资格。

db_ddladmin:可以发出除 GRANT、REVOKE 和 DENY 之外的所有数据定义语句。

db_backupoperator:具有备份数据库的权限。

db_datareader:可以选择数据库内任何用户表中的所有数据。

db_datawriter:可以更改数据库内任何表中的所有数据。

db_denydata reader:不能选择数据库内任何用户表中的任何数据。

db_denydatawriter:不能更改数据库内任何用户表中的任何数据。

public:最基本的数据库角色。每个用户可以不属于其他 9 个固定数据库的角色。但至少会属于 public 数据库角色,当在数据库中添加新用户账号时,SQL Server 2008 会自动将新的用户账号加入 public 数据库角色中。

【例 8.7】 添加固定数据库角色成员。

成绩管理系统安全性管理

【操作步骤】

（1）以系统管理员身份登录到 SQL Server 服务器，在"对象资源管理器"窗口中展开"数据库"→"学生成绩管理数据库"→"安全性"→"用户"，选择一个数据库用户，例如 le，单击右键选择"属性"菜单项，如图 8-24 所示。

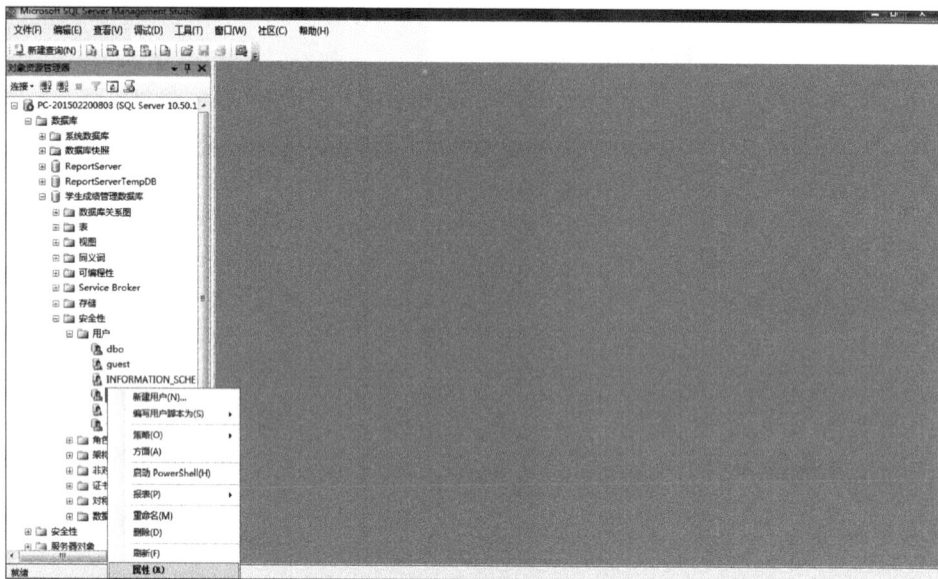

图 8-24　选择"属性"菜单项

（2）打开"数据库用户"窗口。在打开的窗口的"常规"选项中的"数据库角色成员身份"栏，用户可以根据需要，在数据库角色前的复选框中打钩，来为数据库用户添加相应的数据库角色，如图 8-25 所示，单击"确定"按钮完成添加。

（3）查看固定数据库角色的成员。在"对象资源管理器"窗口中，在"学生成绩管理数据库"→"安全性"→"角色"→"数据库角色"目录下，选择数据库角色，如 db_owner，右击选择"属性"菜单项，在属性窗口中的"角色成员"栏下可以看到该数据库角色的成员列表，如图 8-26 所示。

3. 自定义数据库角色

一个用户登录到 SQL Server 服务器后必须是某个数据库用户并具有相应的权限，才可对该数据库进行访问操作。如果有若干个用户，他们对数据库有相同的权限，此时可考虑创建用户自定义数据库角色，赋予一组权限，并把这些用户作为该数据库角色的成员。

创建用户自定义数据库角色时，创建者需要完成下列一系列任务：

（1）创建新的数据库角色。

（2）分配权限给创建的角色。

（3）将这个角色授予某个用户。

【例 8.8】　在学生成绩管理数据库上定义一个数据库角色 role，该角色中的成员有 le，对学生成绩管理数据库的学生表可进行的操作有插入、更新和删除。

【操作步骤】

（1）在 SQL Server Management Studio 的对象资源管理器中，展开要添加新角色的目

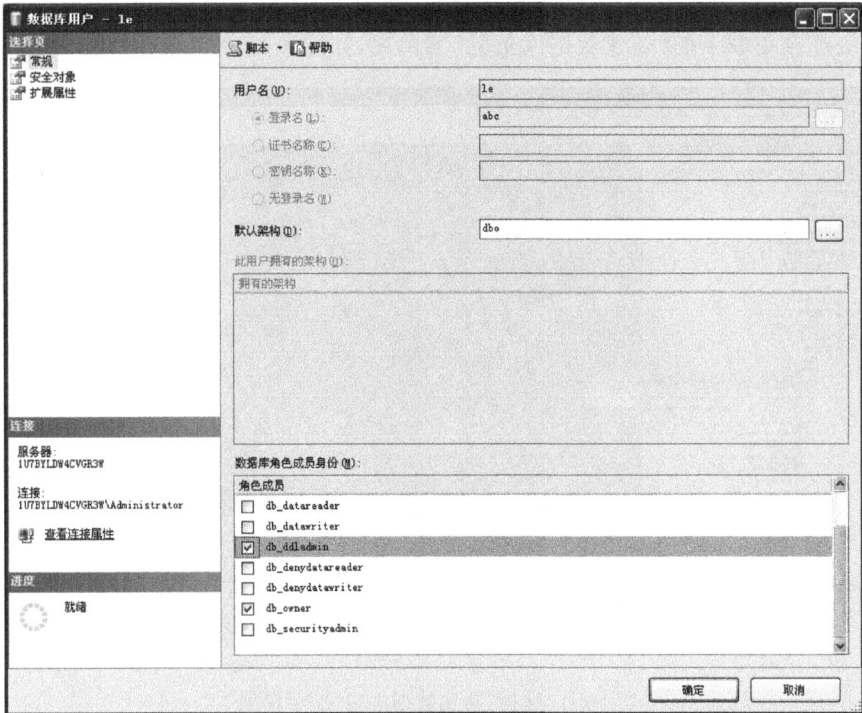

图 8-25 选择"数据库角色成员身份"

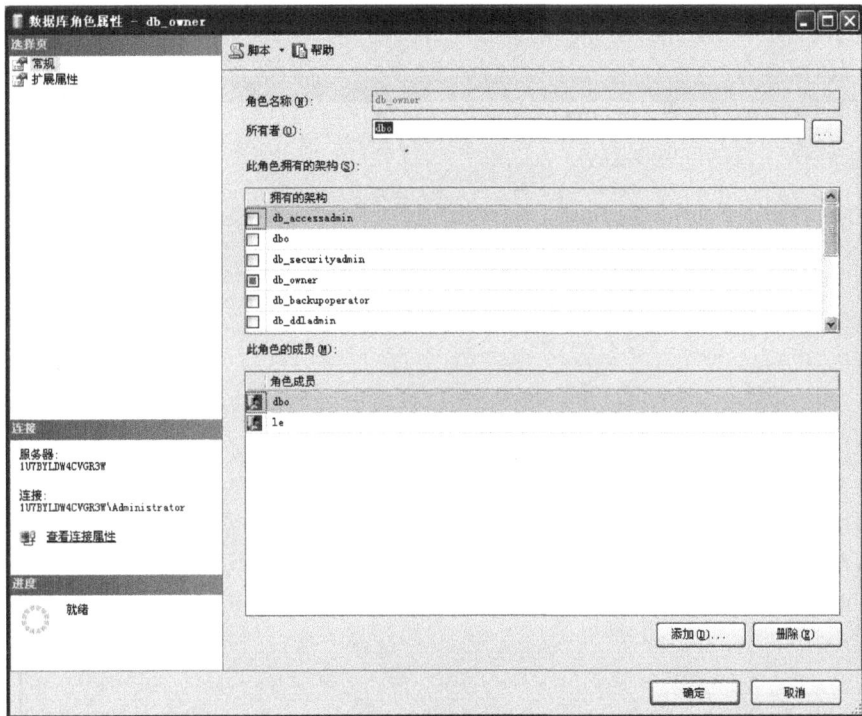

图 8-26 选择"属性"菜单项

成绩管理系统安全性管理

标数据库"学生成绩管理数据库",展开"安全性"选项。右击"角色"选项,弹出快捷菜单,选择"新建"级连菜单联下的"新建数据库角色"菜单项,如图 8-27 所示。

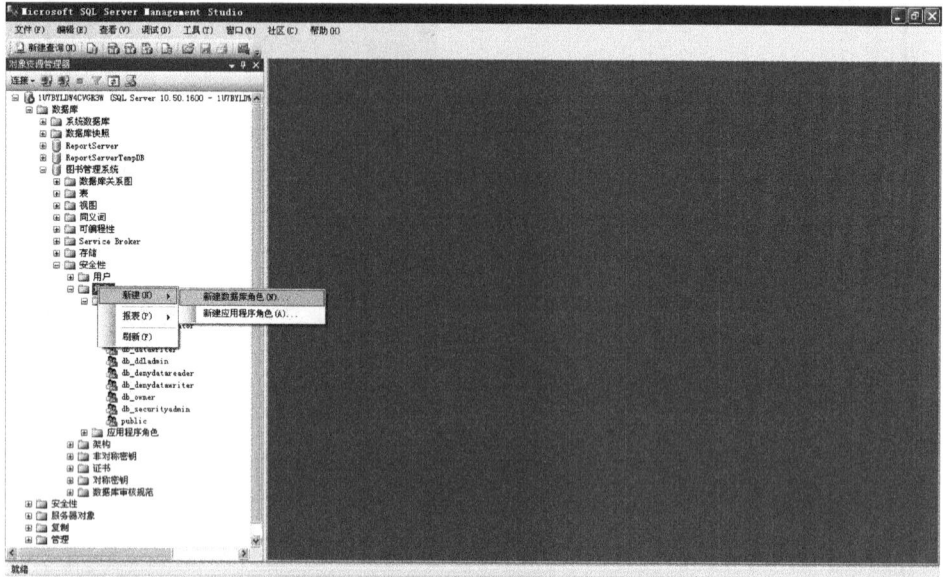

图 8-27　选择"新建数据库角色"菜单项

（2）在"数据库角色-新建"窗口的"常规"页面中,添加"角色名称"和"所有者",并选择此角色所拥有的架构。在此窗口中也可以单击"添加"按钮为新创建的角色添加用户,如图 8-28 所示。

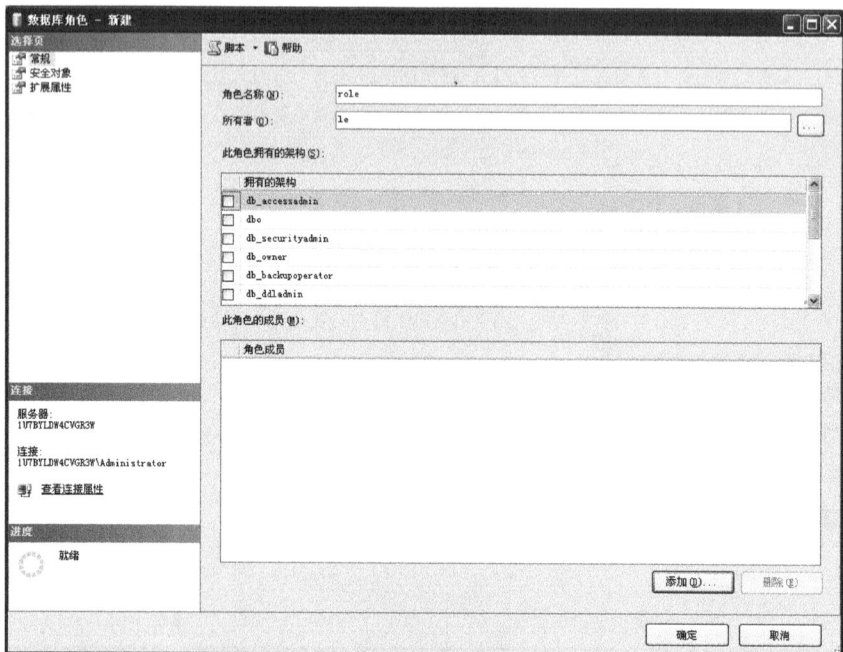

图 8-28　"数据库角色-新建"窗口

（3）选择"选择页"中的"安全对象"选项,单击"搜索"按钮,出现"添加对象"对话框,如图 8-29 所示。

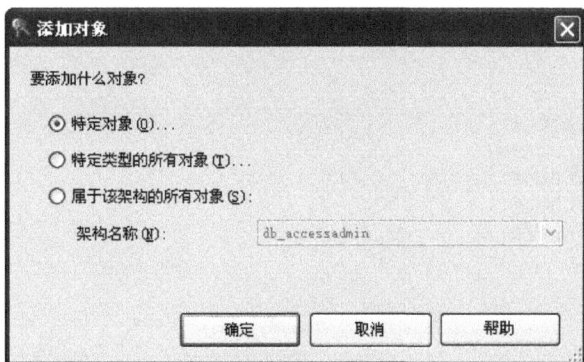

图 8-29　添加特定对象

（4）选择"特定对象"选项,单击"确定"按钮,出现"选择对象"对话框,单击"对象类型"按钮,出现"选择对象类型"对话框,这里选择"表"选项,单击"确定"按钮,如图 8-30 所示。

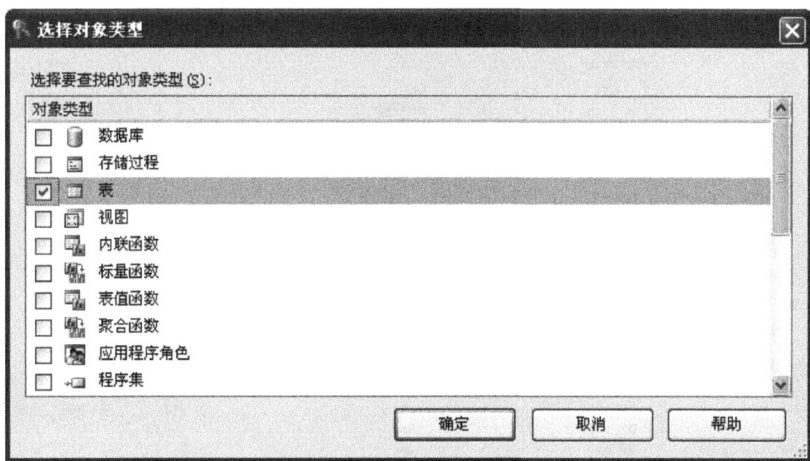

图 8-30　选择对象类型

（5）回到"选择对象"对话框,单击"浏览"按钮,出现"查找对象"对话框,选择设置此角色的表,如"学生表",如图 8-31 所示。

（6）进入权限设置页面,然后就可以为新创建的角色添加所拥有的数据库对象的访问权限,如"学生表"的"插入"、"更新"和"删除"权限,如图 8-32 所示。

（7）单击"确定"按钮,自定义数据库角色创建完成。

8.1.4　权限管理

权限用于控制对数据库对象的访问,以及指定用户对数据库可以执行的操作,用户在登录到 SQL Server 之后,其用户账号所归属的 Windows 组或角色所被赋予的权限决定了该用户能够对哪些数据库对象执行哪种操作以及能够访问和修改哪些数据。

用户可以设置服务器和数据库的权限。服务器权限允许数据库管理员执行管理任务,

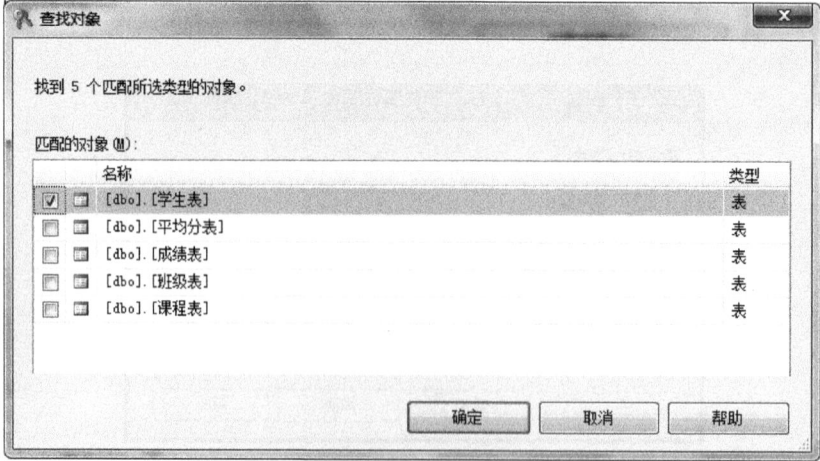

图 8-31　选择对象-表

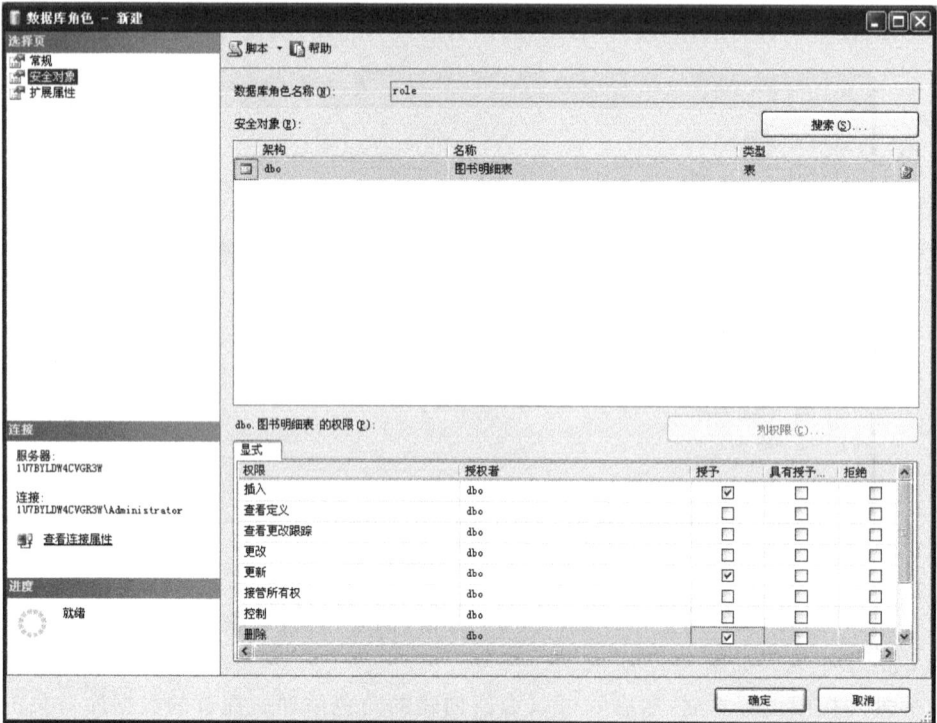

图 8-32　为新创建的角色添加数据库对象的访问权限

数据库权限用于控制对数据库对象的访问和语句执行。用户只有在具有访问数据库的权限之后，才能够对服务器上的数据库进行权限下的各种操作。

1）服务器权限

服务器权限允许数据库管理员执行任务。这些权限定义在固定服务器角色中。这些固定服务器角色可以分配给登录用户，但这些角色是不能修改的。

2）数据库对象权限

数据库的权限指明了用户能够获得哪些数据库对象的使用权，以及用户能够对哪些对象执行何种操作。用户在数据库中拥有的权限取决于用户账户的数据库权限和用户所在数据库角色的类型。

SQL Server 2008 中的权限控制操作可以通过在 SQL Server Management Studio 中对用户的权限进行设置，也可以使用 T-SQL 提供的 GRANT（授予）、REVOKE（撤销）和 DENY（禁止）语句完成。

在 SQL Server Management Studio 中给用户设置权限的具体步骤如下：

（1）在 SQL Server Management Studio 的对象资源管理器中展开目标数据库的"用户"选项，如图 8-33 所示。在目标用户上右击，快捷菜单中选择"属性"菜单项。

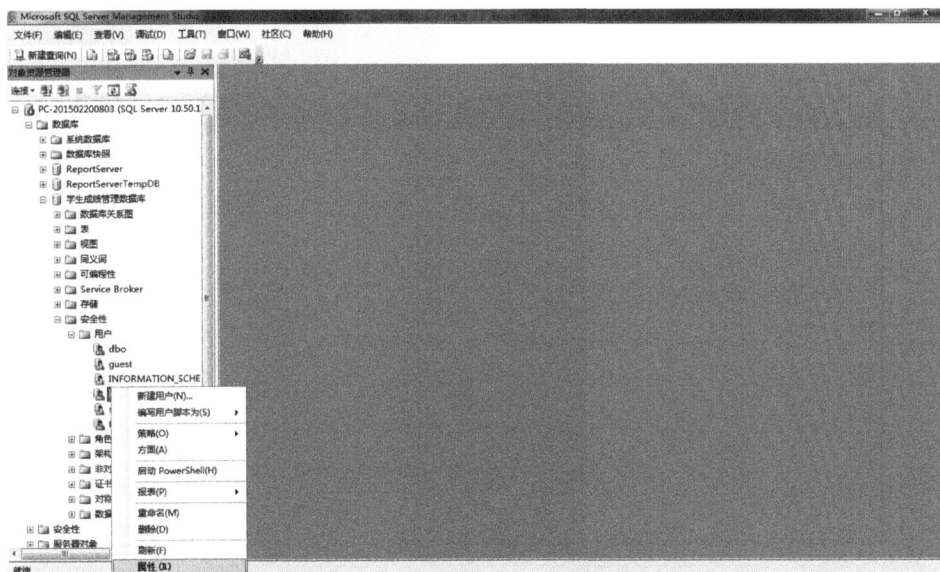

图 8-33　在对象资源管理器中为用户添加对象权限

（2）在"数据库用户"窗口中选择"选择页"窗口中的"安全对象"选项，进入权限设置页面，单击"搜索"按钮，在"添加对象"对话框中，单击要添加的对象类别前的单选按钮（如"特定对象"），添加权限的对象类别，然后单击"确定"按钮，如图 8-34 所示。

（3）在"选择对象"对话框中，如图 8-35 所示，单击"对象类型"按钮。

（4）在"选择对象类型"对话框中，选择需要添加权限的对象类型前的复选框，如图 8-36 所示。最后单击"确定"按钮。

（5）回到"选择对象"对话框，在该对话框中出现了刚才选择的对象类型，单击该对话框中的"浏览"按钮。在"查找对象"对话框中，依次选中要添加权限的对象前的复选框，单击"确定"按钮。再次回到"选择对象"对话框，已包含了选择的对象，如图 8-37 所示。确定无误后，单击该对话框中的"确定"按钮，完成对象选择操作。

（6）回到"数据库用户"窗口，其中已包含用户添加的对象，依次选择每一个对象，并在下面的该对象的"显示权限"窗口中根据需要选择"授予/拒绝"列的复选框，添加或禁止对该

成绩管理系统安全性管理

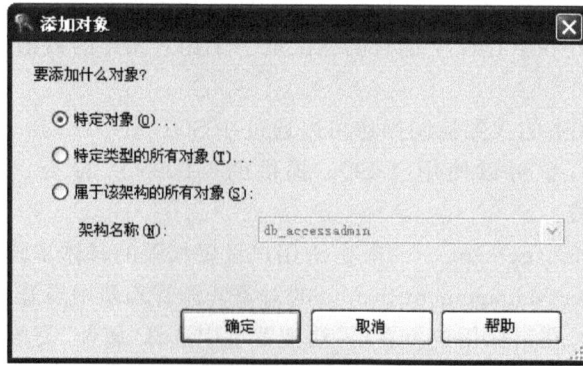

图 8-34 "添加对象"对话框

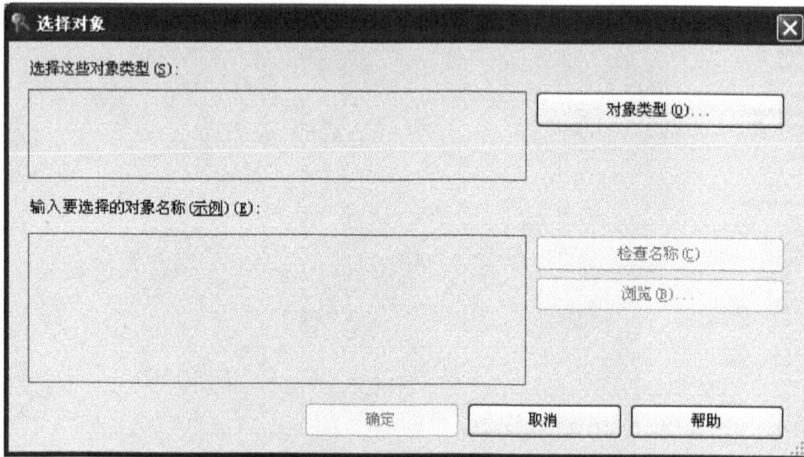

图 8-35 "选择对象"对话框

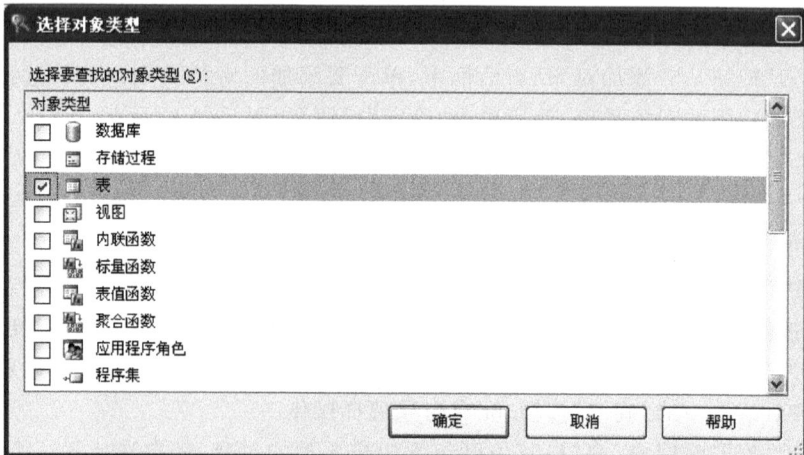

图 8-36 "选择对象类型"对话框

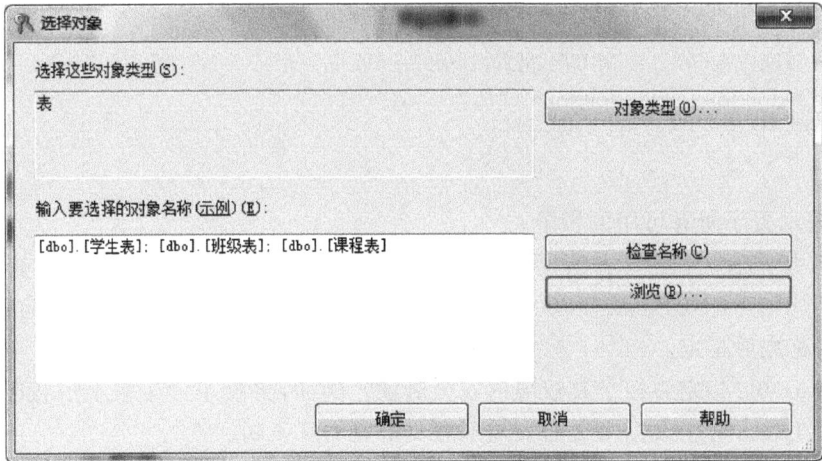

图 8-37 "选择对象"对话框

（表）对象的相应访问权限。设置完每一个对象的访问权限后，单击"确定"按钮，完成给用户添加数据库对象权限的所有操作，如图 8-38 所示。

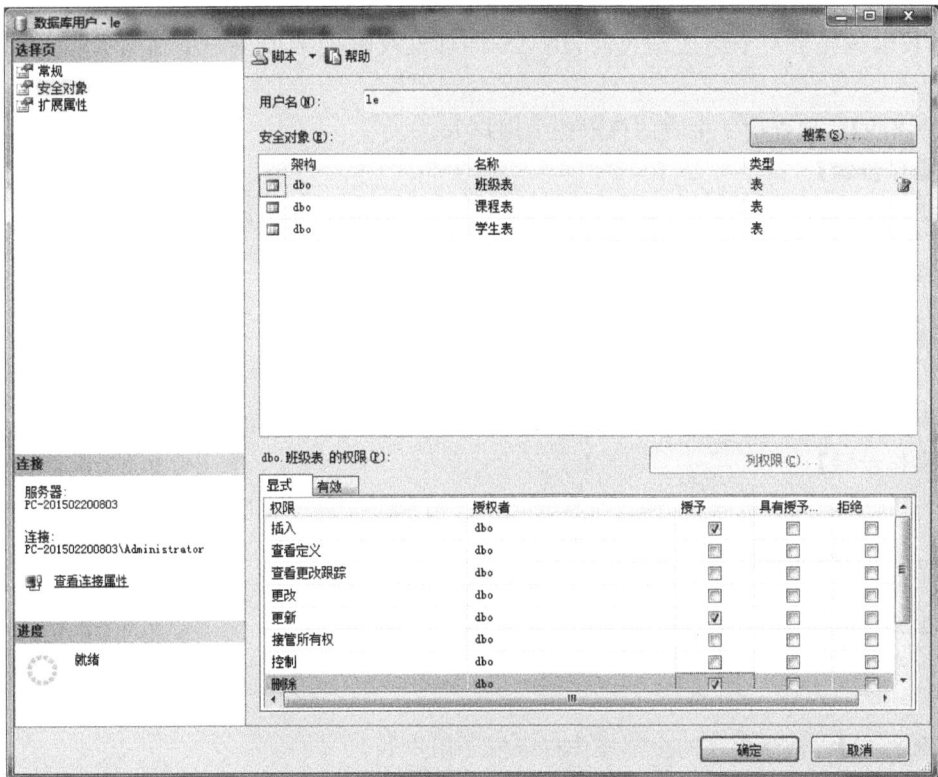

图 8-38 "数据库用户"对话框

使用 T-SQL 设置权限：为数据库内的用户或角色设置适当权限的方法有 GRANT 授予权限、DENY 禁止权限和 REVOKE 撤销权限。

成绩管理系统安全性管理

T-SQL 语句中的 GRANT 命令的语法格式如下：

```
GRANT{ALL[PRIVILEGES]}|PERMISSION[(column[,…n])][,…n]
    [ON securable] TO principal[,…n]
    [WITH GRANT OPTION][AS PRINCIPAL]
```

说明：

ALL 表示授予所有可用的权限。

column 指定表、视图或表值函数中要授予对其权限的列的名称。只能授予对列的 SELECT，REFERENCES 及 UPDATE 权限。column 可以在权限子句中指定，也可以在安全对象名称之后指定。

ON securable 指定将授予其权限的安全对象。例如，要授予学生表上的权限时 ON 子句为 ON 学生表。对于数据库级的权限不需要指定 ON 子句。

principal 主体的名称，指被授予权限的对象，可为当前数据库的用户、数据库角色，指定的数据库用户、角色必须在当前数据库中存在，不可将权限授予其他数据库中的用户、角色。

WITH GRANT OPTION 表示允许被授权者在获得指定权限的同时还可以将指定权限授予其他用户、角色或 Windows 组，WITH GRANT OPTION 子句仅对对象权限有效。

AS principal 指定当前数据库中执行 GRANT 语句的用户所属的角色名或组名。当对象上的权限被授予一个组或角色时，用 AS 将对象权限进一步授予不是组或角色成员的用户。

【例 8.9】 把查询学生表的权限授予用户 le。

【操作步骤】

以系统管理员身份登录 SQL Server，新建一个查询，输入以下语句：

```
use 学生成绩管理数据库
GO
GRANT SELECT
ON 学生表 TO le
```

【例 8.10】 给学生成绩管理数据库上的用户 le 授予创建表的权限。

【操作步骤】

以系统管理员身份登录 SQL Server，新建一个查询，输入以下语句：

```
use 学生成绩管理数据库
GO
GRANT CREATE TABLE
TO le
GO
```

【例 8.11】 把学生表的全部操作权限授予用户 le。

【操作步骤】

以系统管理员身份登录 SQL Server，新建一个查询，输入以下语句：

```
use 学生成绩管理数据库
GO
GRANT ALL PRIVILEGES ON 学生表 TO le
```

```
GO
```

利用 REVOKE 命令可撤销以前给当前数据库用户授予或拒绝的权限。

通过删除某种权限可以停止以前授予或者拒绝的权限。使用 REVOKE 语句删除以前授予或者拒绝的权限。删除权限是删除已授予的权限,并不是妨碍用户、组或者角色从更高级别继承已授予的权限。

T-SQL 语句中的 REVOKE 命令的语法格式如下:

```
REVOKE [GRANT OPTION FOR]
{[ALL [PRIVILEGES]]
    |permission [(column[, …n])][, …n]
}
[ON securable]
{TO|FROM}principal[, … n]
[CASCADE] [AS principal]
```

【例 8.12】 把用户 le 修改学生表姓名的权限撤销。

【操作步骤】

以系统管理员身份登录 SQL Server,新建一个查询,输入以下语句:

```
use 学生成绩管理数据库
GO
REVOKE UPDATE(studname)ON 学生表 FROM le
GO
```

【例 8.13】 把用户 le 对学生表的 INSERT 权限撤销。

【操作步骤】

以系统管理员身份登录 SQL Server,新建一个查询,输入以下语句:

```
use 学生成绩管理数据库
GO
REVOKE INSERT ON 学生表 FROM le CASCADE
GO
```

使用 DENY 命令可以拒绝给当前数据库内用户授予的权限,并防止数据库用户通过其组或角色成员资格继承权限。

T-SQL 语句中的 DENY 命令的语法格式如下:

```
DENY {ALL [PRIVILEGES]}
  | permission [ (column[, …n])][, …n]
    [ON securable] TO principal[, …n]
    [CASCADE] [AS principal]
```

【例 8.14】 拒绝用户 le 对学生表的 INSERT 权限。

【操作步骤】

以系统管理员身份登录 SQL Server,新建一个查询,输入以下语句:

```
use 学生成绩管理数据库
GO
DENY INSERT ON 学生表 TO le
```

成绩管理系统安全性管理

GO

SQL Server 2008 中，所有的权限都可以处在 4 种状态之中：授予、具有授予权限、拒绝和删除。如果使用 DENY 语句拒绝了用户的某个权限，那么该用户无论如何也无法取得这个权限。例如拒绝了用户 test 在某个表上的 SELECT 权限，那么即使用户 test 属于的角色拥有 SELECT 权限，用户 test 仍不能读取该表的数据。

下面通过一个例子来演示 DENY 否决优先权的具体应用及效果。

【例 8.15】 拒绝用户 test 对学生表的学号字段的选择权限。

【操作步骤】

(1) 打开 SQL Server Management Studio，在"对象资源管理器"对话框中，展开"数据库"→"学生成绩管理数据库"→"安全性"节点。

(2) 右击"用户"节点，在弹出的快捷菜单中选择"新建用户"菜单项，打开"数据库用户-新建"窗口。

(3) 在"数据库用户-新建"窗口中设置用户名为 test，登录名选择已经创建好的 admin（如果没有创建登录名，可以参考例 8.1 创建），默认架构选择 dbo，并且设置该用户的角色为 db_owner（数据库的拥有者），拥有"学生成绩管理数据库"的全部权限，如图 8-39 所示。

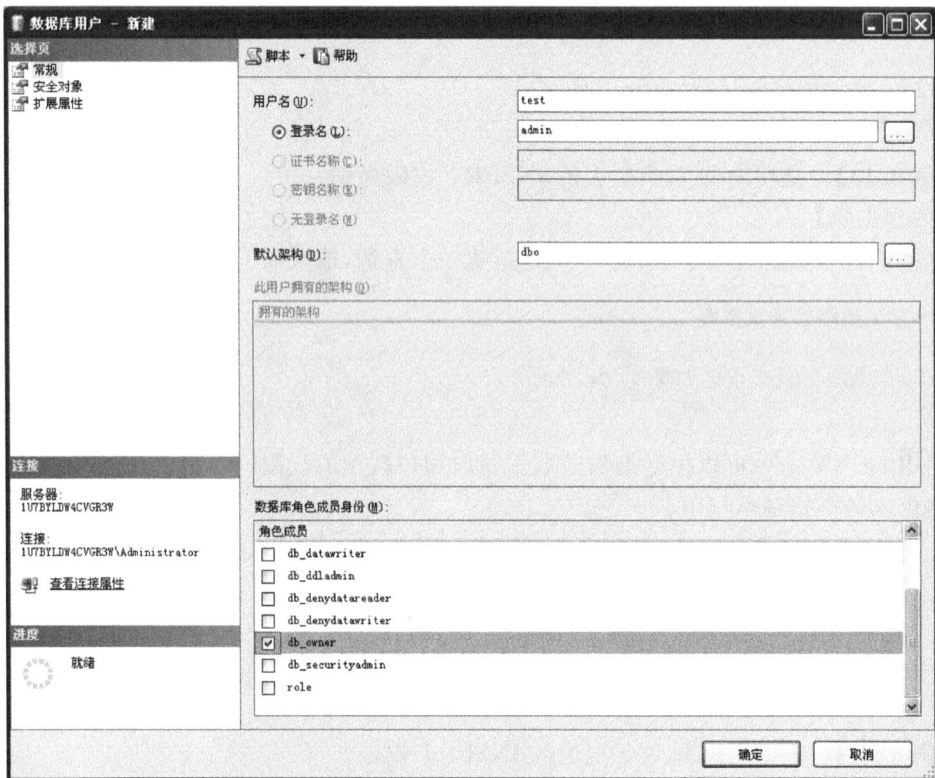

图 8-39　新建数据库用户

(4) 接着在"安全对象"选项页面，单击"安全对象"后的"搜索"按钮，打开"添加对象"对话框，单击"特定对象"单选按钮后单击"确定"按钮，进入"选择对象"对话框，在该对话框单击"对象类型"按钮，选择"表"后单击"确定"按钮，再在"添加对象"对话框中单击"浏览"按钮,选择"学生表"后单击"确定"按钮,如图 8-40 所示。

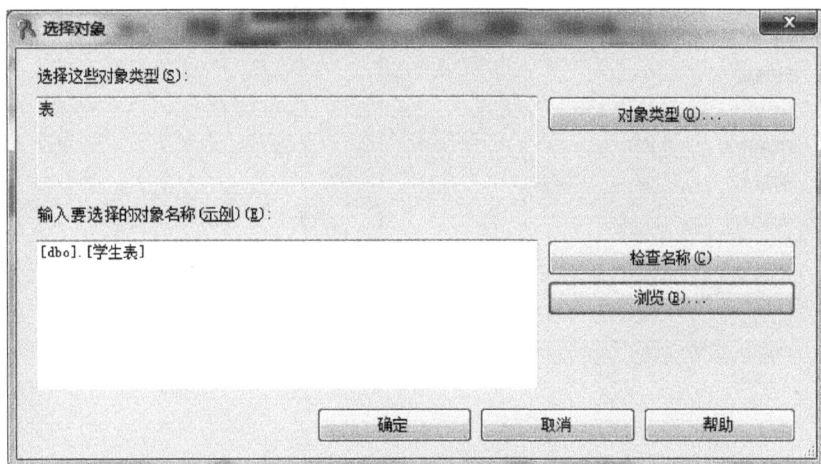

图 8-40　"选择对象"对话框

(5) 单击"确定"按钮返回。在权限列表中,选中"选择"权限,如图 8-41 所示。

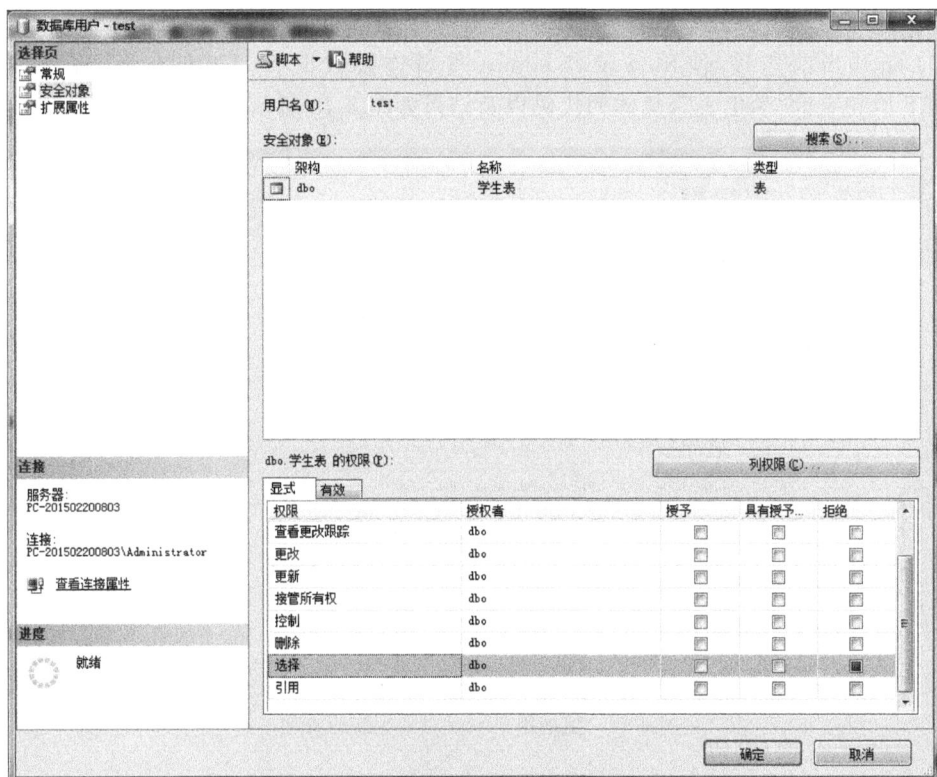

图 8-41　设置数据库用户权限

(6) 在图 8-41 所示的"数据库用户"窗口中单击"列权限"按钮,在打开的"列权限"对话框中设置用户对"studNo"字段没有选择权限,单击"确定"按钮,完成配置,如图 8-42 所示。

成绩管理系统安全性管理

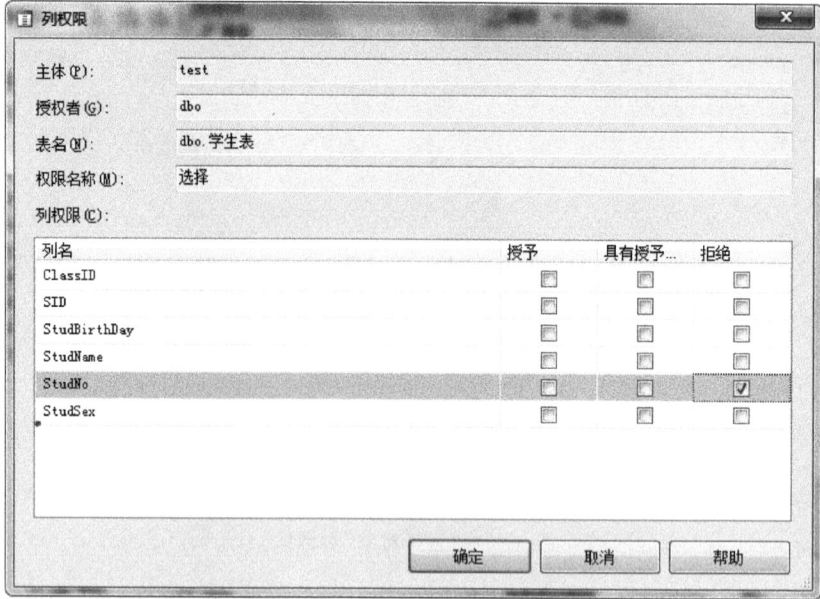

图 8-42　设置数据库用户权限

（7）断开当前连接，使用登录名 admin 重新连接数据库。新建查询，输入相应的
SELECT 语句查询"学生表"，具体的代码以及结果如图 8-43 所示。

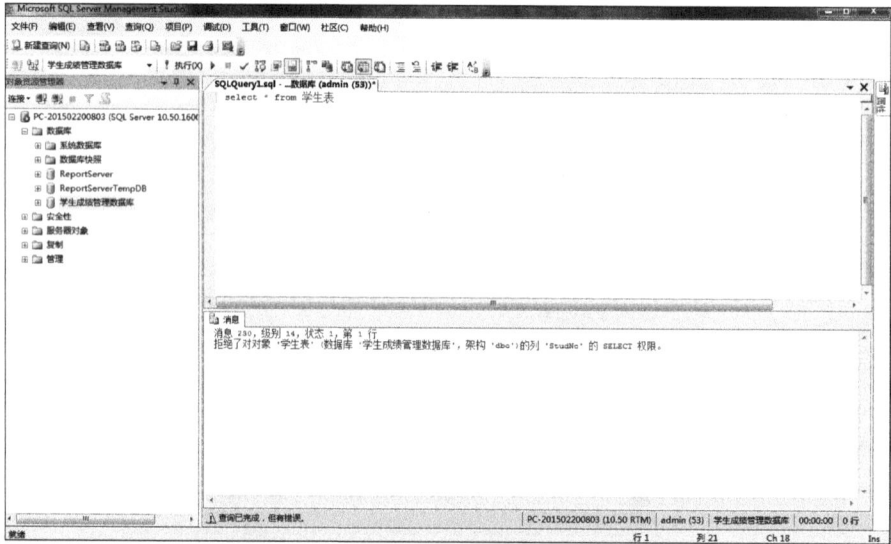

图 8-43　拒绝用户 test 对学生表的查询

小　　结

本次任务主要介绍了 SQL Server 2008 提供的安全管理措施，SQL Server 通过服务器
登录身份验证、数据库用户账户及数据库操作权限 3 方面实现数据库的安全管理。一个用

户若要连接到 SQL Server,就必须使用特定的登录账户来标识自己,登录账户为该用户提供"连接权"。一个登录账户可以在不同的数据库映射为不同用户账户,而且用户账户在经过授权之后才能获得"访问权",从而允许查看经过授权可以查看的表和视图,允许执行经过授权可以执行的存储过程以及其他管理功能。

动 手 实 践

实训目的

（1）掌握 SQL Server 的安全性机制。

（2）掌握数据库登录账号的创建及修改方法。

（3）掌握数据库服务器角色管理的应用方法。

（4）掌握数据库用户的创建以及权限的设置。

实训内容

（1）创建一个 SQL Server 登录账户,登录名为 newlogin,选择 SQL Server 身份验证。默认数据库设置为"学生成绩管理数据库",并为该登录名选择一个固定的服务器角色 dbcreator。选择该登录名映射的数据库为学生成绩管理数据库,映射到此登录名的用户为 newlogin,并为之分配相应的数据库角色 db_owner。

（2）在 SQL Server 2008 服务器中创建一个读者登录账号(用户名为 reader,密码为 reader),该读者的权限设置如下。

① 数据库服务角色：无。

② 可访问的数据库为学生成绩管理数据库；可以访问的数据表和字段如下：

学生表(只允许查看操作,不允许修改、删除或添加记录操作)

课程表(只允许查看操作,不允许修改、删除或添加记录操作)

班级表(只允许查看班级编号字段以外的属性,不允许修改、删除或添加记录操作)

成绩表(只允许查看操作,不允许修改、删除或添加记录操作)

（3）创建服务器登录账号 user1,密码 user1,然后创建 op 为学生成绩管理数据库的用户,并将用户 op 映射到此登录名,并完成以下设置：

① 赋予 op 用户 db_reader 角色。

② 赋予 op 用户修改学生表的权限。

成绩管理系统安全性管理

任务 9

数据备份与恢复

任务 9.1　数据备份与恢复

任务概述

（1）分别使用 SQL Server Management Studio 与 SQL 语句，备份与恢复数据库。

（2）熟练掌握数据库备份和恢复的概念及技术。

知识与技能

数据库的备份和恢复为存储在数据库中的数据提供基本安全保障以及保证了数据的完整性。用户的错误操作，遭到蓄意破坏，病毒攻击和自然界不可抗力等，都是造成数据库丢失的因素。通过备份和恢复数据库，可以最大限度地降低灾难性数据丢失的风险，并使数据库继续正常运行。因此，规划良好的备份和恢复策略是保证数据库数据安全的两项重要措施。

该任务首先介绍数据库备份的概念、备份使用的设备、备份的方式、数据库故障的种类、恢复的技术及策略等。然后重点讲解在 SQL Server 2008 中进行数据库备份和还原的方法及操作步骤。通过学习，要求读者掌握数据库备份和恢复的概念及技术。

9.1.1　数据的备份

1. 数据备份的含义

备份是指对 SQL Server 数据库及其他相关信息进行拷贝，即创建用于还原与恢复数据的副本。使用备份副本可以在发生故障后还原数据。

根据备份数据的大小，可将备份划分为四种类型，分别应用于不同的场合。

1）完全备份

完全备份可以备份整个数据库的所有内容，包括事务日志。该备份类型需要较大的存储空间来存储备份的文件，备份时间也比较长，在还原数据时，也需要还原一个备份文件。一般建议一周做一次完全备份。

2）差异备份

差异备份是完整备份的补充，只备份上次完整备份后更改的数据。相对于完整备份来说，差异备份的数据量比完整备份小，备份的速度也比完整备份要快。因此，差异备份通常作为常用的备份方法。推荐每天做一次差异备份。

3）事务日志备份

事务日志备份只备份事务日志里的内容，里面记录了上一次完整备份或事务日志备份后数据库的所有变动过程。事务日志记录的是某一段时间内的数据库变动情况，因此在进行事务日志备份之前，必须要进行完整备份。与差异备份类似，事务日志备份生成的文件较小，占用时间较短。

4）文件和文件组备份

使用文件和文件组备份方式可以只备份数据库中的某些文件，该备份方式在数据库文件非常庞大时十分有效。由于每次只备份一个或几个文件或文件组，因此，分多次来备份数据库，可以避免每次备份时间过长。另外，由于文件和文件组备份只备份其中一个或多个数据文件，所以数据库的某些文件在发生故障时，其还原的可能只是损坏的文件或文件组备份。

2. 备份设备与备份方式

在创建备份时，需要选择存放备份数据的备份设备，可以是磁盘设备或其他设备。磁盘备份设备使硬盘或其他磁盘存储媒体上的文件，可以像操作系统文件一样进行管理，也可以将数据库备份到远程计算机上的磁盘，使用通用命名规则名称（UNC），以\\Servername\Sharename\Path\File 格式指定文件的位置。在备份方式的选择上，需要根据不同的情况进行不同策略的选择，或者多种备份方式的组合。

9.1.2 数据的恢复

计算机系统中故障的产生有许多的原因，比如：硬件的故障，软件的错误，操作员的误操作或者遭到恶意的破坏等等。这些故障使得正在运行的事务非正常中断，进而影响数据库中数据的正确性，甚至破坏数据库，造成数据库中部分或全部数据丢失。解决此类故障的方法是：利用数据库备份的副本和日志文件将数据库恢复到故障前的某一致性状态。因此，数据库恢复的功能是利用数据库管理系统将数据库从错误状态恢复到某一已知的正确状态。

数据库恢复是数据库安全和保持完整性的重要保障。数据库系统所采用的恢复策略是否有效，不仅对系统的可靠程度起着决定性作用，对系统的运行效率也有很大影响，是衡量系统性能优劣的重要指标。

1. 故障的种类

1）介质故障

也称为硬故障（Hand Crash），是指外存和服务器故障等，比如磁盘驱动器损坏或服务器报废。这类故障将破坏数据库或部分数据库，并影响正在运行的事务。此类故障发生的可能性小，但破坏性最大。一旦发生此类故障，磁盘的物理数据和日志文件将被破坏，恢复的方法是首先重装数据库，然后重做已完成的事务。

2）系统故障

也称为软故障（Soft Crash），是指造成系统停止运转的任何事件，迫使系统要重新启动。比如操作系统故障和突然停电等。此类故障并不破坏数据库，只是会影响正在运行的事务。因此，解决此类故障的策略是系统应在系统重启时让所有非正常终止的事务回滚，强行撤销所有未完成事务。此外，还需要重做（REDO）所有已提交的事务，将数据库恢复到一致性状态。

3）事务故障

事务故障是指事务没有正常结束，数据库可能正处于不正常状态。解决此类故障，应该在不影响其他事务运行的情况下，强行撤销（UNDO）该事务，使数据库恢复到未发生该事务的状态，这种恢复称为事务撤销。

4）计算机病毒

计算机病毒是一种人为的故障和破坏，是一些恶作剧者研制的一种计算机程序，可以繁殖和传播，是数据库系统的主要威胁。数据库一旦被计算机病毒破坏，也要使用恢复技术进行恢复。

由以上的叙述可知，对数据库的影响主要有两种情况：一是数据库本身被破坏。二是数据库没有被破坏，但数据可能不正确，因为事务的运行被非正常终止。

2. 恢复技术

数据库恢复的基本原理就是利用存储在系统其他地方的冗余数据来重建数据库中已被破坏或不正确的那部分数据。因此，恢复技术涉及的两个关键问题：一是如何建立冗余数据；二是如何利用冗余数据对数据库进行恢复。

1）数据库转储

数据转储（backup），又称为"倒库"，是指 DBA 将整个数据库复制到磁盘或另一个磁盘上保存起来的过程。这些备用的数据文本称为后备副本或后援副本，一旦发生故障，可以将后备副本重新装入。若要将数据库恢复到转储时的状态，需要重新运行自转储以后的所有更新事务，才能把数据库恢复到故障发生前的一致状态。

2）登记日志文件

日志文件（log）是用来记录事务对数据库更新操作的文件，其内容包括了各个事务的开始、结束标记和各个事务的所有更新操作。因此可以用来进行事务故障、系统故障的恢复，并协助后备副本进行介质故障恢复。为保证数据库是可恢复的，登记日志文件必须遵循两条原则：一是登记的次序严格按照事务执行的时间次序；二是必须先写日志，后写数据库。

3. 恢复策略

1）介质故障的恢复

该故障是最为严重的一种情况，发生此类故障后，磁盘上存储的数据和日志文件被破坏。恢复方法是重装数据库，然后重做已完成的事务。其恢复步骤为：

（1）装入最新的数据库后备份副本，使数据库恢复到最近一次转储时的一致性状态；

（2）装入相应的日志文件副本，重做已完成的事务。

2）系统故障的恢复

系统故障会造成数据库的状态不一致，其原因有：一是未完成事务对数据库的更新已写入数据库，二是已提交的事务对数据库的更新还留在缓冲区没有来得及写入数据库。因此恢复的策略就是要撤销故障发生时未完成的事务，重做已完成的事务。其恢复步骤为：

（1）正向扫描日志文件（即从头扫描日志文件），找出在故障发生前已经提交的事务，将其事务标识记入重做队列，同时找出故障发生时尚未完成的事务，将其事务标识记入撤销队列。

（2）对撤销（UNDO）队列事务进行撤销处理。反向扫描日志文件，对每个撤销事务的更新操作进行逆操作。即是将日志记录中"更新前的值"写入数据库。

（3）对重做队列事务进行重做（REDO）处理。正向扫描日志文件，对每个 REDO 事务重新执行登记的操作，即是将日志记录中"更新后的值"写入数据库。

3）事务故障的恢复

事务故障是指事务在运行至正常终止点前被终止。其恢复步骤为：

（1）反向扫描文件日志（即从最后向前扫描日志文件），即是将日记记录中"更新前的值"写入数据库；

（2）对该事务的更新操作执行逆操作，即将日志记录中"更新前的值"写入数据库。

（3）继续反向扫描日志文件，查找该事务的其他更新操作，并做同样处理；

（4）如此处理下去，直至读到该事务的开始标记，事务故障恢复就完成了。

任务实施

1. 数据的备份

1）备份设备与备份方式

SQL Server 2008 使用物理设备名称或逻辑设备名称标识备份设备。物理备份设备是操作系统用来标识备份设备的名称，SQL Server 使用系统存储过程 sp_addumpdevice 添加物理备份设备。

语法：

```
sp_addumpdevice[@devtype = ]'device_type'
          ,[@logicalname = ]'logical_name'
          ,[@physicalname = ]'physical_name'
```

[@devtype＝]'device_type'：备份设备的类型。其数据类型为 varchar(20)，无默认值，可取 Disk 或 Tape。

[@logicalname＝]'logical_name'：在 BACKUP 和 RESTORE 语句中使用的备份设备的逻辑名称。其数据类型为 sysname，无默认值，且不能为 NULL。

[@physicalname＝]'physical_name'：备份设备的物理名称。其名称必须遵从操作系统命名规则或网络设备的通用命名约定，并且包含完整路径。数据类型为 nvarchar(260)，无默认值，且不能为 NULL。

【例 9.1】 在 E 盘创建一个逻辑名称为"StudScore_DB_Bak"的磁盘备份设备。

```
sp_addumpdevice @device_type = 'disk',
          @logicalname = 'StudScore_DB_Bak',
          @physicalname = 'E:\ StudScore_DB_Back.bak'
```

在 SQL Server 中可以使用 sp_dropdevice 删除数据库设备或备份设备，并从 master. dbo. sysdevices 中删除相应的项。

语法：

```
sp_dropdevice[@logicalname = ]'device'
          ,[@delfile = ]'delfile'
```

参数：

[@logicalname＝]'device'：在 master. dbo. sysdevices. name 中列出数据库设备或备份设备的逻辑名称。device 的数据类型为 sysname,无默认值。

[@delfile＝]'delfile'：指定物理备份设备文件是否应删除。delfile 的数据类型为 varchar(7)。

【例 9.2】 删除备份设备"StudScore_DB_Bak",并不删除相关的物理文件。

```
sp_dropdevice 'StudScore_DB_Bak'
```

【例 9.3】 删除备份设备"StudScore_DB_Bak",并删除相关的物理文件。

```
sp_dropdevice 'StudScore_DB_Bak','delfile'
```

2）使用 T-SQL 语句备份数据库

① 完全备份。

完全备份可以备份整个数据库,包含用户表、系统表、索引、视图和存储过程等所有数据库对象。

语法：

```
BACKUP DATABASE database_name TO < backup_device >[, … n]
```

功能：完全备份整个数据库到磁盘文件或逻辑备份设备。

【例 9.4】 直接完全备份数据库到磁盘。

```
BACKUP DATABASE xscjgl_DB TO DISK = 'E:\ xscjgl_DB_Full.Bak'
```

【例 9.5】 完全备份数据库到逻辑设备。

```
-- 在执行逻辑备份之前,需要创建逻辑备份设备
sp_addumpdevice 'disk','xscjgl_DB_Full_Bak',
                'E:\ xscjgl_DB_Full_Bak.bak'
-- 备份到逻辑设备
BACKUP DATABASE xscjgl_DB TO xscjgl_DB_Full_Bak
```

② 事务日志备份。

事务日志备份可以备份事务日志,事务日志记录了数据库的改变。

语法：

```
BACKUP LOG database_name TO < backup_device >[, … n]
```

功能：完全备份整个数据库到磁盘文件或逻辑备份设备。

【例 9.6】 直接备份日志到磁盘。

```
BACKUP LOG xscjgl_DB TO DISK = 'E:\ xscjgl_DB_Log.bak'
```

【例 9.7】 备份日志到逻辑设备。

```
sp_addumpdevice 'disk','xscjgl_DB_Log',
            'E:\ xscjgl_DB_Log_Bak.bak'
BACKUP LOG xscjgl_DB TO xscjgl_DB_Log
```

③ 差异备份。

差异备份,用于备份自上次完全备份以来所改变的数据库。

语法:

BACKUP DATABASE database_name TO <backup_device>[, … n]WITH DIFFERENTIAL

功能:仅复制自上一次完整数据库备份之后修改过的数据库页。

【例 9.8】 差异备份数据库到磁盘。

BACKUP DATABASE xscjgl_DB TO DISK = 'E:\ xscjgl_DB_Diff.bak' WITH DIFFERENTIAL

【例 9.9】 差异备份数据库到逻辑备份设备。

```
sp_addumpdevice 'disk','xscjgl_DB_Diff_Bak',
                'E:\ xscjgl_DB_Diff_Bak.bak'
BACKUP DATABASE xscjgl_DB TO xscjgl_DB_Diff_Bak WITH DIFFERENTIAL
```

④ 文件和文件组备份。

如果数据库由硬盘上的许多文件构成,可以使用文件备份来备份数据库的一部分。

语法:

BACKUP DATABASE database_name FILE = logical_file_name TO <backup_device>[, … n]
BACKUP DATABASE database_name FILEGROUP = logical_fg_name TO <backup_device>[, … n]

功能:备份文件或文件组到磁盘或逻辑备份设备。

【例 9.10】 备份数据库数据文件到 E 盘。

```
BACKUP DATABASE xscjgl_DB FILE = 'xscjgl_DB_DATA'
TO DISK = 'E:\ xscjgl_DB_DATA.bak'
```

【例 9.11】 备份文件组到 E 盘。

```
BACKUP DATABASE xscjgl_DB FILEGROUP = 'PRIMARY'
TO DISK = 'E:\ xscjgl_DB_PriFileGroup.bak'
```

3) 使用 SQL Server Management Studio 创建数据库备份

① 打开 SQL Server Management Studio,展开"数据库"文件,右击要备份的数据库(如 xscjgl_DB),打开"任务"子菜单,单击"备份"菜单项,如图 9-1 所示。

② 在弹出的"备份数据库"窗口中,在"备份类型"一栏中选择"完整"、"差异"或"事务日志"备份类型。在"备份集"的"名称"一栏,输入备份集名称(如 xscjgl_DB_Bak)。在"说明"一栏中输入对备份集的描述(可选),如图 9-2 所示。

③ 在"目标"选项下的"备份到"一栏中选中"磁盘"。如果没有出现备份目的地,则单击"添加"以添加现有的目的地或创建新目的地,如图 9-3 所示。

④ 在图 9-2 所示的操作界面中在"选择页"单击"选项",打开如图 9-4 所示的操作界面,可进行备份媒体选项设置。

⑤ 在图 9-4 所示的操作界面设置好备份选项后,单击"确定"按钮即可完成数据库备份,如图 9-5 所示。

数据备份与恢复

图 9-1　备份数据库

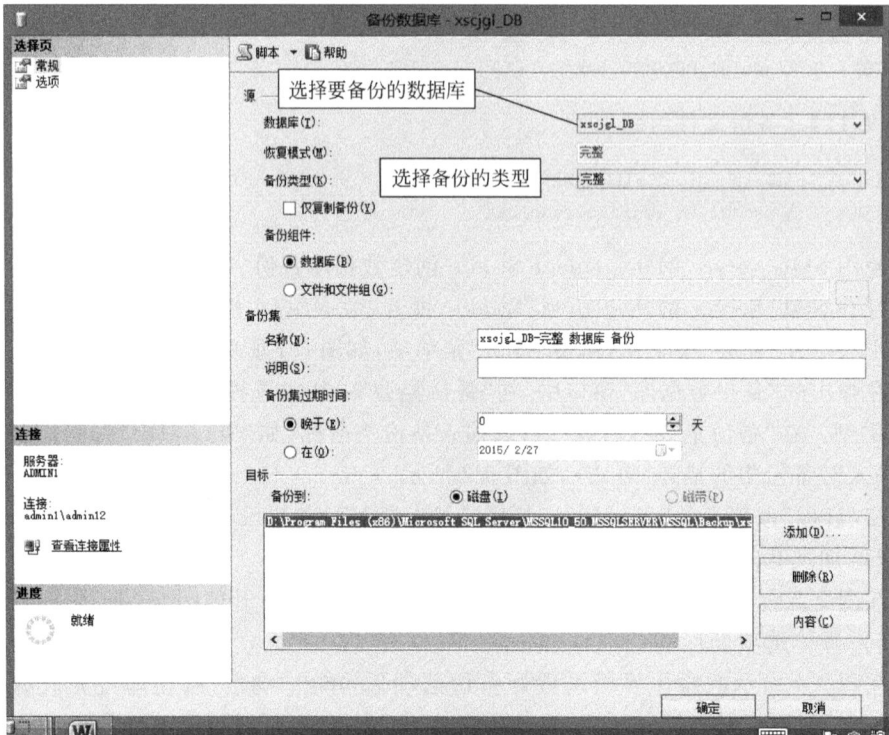

图 9-2　设备备份数据库选项

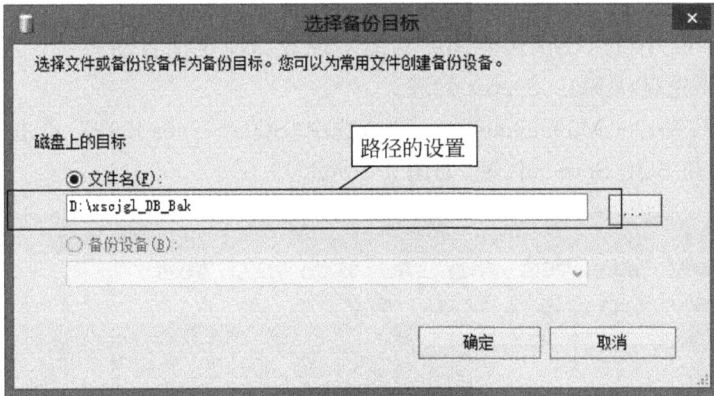

图 9-3　选择备份目标

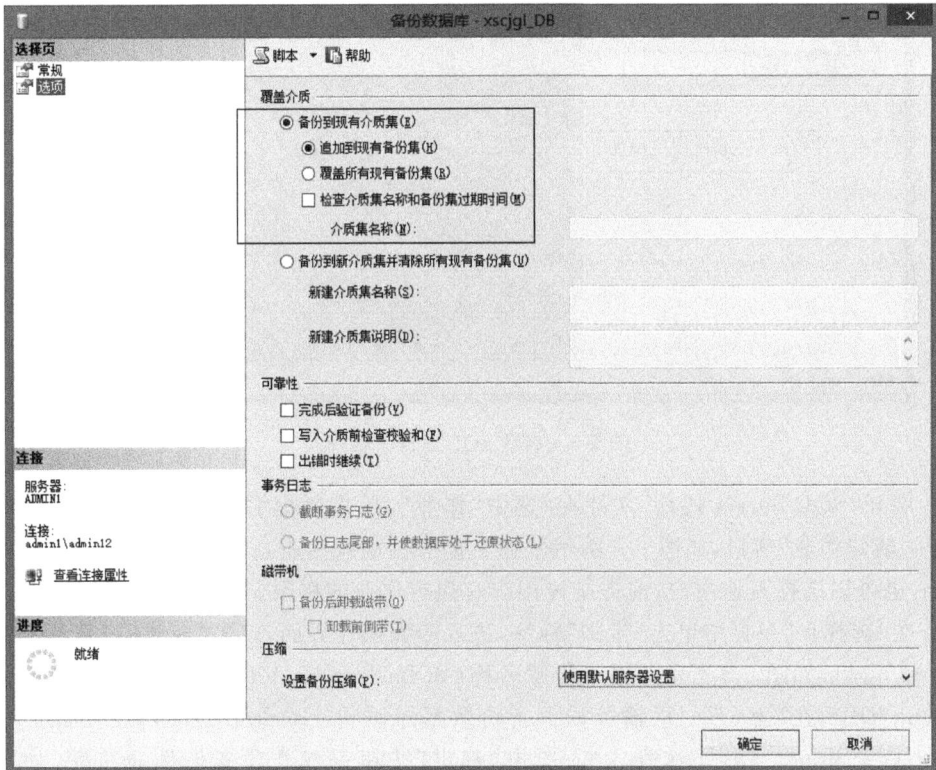

图 9-4　备份数据库选项

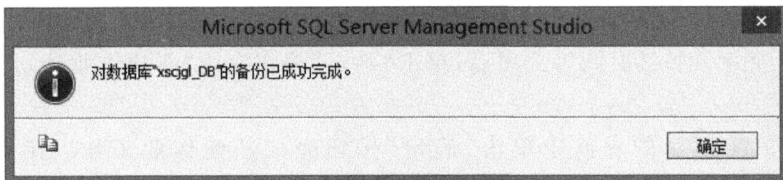

图 9-5　数据库备份完成

4) 使用 SQL Server Management Studio 自动备份数据库

在 SQL Server 中可以使用作业调度功能实现数据库定期自动备份。注意：要执行作业调度功能，需要先启动 SQL Server 代理。

① 打开 SQL Server Management Studio，选中"SQL Server 代理"，单击鼠标右键，选中"启动"菜单项启动 SQL Server 代理，如图 9-6 所示。

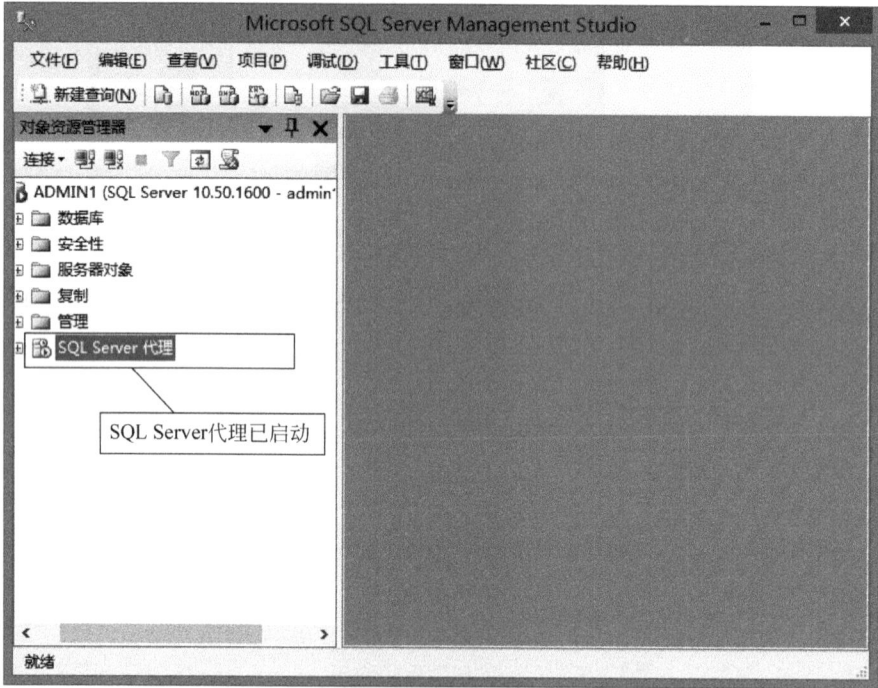

图 9-6 启动 SQL Server 代理

② 展开"SQL Server 代理"文件夹，选中"作业"，单击鼠标右键，选中"新建作业"菜单项，打开"新建作业"窗口，如图 9-7 所示。在名称一栏输入作业名称(如 xscjgl_DB)，所有者选择 sa，也可以选择其他用户，前提是该用户有执行作业的权限。

③ 在"选择页"一栏中单击"步骤"标签，进入步骤操作界面，单击"新建"按钮打开"新建作业步骤"窗口，如图 9-8 所示。输入步骤名称(如 Backup_xscjgl_DB)，选择自己的数据库(如 xscjgl_DB)，在"命令"一栏输入如下备份数据库语句：Backup Database xscjgl_DB to DISK＝'D：\ xscjgl_DB_Bak. bak'。单击"确定"按钮完成新建备份作业步骤，如图 9-9 所示。

④ 在"选择页"一栏中单击"计划"标签，进入计划操作界面，单击"新建"按钮打开"新建作业计划"窗口，如图 9-10 所示。输入步骤名称(如 Exec_Backup_xscjgl_DB)，设置计划类型、频率、每天频率和持续时间等选项后，单击"确定"按钮完成"新建作业计划"，如图 9-11 所示。

⑤ 在图 9-11 所示的界面中单击"确定"按钮完成新建作业工作。在 SQL Server Management Studio 中选择新建的作业(Backup_xscjgl_DB)，单击鼠标右键，选中"作业开始步骤"，如图 9-12 所示，将会立即执行作业，并提示执行成功，如图 9-13 所示。可打开 D

盘查看备份的文件 xscjgl_DB_Bak.bak 已存在。

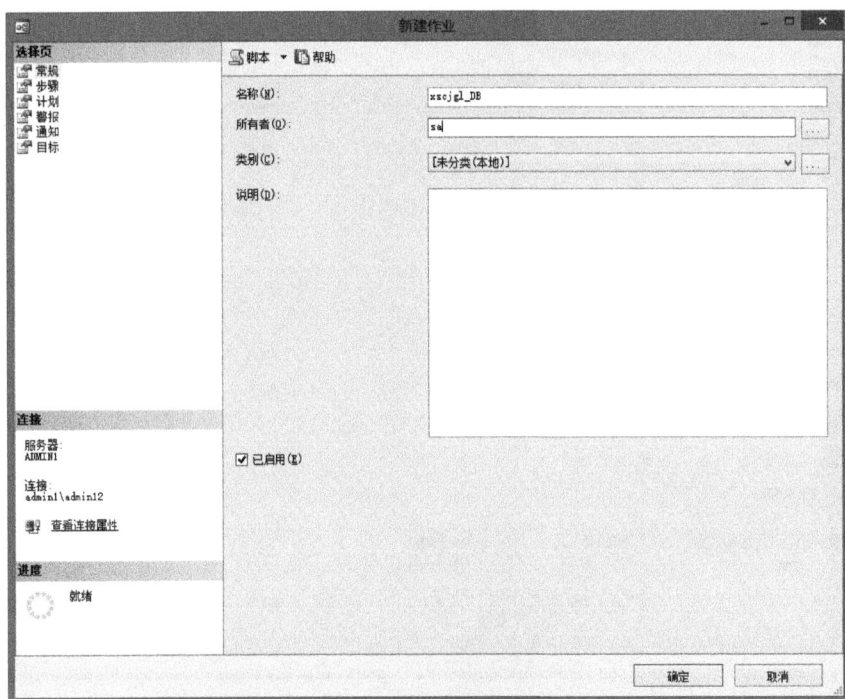

图 9-7　新建作业窗口

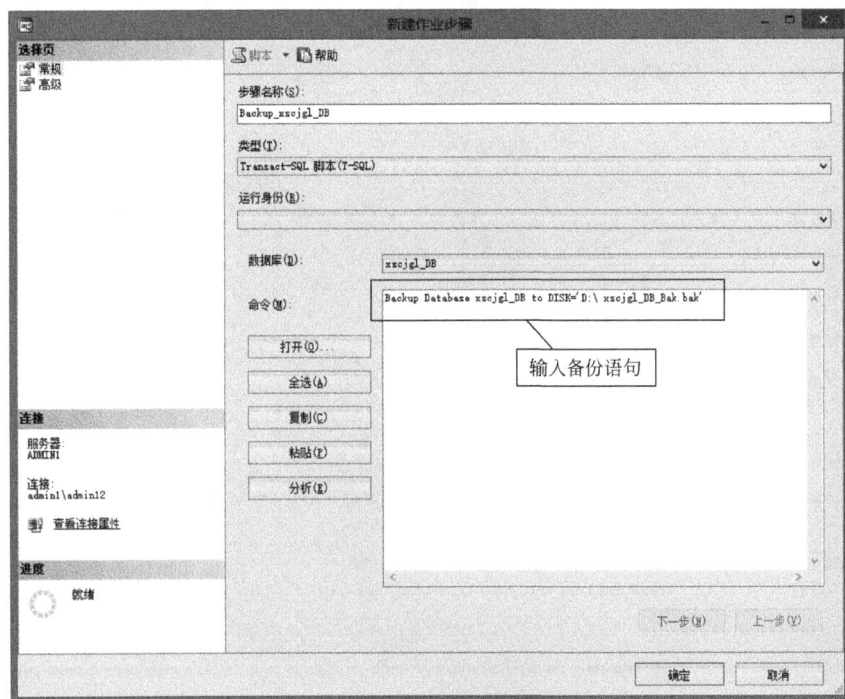

图 9-8　新建作业步骤

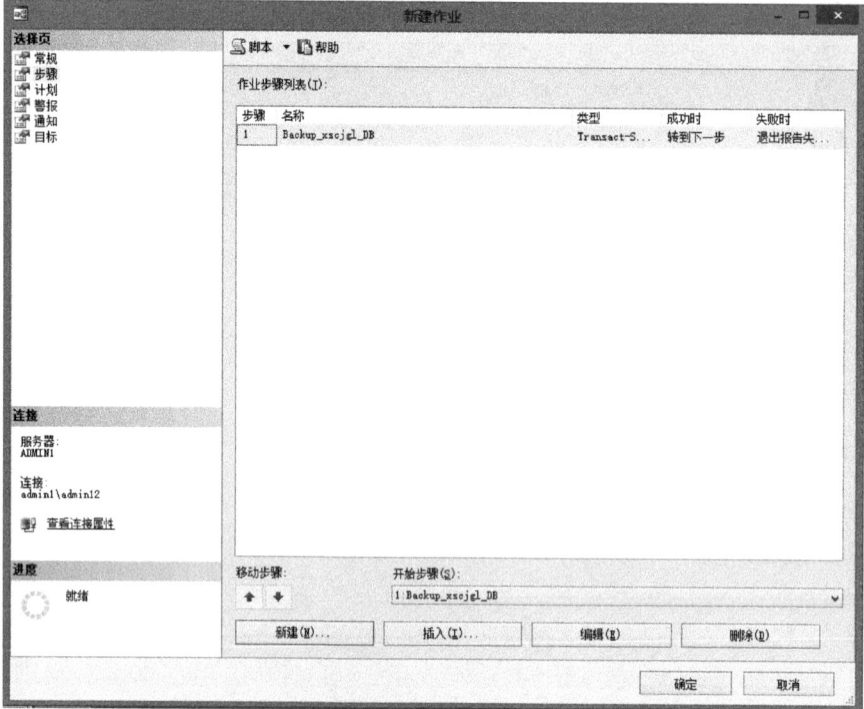

图 9-9　备份数据库作业

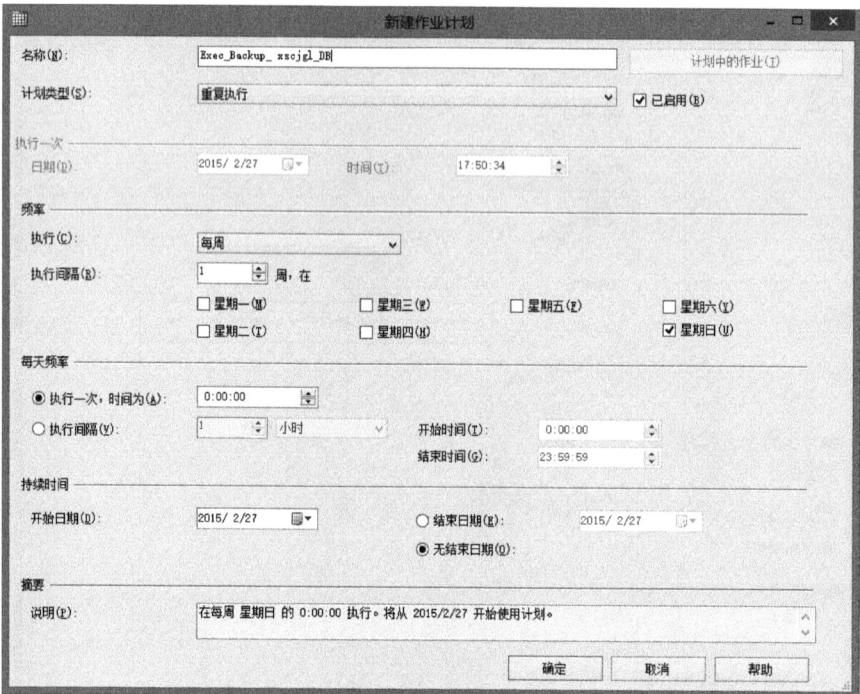

图 9-10　新建作业计划

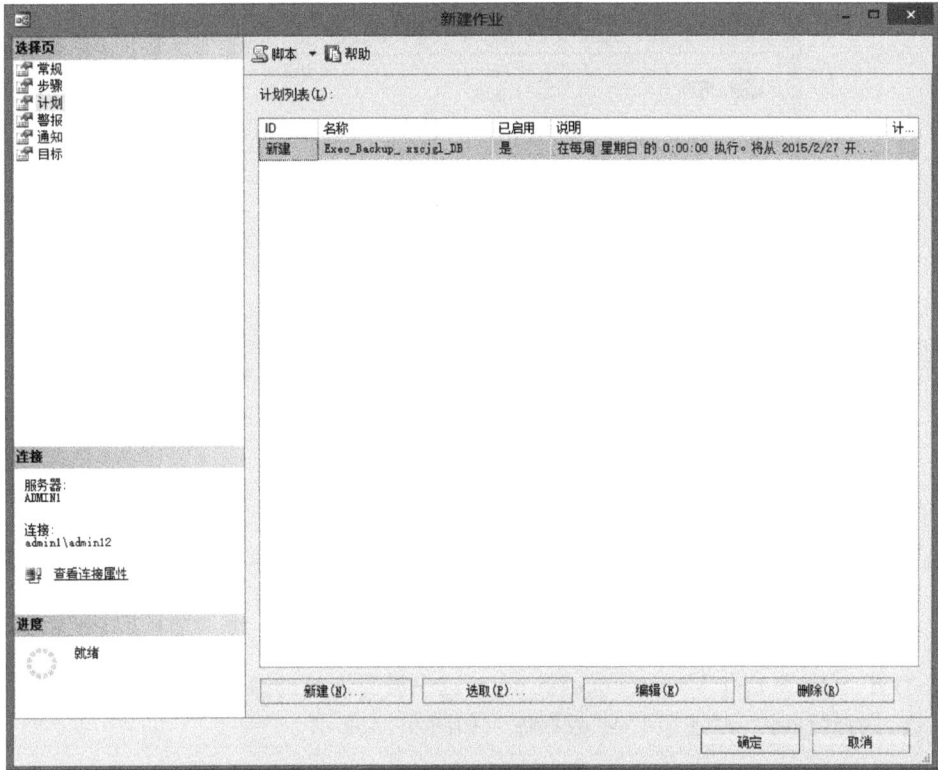

图 9-11　作业计划

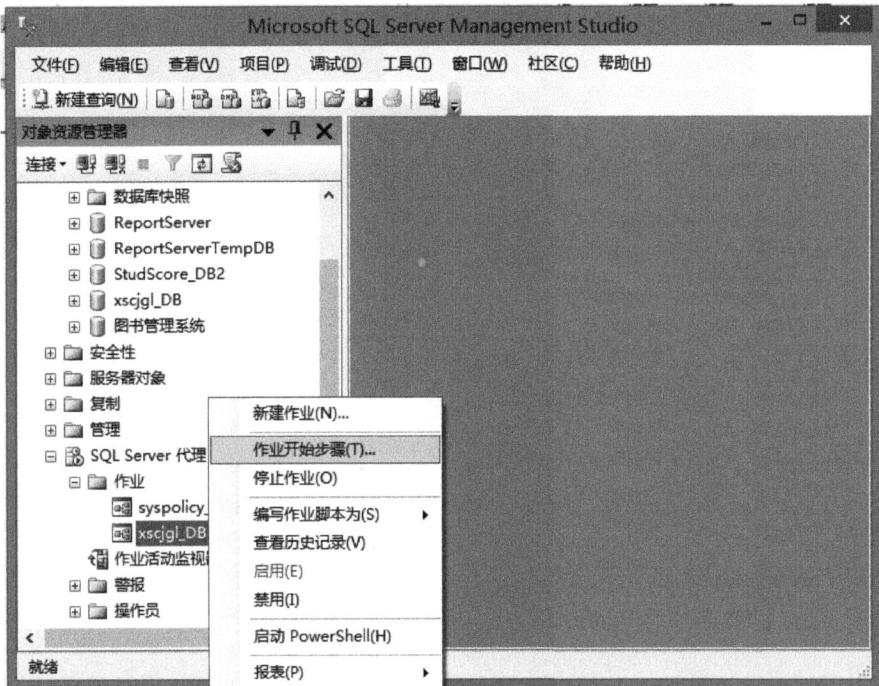

图 9-12　手动执行作业

数据备份与恢复

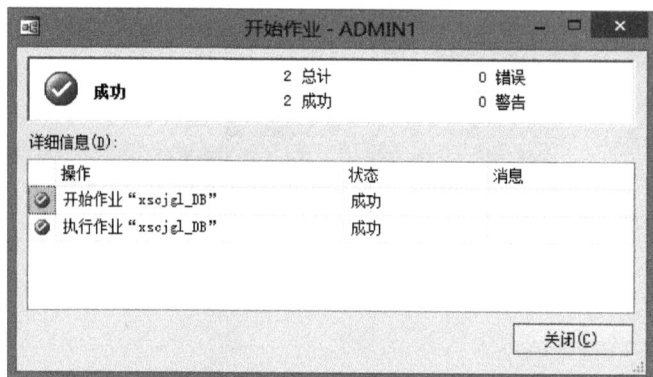

图 9-13 作业手动成功执行

2. 数据的恢复

1) 使用 SQL Server Management Studio 恢复数据库

如果存在数据库备份,数据库一旦出现故障,比如误删除了学生成绩管理系统数据库部分记录或表,则可以使用备份文件来恢复数据库。下面介绍使用备份文件进行数据库恢复的步骤:

① 打开 SQL Server Management Studio,选中需要恢复的数据库(如 xscjgl_DB),单击鼠标右键,选择"任务"→"还原"→"数据库",如图 9-14 所示。

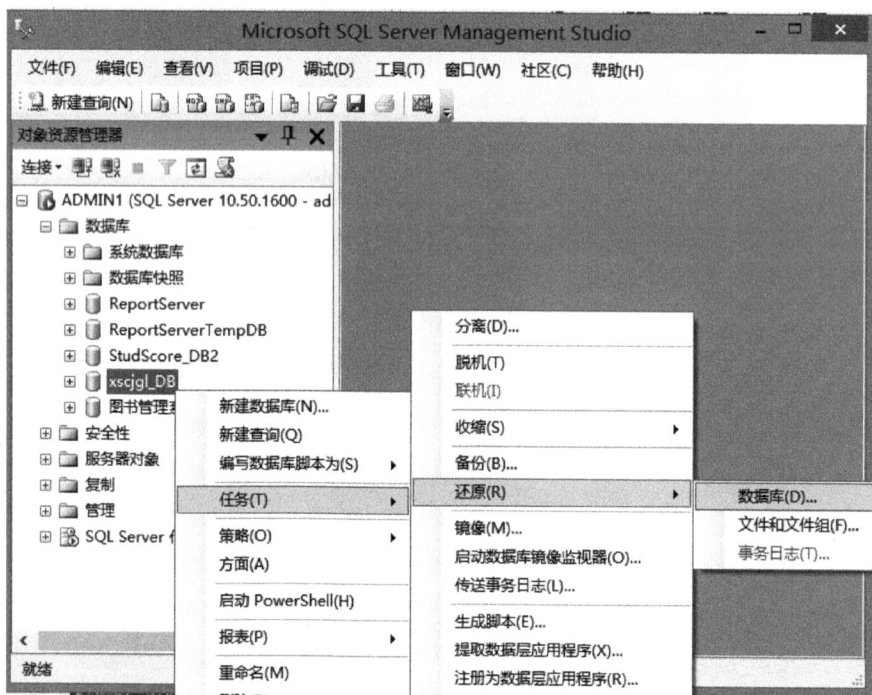

图 9-14 还原数据库

② 在打开的"还原数据库"窗口中,列出了可用于还原的备份集,选择需要还原的备份集,单击"确定"按钮即可,如图 9-15 所示。

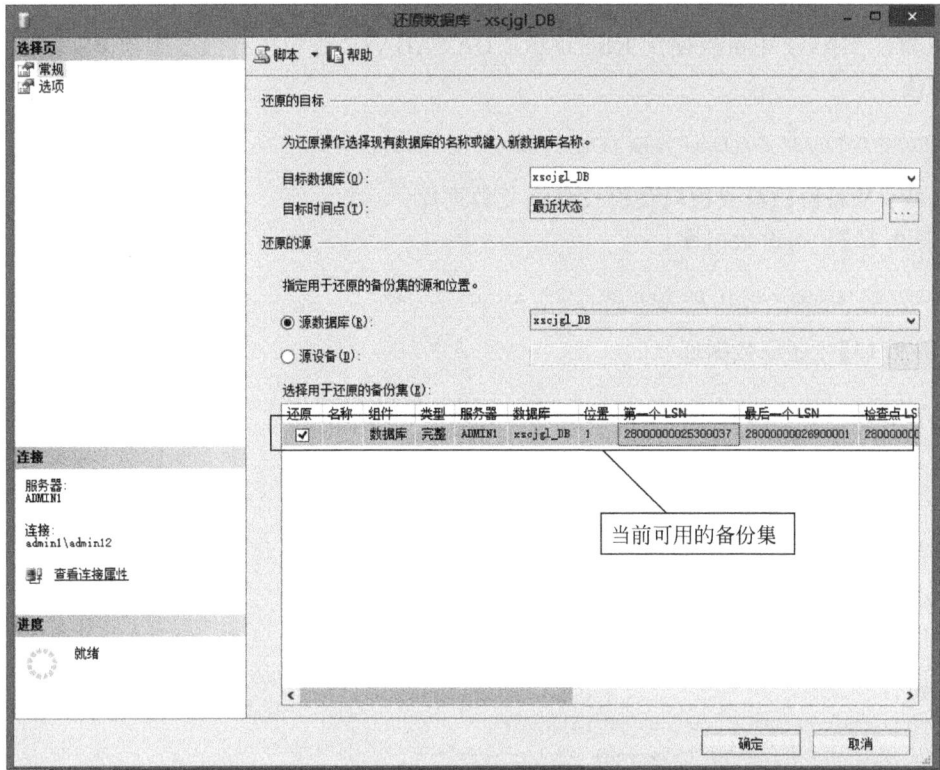

图 9-15　还原数据库对话框

③ 如果图 9-15 中没有列出当前可用的备份集,可选择"源设备",在打开的"指定备份"对话框的"备份介质"下拉列表框中选择"文件"选项,单击"添加"按钮,从磁盘选择备份的文件即可,如图 9-16 所示。

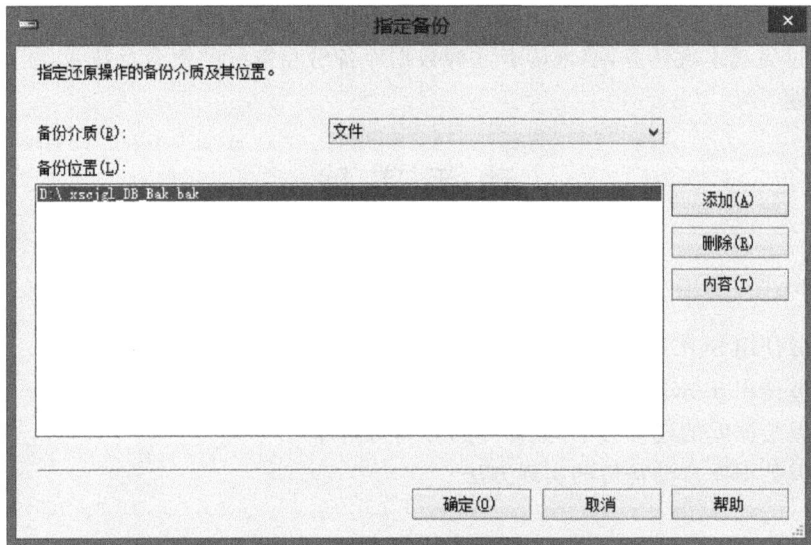

图 9-16　指定备份文件或备份设备

数据备份与恢复

2）使用 SQL 语句恢复数据库

在 SQL Server 中可以使用 RESTORE DATABASE 语句进行数据库恢复。

语法：

```
RESTORE DATABASE database_name [FROM <backup_device>[,…n]]
```

功能：从备份磁盘或逻辑备份设备恢复数据库。

【例 9.12】 备份数据库。

```
BACKUP DATABASE xscjgl_DB TO DISK = 'E:\ xscjgl_DB.bak'
```

【例 9.13】 还原数据库。

```
-- 返回由备份集内包含的数据库和日志文件列表组成的结果集
RESTORE FILELISTONLY FROM DISK = 'E:\ xscjgl_DB.bak'
```

【例 9.14】 还原由 BACKUP 备份的数据库。

```
RESTORE DATABASE xscjgl_DB FROM DISK = 'E:\ xscjgl_DB.bak'
```

【例 9.15】 指定还原后的数据库物理文件名称和路径。

```
RESTORE DATABASE TestDB FROM DISK = 'E:\ xscjgl_DB.bak'
WITH [REPLACE]
MOVE 'xscjgl_DB' TO 'C:\xscjgl_DB_Data.mdf',
MOVE 'xscjgl_DB_log' TO 'C:\xscjgl_DB_log.ldf'
-- 若加上参数 REPLACE,则表示在现有基础上强制还原
```

小　结

本次任务主要介绍了数据库备份、备份使用的设备及备份的方式、数据库故障的种类、恢复的技术及策略。详细讲解了在 SQL Server 2008 中进行数据库备份和还原的方法及操作步骤。通过完成本次任务，要求读者掌握数据库备份和恢复的概念及技术，能灵活运用解决实际的问题。

动 手 实 践

实训目的

（1）掌握使用 SQL Server Management Studio 备份与恢复数据库的方法。

（2）掌握使用 T-SQL 语句备份与恢复数据库的方法。

（3）掌握数据库的迁移方法（数据库的分离与附加）。

（4）掌握数据库自动备份的实现方法。

实训内容

（1）使用 SQL Server Management Studio 将自己的数据库备份到 E:\xscjgl_DB_Bak.

bak。

（2）删除自己数据库中的部分表，利用备份文件，使用 SQL Server Management Studio 恢复数据库。

（3）删除自己的数据库，重新建立空数据库，利用备份文件恢复数据库。

（4）写出实现 1 题、2 题和 3 题各功能的 T-SQL 语句。

（5）分离自己的数据库，将自己的数据库拷贝到另一台数据库服务器上实现数据库的附加。

（6）利用 SQL Server 作业实现将自己的数据库每天晚上 11:00 自动备份到 D:\DB_Back\xscjgl_DB. bak。

任务 10 成绩管理系统数据库应用程序设计

任务 10.1 使用 ADO.NET 操作数据库

任务概述

使用 ADO.NET 技术操作数据库。以 SqlClient 模式建立与数据库的连接,并且能通过 Command、DataReader、DataAdapter 和 DataSet 等对象,对 SQL Server 数据库进行搜索、读、写、编辑和删除等操作。

知识与技能

ADO.NET 提供对 Microsoft SQL Server 数据源以及通过 OLE DB 和 XML 公开的数据源的一致访问。应用程序开发者可以使用 ADO.NET 来连接这些数据源,并检索、处理和更新所包含的数据。

ADO.NET 通过数据处理将数据访问分解为多个可以单独使用或一前一后使用的不连续组件。

ADO.NET 包含用于连接到数据库、执行命令和检索结果的.NET Framework 数据提供程序,用户可以直接处理检索到的结果,或将检索到的结果放入 ADO.NET DataSet 对象中,以使与来自多个源的数据或在层之间进行远程处理的数据组合在一起,以特殊方式向用户公开。ADO.NET DataSet 对象可以独立于.NET Framework 数据提供程序使用,用来管理应用程序本地的数据或来自 XML 的数据。

ADO.NET 主要包括 Connection、Command、DataReader、DataSet 和 DataAdapter 对象,具体介绍如下。

Connection 对象主要提供与数据库的连接功能。

Command 对象用于返回数据、修改数据、运行存储过程以及发送或检索参数信息的数据库命令。

DataReader 对象通过 Command 对象提供从数据库检索信息的功能。DataReader 对象以一种只读的、向前的和快速的方式访问数据库。

DataSet 是 ADO.NET 的中心概念,是支持 ADO.NET 断开式和分布式数据方案的核心对象。它是一个数据库容器,可以当作存在于内存中的数据库。DataSet 是数据的内存驻留表示形式,无论数据源是什么,它都会提供一致的关系编程模型。它可以用于多种不同的数据源,如用于访问 XML 的数据或用于管理本地应用程序的数据。

DataAdapter 对象提供连接 DataSet 对象和数据源的桥梁,它使用 Command 对象在数据源中执行 SQL 命令,以便将数据加载到 DataSet 中,并确保 DataSet 中数据的更改与数据源保持一致。

任务实施

10.1.1　使用 connection 对象连接数据库

Connection 对象的功能是创建与指定数据源的连接,并完成初始化工作。它提供了一些属性用来描述数据源和进行用户身份验证。Connection 对象还提供一些方法允许应用程序与数据源建立连接或者断开连接。

对不同的数据源类型,使用的 Connection 对象也不同,ADO. NET 中提供了以下 4 种数据库连接对象用于连接到不同类型的数据源。

(1) 要连接到 Microsoft SQL Server 7.0 或更高版本,应使用 SqlConnection 对象。

(2) 要连接到 OLE DB 数据源,或连接到 Microsoft SQL Server 6. x 或更低版本,或连接到 Access,应使用 OleDbConnection 对象。

(3) 要连接到 ODBC 数据源,应使用 OdbcConnection 对象。

(4) 要连接到 Oracle 数据源,应使用 OracleConnection 对象。

1. 创建 SqlConnection 连接对象

1) 创建 SqlConnection 连接对象的语法格式

下面是使用 SqlConnection 类的构造函数创建 SqlCommand 对象,并通过构造函数的参数来设置 SqlConnection 对象特定属性值的语法格式:

```
SqlConnection 连接对象名 = new sqlConnection(连接字符串)
```

也可以首先使用构造函数创建一个不含参数的 Connection 对象实例,而后再通过连接对象的 ConnectionString 属性,设置连接字符串。

其语法格式为:

```
SqlConnection 连接对象名 = new sqlConnection;
连接对象名.ConnectionString = 连接字符串;
```

2) Connection 连接对象的属性和方法

与所有的对象一样,Connection 对象也有自己的一些属性和方法,其中最为常用的是 ConnectionString 属性及 Open()方法和 Close()方法。

Connection 对象用来与数据源建立连接,它有一个重要属性 ConnectionString,用于设置打开数据库的字符串。

Connection 对象最常用的方法是 Open()方法和 Close()方法。

Open()方法

使用 Open()方法打开一个数据库连接。为了减轻系统负担,应该尽可能晚地打开数据库。其语法格式为:

```
连接对象名.Open()
```

Close( )方法

使用 Close( )方法关闭一个打开的数据库连接。为了减轻系统负担,应该尽可能早地关闭数据库。其语法格式为:

连接对象名.Close()

3) 数据库的连接字符串

为了连接到数据源,需要使用一个提供数据库服务器的位置、要使用的特定数据库及身份验证等信息的连接字符串,它由一组用分号隔开的"参数=值"组成。

连接字符串中的关键字不区分大小写。但根据数据源不同,某些属性值可能是区分大小写的。此外,连接字符串中任何包含分号、单引号或双引号的值都必须用双引号括起来。

Connection 对象的连接字符串保存在 ConnectionString 属性中。可以使用 ConnectionString 属性来获取或设置数据库的连接字符串。

(1) 标准安全连接

标准安全连接(Standard Security Connection)也称为"非信任连接"。它把登录账户(User ID 或 Uid)和密码(Password 或 Pwd)写在连接字符串中。其语法格式为:

"Data Source = 服务器名或 IP; Database = 数据库名; User ID = 用户名; Password = 密码"

如果要连接到本地的 SQL Server 服务器,可使用 localhost 作为服务器名称。

(2) 信任连接

信任连接(Trusted Connection)也称为"SQL Server 集成安全性",这种连接方式有助于在连接到 SQL Server 时提供安全保护,因为它不会在连接字符串中公开用户 ID 和密码,它是安全级别要求较高时推荐的数据库连接方法。对于集成 Windows 安全性的账号来说,其连接字符串的形式一般如下:

"Server = 服务器名或 IP; Database = 数据库名; Integrated Security = true"

4) 连接字符串的存放位置

(1) 把连接字符串写在程序中

这种方法比较直观,但是要在许多页面中写入连接字符串,这时候如果需要改动连接字符串(比如变换连接字符串中的用户名和密码)的话,就得逐个修改。

在应用程序代码中嵌入连接字符串可能导致安全漏洞和维护问题。此外,如果连接字符串发生更改,则必须重新编译应用程序。最佳做法是将连接字符串放在 web.config 文件中。

(2) 把连接字符串放在 web.config 文件中

在.NET Framework 中,ConfigurationManager 类新增了 connectionStrings 属性,专门用来获取 web.config 配置文件中<configuration>元素的<connectionStrings>节的数据。<connectionStrings>中有 3 个重要的部分:字符串名、字符串的内容和数据提供器的名称。

下面的 web.config 配置文件片段说明了用于存储连接字符串的架构和语法。

在<configuration>元素中,创建一个名为<connectionStrings>的子元素并将连接字符串置于其中：

```
<connectionStrings>
    <add name = "连接字符串名"connectionString = "数据库的连接字符串"
    providerName == "System.Data.SqlClient"/>
</connectionStrings>
```

子元素 add 用来添加属性。add 有 3 个属性：name、connectionString 和 providerName。

name 属性是唯一标识连接字符串的名称，以便在程序中检索到该字符串。

connectionString 属性是描述数据库的连接字符串。

providerName 属性是描述.NET Framework 数据提供程序的固定名称。其名称为 System.Data.SqlClient(默认值)。应用程序中任何页面上的任何数据源控件都可以引用此连接字符串项。将连接字符串信息存储在 web.config 文件中的优点是：程序员可以方便地更改服务器名称、数据库或身份验证信息，而无须逐个修改程序。

在程序中获得<connectionStrings>连接字符串的方法为：

```
System.Configuration.ConfigurationManager.ConnectionStrings["连接字符串名"].ToString();
```

如果在程序中引入 Configuration Manager 类的命名空间"using System.Configuration"。则在程序中获得<connectionStrings>连接字符串的方法可简写为：

```
ConfigurationManager.ConnectionStrings["连接字符串名"].ToString();
```

打开和修改 web.config 的方法如下：

在"解决方案资源管理器"中，双击 web.config 文件名。

在打开的文件中找到<configuration>元素中的<connectionStrings/>子元素，删除"<connectionStrings/>"的后两个字符"/>"，成为"<connectionStrings"，然后输入">"，这时将自动填充"</connectionStrings>"。在<connectionStrings>与</connectionStrings>之间输入如下所示的配置数据。

```
<connectionStrings>
<add name = "tsDBConnectionString";connectionString = "Data Source = localhost;
                Database = 学生成绩管理数据库; Integrated Security = true"
providerName = "System.Data.SqlClient"/>
</connectionStrings>
```

上述配置创建了一个名为 tsDBConnectionString 的，连接到本地 SQL Server 服务器中的学生成绩管理数据库。

【例 10.1】 创建并打开与学生成绩管理数据库的连接。单击"连接"按钮或"关闭"按钮时执行相应打开和关闭连接操作，且在标签控件中显示当前数据库的连接状态，程序运行结果如图 10-1、图 10-2 和图 10-3 所示。

【操作步骤】

(1) 设置 web.config 文件。新建一个 ASP.NET 网站，在解决方案资源管理器中双击打开 web.config 文件，找到并删除"</connectionStrings>"节。按如下所示输入新的连接字符串配置节的代码：

```
<connectionStrings>
<add name = "tsDBConnection" connectionString = "server = localhost;database = 学生成绩管理数
据库;integrated security = true" providerName = "System.Data.Sqlclient"/>
    </connectionStrings>
```

（2）设计 Web 页面。向 Default.aspx 页面中添加五个标签控件 Label 和两个命令按钮控件 Button1、Button2。设置 Button1 和 Button2 的 ID 属性分别为 ButtonOpen 和 ButtonClose，Text 属性分别为"连接数据库"和"关闭连接"。

（3）编写程序代码

为连接 SQL Server 数据库添加命名空间的引用：

```
using System.Data;
using System.Data.SqlClient;
```

在所有事件过程之外声明连接字符串 connstr 和 SqlConnection 对象 conn，使 connstr 和 conn 在所有事件过程中均可使用。

```
string connstr = System.Configuration.ConfigurationManager.ConnectionStrings
["tsDBConnection"].ToString();
SqlConnection conn = new SqlConnection();
```

Default.aspx 页面装入时执行的事件代码如下：

```
protected void Page_Load(object sender, EventArgs e)
    {
      conn.ConnectionString = connstr;
      Label1.Text = conn.State.ToString();
}
}
```

运行效果如图 10-1 所示。

图 10-1　Default.aspx 页面载入时执行情况

"连接数据库"按钮被单击时执行的事件代码如下：

```
protected void Button1_Click(object sender, EventArgs e)
    {
        conn.ConnectionString = connstr;
        conn.Open();
        Label1.Text = conn.State.ToString();
        Label2.Text = "连接字符串：" + connstr;
        Label3.Text = "数据库名称：" + conn.Database;
        Label4.Text = "服务器实例名：" + conn.DataSource;
        Label5.Text = "服务器版本名：" + conn.ServerVersion;
    }
```

运行效果如图 10-2 所示。

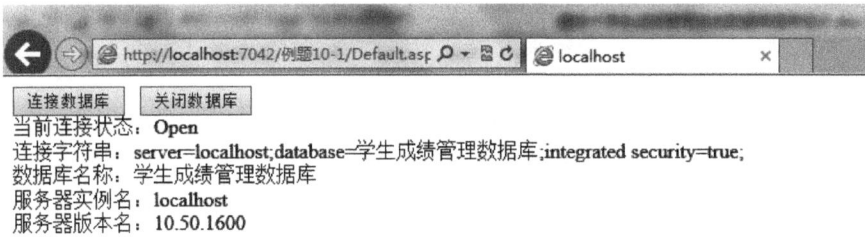

图 10-2 "连接数据库"按钮被单击时执行情况

"关闭数据库"按钮被单击时执行的事件代码如下,运行效果如图 10-3 所示。

```
protected void Button2_Click(object sender, EventArgs e)
    {
        conn.ConnectionString = connstr;
        conn.Close();
        Label1.Text = conn.State.ToString();
        Label2.Text = "";
        Label3.Text = "";
        Label4.Text = "";
        Label5.Text = "";
    }
```

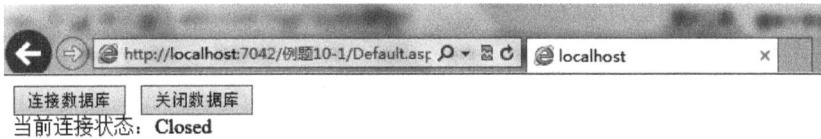

图 10-3 "关闭数据库"按钮被单击时的执行情况

10.1.2 使用 command 对象操作数据库

Command 对象用于在数据源上执行的 SQL 语句或存储过程,该对象最常用的属性是 CommandText 属性,用于设置针对数据源执行的 SQL 语句或存储过程。

在连接好数据源后,就可以对数据源执行一些命令操作。命令操作包括对数据的查询、插入、更新、删除和统计等。在 ADO.NET 中,对数据库的命令操作是通过 Command 对象来实现的。从本质上讲,ADO.NET 的 Command 对象就是 SQL 命令或者是对存储过程的引用。除了查询或更新数据命令之外,Command 对象还可用来对数据源执行一些不返回结果集的查询命令,以及用来执行改变数据源结构的数据定义命令。

根据所用的数据源类型不同,Command 对象也分为 4 种,分别是:OleDbCommand 对象、SqlCommand 对象、OdbcCommand 对象和 OracleCommand 对象。

1. 使用 Command 类的构造函数创建 Command 对象

使用 Connection 对象与数据源建立连接后,可使用 Command 对象对数据源执行各种操作命令并从数据源中返回结果,可以使用 SQL 语句,也可以调用存储过程。可以使用对象的构造函数创建 Command 对象。构造函数可以采用可选参数，例如，要在数据源中执行的 SQL 语句、Connection 对象或 Transaction 对象。下面使用构造函数创建 SqlCommand 对象，并通过该对象的构造函数参数来设置特定属性值，其语法格式如下：

```
SqlCommand 命令对象名 = new SqlCommand(查询字符串,连接对象名);
```

Command 对象名是创建的 Command 对象的名称。

例如：

```
SqlCommand cmd = new SqlCommand("SELECT * FROM 学生表", conn);
```

也可以先使用构造函数创建一个空 Command 对象，然后直接设置属性值。这种方法对属性进行明确设置能够使代码更易理解和调试。

其语法格式如下：

```
SqlCommand 命令对象名 = new SqlCommand();
命令对象名.Connection = 连接对象名;
命令对象名.CommandText = 查询字符串;
```

例如，下面的代码在功能上与前面介绍的方法是等效的。

```
SqlCommand cmd = new SqlCommand();
cmd.Connection = conn;//conn 是前面创建的连接对象名
cmd.CommandText = "SELECT * FROM 图书明细表";
```

2. Command 对象的属性和方法

常用属性有：

CommandText：获取或设置对数据源执行的 SQL 语句或存储过程名。CommandText 也称为查询字符串。

Connection：获取或设置此 Command 对象使用的 Connection 对象的名称。

常用方法：

ExecuteNonQuery：该方法执行 T-SQL 语句并返回受影响的行数。

ExecuteScalar：该方法可以执行查询，并返回查询所影响结果集中的第一行的第一列，常用于函数查询。

ExecuteReader：该方法执行 CommandText，返回一个 DataReader(数据阅读器)对象。

CommandText 通常是查询命令，其结果是包含多行的结果集。当 Command 对象返回结果集时，需要使用 DataReader 对象来检索数据。DataReader 对象是一种只读的、只能向前移动的游标，客户端代码向前移动游标并从中读取数据。DataReader 每次只能在内存中保留一行，所以开销非常小。ExecuteReader()方法的语法格式如下：

```
SqlDataReader 对象名 = 命令对象名.ExecuteReader();
```

其中，"对象名"是创建的 DataReader 对象的名称，"命令对象名"是 SqlCommand 对象的名称。使用 ExecuteReader()方法时，首先需要创建一个 SqlCommand 对象，然后使用 ExecuteReader()方法来创建 DataReader 对象来对数据源进行读取。该方法常用于查询操作。

【例 10.2】 使用 Command 对象查询学生表中的记录。

本示例主要讲述在数据库应用程序中如何使用 Command 对象查询数据表中的记录。

在"请输入作者姓名"文本框中输入学生姓名,并单击"查询"按钮,将会在界面上显示查询结果,执行程序如图 10-4 所示。如没有查询记录,则提示"无此记录",如图 10-5 所示。

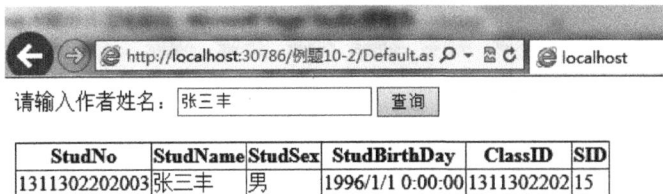

图 10-4 使用 command 对象查询数据表中的记录

图 10-5 使用 command 对象查询无记录提示

【操作步骤】

(1) 新建一个网站,默认主页为 Default.aspx,在 Default.aspx 页面上分别添加一个 TextBox 控件、一个 Button 控件、一个 Label 控件和一个 GridView 控件,并把 Button 控件的 Text 属性值设为"查询"。

(2) 在 Web.config 文件中配置数据库连接字符串,在配置节<connectionStrings>下添加连接字符串,代码如下:

```
< connectionStrings >
< add name = "tsdbconnection" connectionString = "server = localhost;database = 学生成绩管理数据库;integrated security = true;" providerName = "system.data.sqlclient"/>
    </connectionStrings >
```

(3) 切换到 Default.aspx 的代码编辑窗口,添加必需的命名空间引用:

```
using System.Data;
using System.Data.SqlClient;
```

在"查询"按钮的 Click 事件下,使用 Command 对象查询数据库中的记录,并将其显示出来,代码如下:

```
protected void Button1_Click(object sender, EventArgs e)
    {
        string connstr = System.Configuration.ConfigurationManager
.ConnectionStrings["tsdbconnection"].ToString();
        SqlConnection conn = new SqlConnection();
        conn.ConnectionString = connstr;
```

```
        conn.Open();
        SqlCommand com = new SqlCommand();
        com.Connection = conn;
        com.CommandText = "select * from 学生表 where studname like '" + TextBox1.Text + "%'";
        SqlDataReader da = com.ExecuteReader();
        if (da.HasRows)
        {
            GridView1.Visible = true;
            GridView1.DataSource = da;
            GridView1.DataBind();
            Label1.Text = "";
        }
        else
        {
            GridView1.Visible = false;
            Label1.Text = "无此记录";
        }
        conn.Close();
    }
```

【例 10.3】 使用 Command 对象的 ExecuteNonQuery 方法添加记录。

本示例主要讲解在数据库应用程序中如何向数据库添加记录。在文本框中输入学生信息，然后单击"添加"按钮，将学生信息添加到数据表中，运行结果如图 10-6 和图 10-7 所示。

学生表添加新纪录

学号[_____] 学生姓名[_____] 学生性别[男 ∨]
出生日期[_____] 班级编号[_____] [添加]

StudNo	StudName	StudSex	StudBirthDay	ClassID	SID
121130250101	黄文迪	男		1211302501	1
121130250102	刘清平	男	1995/6/1 0:00:00	1211302501	2
121130250103	陈伟昌	男		1211302501	3
1311302101001	覃秋阳	男	1995/1/1 0:00:00	1311302101	4
1311302101002	张启枝	男	1995/1/1 0:00:00	1311302101	5
1311302101003	张春镇	男	1995/2/1 0:00:00	1311302101	6
1311302102001	张三	男	1995/10/1 0:00:00	1311302102	7
1311302102002	李四	男	1995/1/1 0:00:00	1311302102	8
1311302102003	刘三姐	女	1994/10/1 0:00:00	1311302102	9
1311302201001	黄牛	男	1996/1/1 0:00:00	1311302201	10
1311302201002	朱小明	男	1994/8/19 0:00:00	1311302201	11
1311302201003	李四	女	1995/4/8 0:00:00	1311302201	12
1311302202001	刘军	男	1994/5/23 0:00:00	1311302202	13
1311302202002	张丽萍	女	1995/4/16 0:00:00	1311302202	14
1311302202003	张三丰	男	1996/1/1 0:00:00	1311302202	15
1311302202004	梁山伯	男	1995/10/1 0:00:00	1311302202	16
1311302202005	祝英台	女	1995/5/1 0:00:00	1311302202	17
1311302202006	李天龙	男		1311302202	18
1311302202008	张春丽	女		1311302202	20
1311302202009	王八	男		1311302202	21
1311302202010	李四	男	1995/1/6 0:00:00	1311302202	22
1311302202011	李四	男	1995/2/1 0:00:00	1311302202	23
1311302202012	王峰	男	1905/6/8 0:00:00	1311302202	24
1422302202001	陈六	男	1905/6/8 0:00:00	1422302202	25
1422302202002	廖云	男	1996/10/1 0:00:00	1211302501	27

图 10-6　页面载入情况

学生表添加新纪录
学号 1422302202003　　学生姓名 小王　　　　　　学生性别 男 ∨
出生日期 1997/10/1　　　　班级编号 1211302501　　　　添加

StudNo	StudName	StudSex	StudBirthDay	ClassID	SID
121130250101	黄文迪	男		1211302501	1
121130250102	刘清平	男	1995/6/1 0:00:00	1211302501	2
121130250103	陈伟昌	男		1211302501	3
1311302101001	辜秋阳	男	1995/1/1 0:00:00	1311302101	4
1311302101002	张启枝	男	1995/1/1 0:00:00	1311302101	5
1311302101003	张春镇	男	1995/2/1 0:00:00	1311302101	6
1311302102001	张三	男	1995/10/1 0:00:00	1311302102	7
1311302102002	李四	男	1995/1/1 0:00:00	1311302102	8
1311302102003	刘三姐	女	1994/10/1 0:00:00	1311302102	9
1311302201001	黄牛	男	1996/1/1 0:00:00	1311302201	10
1311302201002	朱小明	男	1994/8/19 0:00:00	1311302201	11
1311302201003	李四	女	1995/4/8 0:00:00	1311302201	12
1311302202001	刘军	男	1994/5/23 0:00:00	1311302202	13
1311302202002	张丽萍	女	1995/4/16 0:00:00	1311302202	14
1311302202003	张三丰	男	1996/1/1 0:00:00	1311302202	15
1311302202004	梁山伯	男	1995/10/1 0:00:00	1311302202	16
1311302202005	祝英台	女	1995/5/1 0:00:00	1311302202	17
1311302202006	李天龙	男		1311302202	18
1311302202008	张春丽	女		1311302202	20
1311302202009	王八	男		1311302202	21
1311302202010	李四	男	1995/1/6 0:00:00	1311302202	22
1311302202011	李四	男	1995/2/1 0:00:00	1311302202	23
1311302202012	王峰	男	1905/6/8 0:00:00	1311302202	24
1422302202001	陈六	男	1905/6/8 0:00:00	1422302202	25
1422302202002	廖云	男	1996/10/1 0:00:00	1211302501	27
1422302202003	小王	男	1997/10/1 0:00:00	1211302501	37

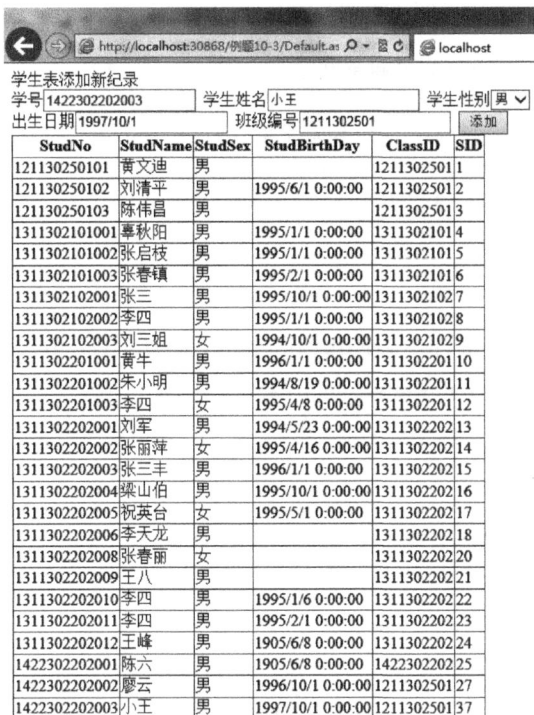

图 10-7　添加记录后的结果

【操作步骤】

（1）新建一个网站，默认主页为 Default. aspx，在 Default. aspx 页面上分别添加四个 TextBox 控件、一个 Button 控件、一个 DropDownList 控件和一个 GridView 控件，并把 Button 控件的 Text 属性值设为“添加”，DropDownList 控件集合的成员为“男”和“女”。

（2）在 Web. config 文件中配置数据库连接字符串，在配置节＜connectionStrings＞下添加连接字符串，代码如下：

```
＜connectionStrings＞
＜add name = "tsdbconnection" connectionString = "server = localhost;database = 学生成绩管理数据库;integrated security = true;" providerName = "system.data.sqlclient"/＞
    ＜/connectionStrings＞
```

（3）切换到 Default. aspx 的代码编辑窗口，添加必需的命名空间引用：

```
using System.Data;
using System.Data.SqlClient;
using System.Configuration;
```

添加 Page_Load 事件代码：

```
protected void Page_Load(object sender, EventArgs e)
    {
        string connstr = ConfigurationManager.ConnectionStrings["tsdbconnection"].ToString();
        SqlConnection conn = new SqlConnection();
```

成绩管理系统数据库应用程序设计

```
conn.ConnectionString = connstr;
conn.Open();
SqlCommand com = new SqlCommand();
com.Connection = conn;
com.CommandText = "select * from 学生表";
SqlDataReader da = com.ExecuteReader();
GridView1.DataSource = da;
GridView1.DataBind();
conn.Close();
}
```

在"添加"按钮的 Click 事件下,使用 Command 对象 ExecuteNonQuery()方法添加记录,并将新添加的记录使用 GridView 显示出来,代码如下:

```
protected void Button1_Click(object sender, EventArgs e)
    {
        string connstr = ConfigurationManager.ConnectionStrings["tsdbconnection"].ToString();
        SqlConnection conn = new SqlConnection();
        conn.ConnectionString = connstr;
        conn.Open();
        SqlCommand com = new SqlCommand();
        com.Connection = conn;
        com.CommandText = "insert into 学生表 values('" + TextBox1.Text + "','" + TextBox2.
Text + "','" + DropDownList1.SelectedItem.Text + "','" + Convert
.ToDateTime(TextBox3.Text) + "','" + TextBox4.Text + "')";
        com.ExecuteNonQuery();
        com.CommandText = "select * from 学生表";
        SqlDataReader da = com.ExecuteReader();
        GridView1.DataSource = da;
        GridView1.DataBind();
        conn.Close();
    }
```

【例 10.4】 使用 Command 对象的 ExecuteNonQuery 方法删除记录。

本例主要讲解在数据库应用程序中如何删除数据库中的记录。在文本框中输入要删除的班级编号,然后单击"删除"按钮,将相应的班级记录从班级表中删除,载入页面的运行结果如图 10-8 所示,删除成功结果如图 10-9 所示,若无法找到正确的班级编号,运行结果如图 10-10 所示。

【操作步骤】

(1) 打开 Visual Studio 2010,然后新建一个 ASP.NET 网站,默认主页为 Default.aspx,在 Default.aspx 页面上分别添加一个 TextBox 控件、一个 Button 控件、一个 Label 控件和一个 GridView 控件,并把 Button 控件的 Text 属性值设为"删除"。

(2) 在 Web.config 文件中配置数据库连接字符串,在配置节 <connectionStrings> 下添加连接字符串,代码如下:

```
<connectionStrings>
    <add name = "tsdbconnection" connectionString = "server = localhost;database = 学生成绩管
理数据库;integrated security = true;" providerName = "system.data.sqlclient"/>
</connectionStrings>
```

图 10-8 页面载入情况

图 10-9 删除记录后的结果

成绩管理系统数据库应用程序设计

图 10-10 输入类别编号不正确后的结果

（3）切换到 Default.aspx 的代码编辑窗口，添加必需的命名空间引用：

```
using System.Data;
using System.Data.SqlClient;
using System.Configuration;
```

添加 Page_Load 事件代码：

```
protected void Page_Load(object sender, EventArgs e)
    {
        string connstr = ConfigurationManager.ConnectionStrings["tsdbconnection"].ToString();
        SqlConnection conn = new SqlConnection();
        conn.ConnectionString = connstr;
        conn.Open();
        SqlCommand com = new SqlCommand();
        com.Connection = conn;
        com.CommandText = "select * from 班级表";
        SqlDataReader da = com.ExecuteReader();
        GridView1.DataSource = da;
        GridView1.DataBind();
        conn.Close();
    }
```

在"删除"按钮的 Click 事件下，使用 Command 对象 ExecuteNonQuery( )方法删除记录，若无法查询到需要删除的类别编号，则提示"输入类别编号不正确"，并将删除后的图书

类别表使用 GridView 显示出来,代码如下:

```
protected void Button1_Click(object sender, EventArgs e)
    {
        string connstr = ConfigurationManager.ConnectionStrings["tsdbconnection"].ToString();
        SqlConnection conn = new SqlConnection();
        conn.ConnectionString = connstr;
        conn.Open();
        SqlCommand com = new SqlCommand();
        com.Connection = conn;
com.CommandText = "select count( * ) from 班级表 where classid = '" + TextBox1.Text + "'";
        int n = (int)com.ExecuteScalar();
        if (n >= 1)
        {
            com.CommandText = "delete from 班级表 where classid = '" + TextBox1.Text + "'";
            int m = com.ExecuteNonQuery();
            if (m >= 1)
            {
                Label1.Text = "删除成功";
            }
            else
            {
                Label1.Text = "删除失败";
            }
        }
        else
        {
            Label1.Text = "输入班级编号不正确,请重新输入!";
        }
        com.CommandText = "select * from 班级表";
        SqlDataReader da = com.ExecuteReader();
        GridView1.DataSource = da;
        GridView1.DataBind();
        conn.Close();
    }
```

【例 10.5】 使用 Command 对象修改记录。

修改数据库中的记录时,首先创建 SqlConnection 对象连接数据库,然后定义修改数据的 SQL 字符串,最后调用 SqlCommand 对象的 ExecuteNonQuery 方法执行记录的修改操作。

本示例讲解在数据库应用程序中如何修改数据表中的记录。在文本框中输入要修改信息的学生学号,然后该学生的信息显示在相应文本框中,接着在文本框中修改学生信息,单击“修改”按钮,将相应的学生记录进行更新,并将更新完的学生表新记录显示在页面中。载入页面的运行结果如图 10-11 所示;输入学生学号,查找学生信息运行结果如图 10-12 所示;更新成功结果如图 10-13 所示。

【操作步骤】

(1) 打开 Visual Studio 2010,然后新建一个 ASP.NET 网站,默认主页为 Default .aspx,在 Default.aspx 页面上分别添加六个 TextBox 控件、两个 Button 控件和一个

成绩管理系统数据库应用程序设计

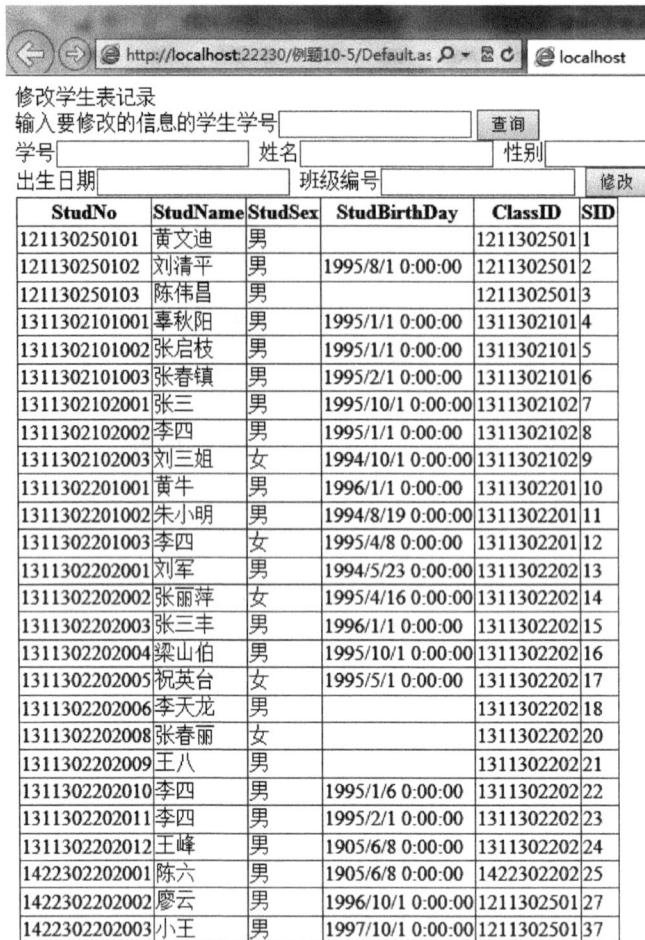

图 10-11　页面载入情况

GridView 控件，并把 Button 控件的 Text 属性值分别设为"查询"和"修改"。

（2）在 Web.config 文件中配置数据库连接字符串，在配置节＜connectionStrings＞下添加连接字符串，代码如下：

```
＜connectionStrings＞
    ＜add name = "tsdbconnection" connectionString = "server = localhost;database = 学生成绩管理数据库;integrated security = true;" providerName = "system.data.sqlclient"/＞
＜/connectionStrings＞
```

（3）切换到 Default.aspx 的代码编辑窗口，添加必需的命名空间引用：

```
using System.Data;
using System.Data.SqlClient;
using System.Configuration;
```

添加 Page_Load 事件代码：

```
protected void Page_Load(object sender, EventArgs e)
```

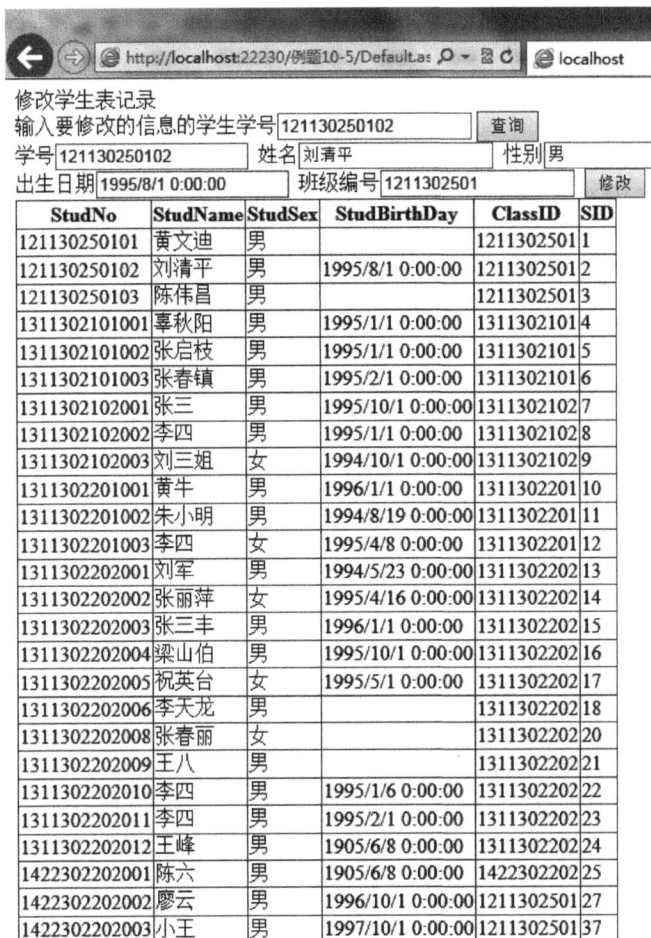

图 10-12　输入学号，查找学生信息运行结果

```
{
    string connstr = ConfigurationManager.ConnectionStrings["tsdbconnection"].ToString();
    SqlConnection conn = new SqlConnection();
    conn.ConnectionString = connstr;
    conn.Open();
    SqlCommand com = new SqlCommand();
    com.Connection = conn;
    com.CommandText = "select * from 学生表";
    SqlDataReader da = com.ExecuteReader();
    GridView1.DataSource = da;
    GridView1.DataBind();
    conn.Close();
}
```

在"查询"按钮的 Click 事件下，使用 Command 对象 ExecuteReader()方法读取结果集，并将查询到的作者记录各个字段信息使用 TextBox 显示出来，代码如下：

```
protected void Button2_Click(object sender, EventArgs e)
```

成绩管理系统数据库应用程序设计

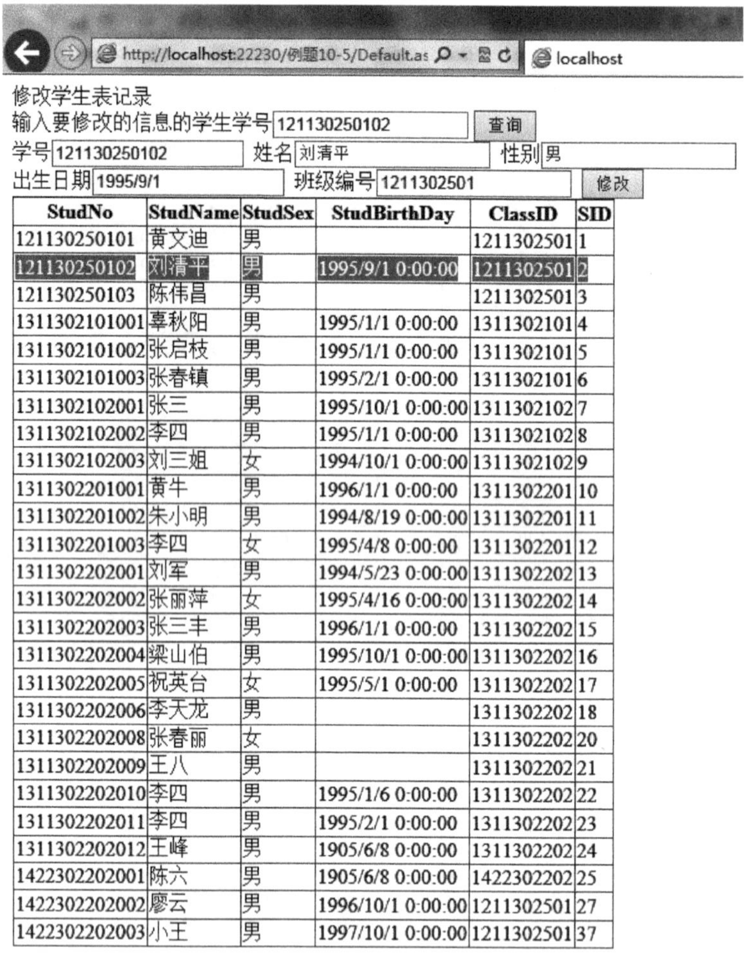

图 10-13　修改学生信息运行结果

```
{
    string connstr = ConfigurationManager.ConnectionStrings["tsdbconnection"].ToString();
    SqlConnection conn = new SqlConnection();
    conn.ConnectionString = connstr;
    conn.Open();
    SqlCommand com = new SqlCommand();
    com.Connection = conn;
    com.CommandText = "select * from 学生表 where studno = '" + TextBox6.Text + "'";
    SqlDataReader da = com.ExecuteReader();
    da.Read();
    if (da.HasRows)
    {
        TextBox1.Text = da["studno"].ToString(); TextBox2.Text = da["studname"]
.ToString();
        TextBox7.Text = da["studsex"].ToString();
TextBox3.Text = da["studbirthday"].ToString();
        TextBox4.Text = da["classid"].ToString();
    }
```

```
            conn.Close();
        }
```

在"修改"按钮的 Click 事件下，使用 Command 对象 ExecuteNonQuery()方法修改作者各个字段的信息，并将修改后的作者记录使用 GridView 显示出来，代码如下：

```
protected void Button1_Click(object sender, EventArgs e)
    {
        string connstr = ConfigurationManager.ConnectionStrings["tsdbconnection"].ToString();
        SqlConnection conn = new SqlConnection();
        conn.ConnectionString = connstr;
        conn.Open();
        SqlCommand com = new SqlCommand();
        com.Connection = conn;
        com.CommandText = "update 学生表 set studno = '" + TextBox1.Text + "', studname = '" +
TextBox2.Text + "', studsex = '" + TextBox7.Text + "', studbirthday = '" + TextBox3.Text + "',
classid = '" + TextBox4.Text + "' where studno = '" + TextBox6.Text + "'";
        com.ExecuteNonQuery();
        com.CommandText = "select * from 学生表";
        SqlDataReader da = com.ExecuteReader();
        GridView1.DataSource = da;
        GridView1.DataBind();
        conn.Close();
    }
```

10.1.3 数据读取对象

数据读取对象（DataReader）可以执行 SQL 命令或存储过程，得到一组由 DataReader 对象引用的数据行，在这个过程中一直保持与数据库的连接。该对象不提供非连接的数据访问，并且在使用该对象前应创建一个命令对象，利用该 Command 对象执行 SQL 语句或存储过程，返回一个 DataReader 对象。

1. DataReader 对象的常用属性及方法

使用 DataReader 对象时，首先需要创建与数据源的连接，创建 sqlCommand 对象，并通过 SqlCommand 对象的 ExecuteReader()方法，执行 SQL 语句或存储过程得到一个 DataReader 结果集。sqlDataReader 对象常用的属性和方法有以下几个。

（1）FieldCount 属性：该属性用来获取当前行中的列数，如果未放置在有效的记录集中，则返回 0，否则返回列数（字段数），默认值为 −1。

（2）HasRows 属性：该属性用来获取 DataReader 对象中是否包含任何行。

（3）Read()方法：使用该方法可将 Reader 指向当前记录，并将记录指针移到下一行，从而可使用列名或列的次序来访问列的值。如果到了数据表的最后，则返回一个布尔值 false。

（4）NextResult()方法：该方法可将当前行的指针移到下一个结果集上。

（5）Close()方法：该方法用来关闭 DataReader 对象，并释放对记录集的引用。

【例 10.6】 使用 DataReader 对象设计一个用户登录身份验证页面，页面打开时如图 10-14 所示，用户在输入了正确的用户名和密码后（管理员用户名为"admin"，密码为

"123",学生使用学生表,用户名为学生表的"studname"字段,密码为学生表的"studno"字段),程序将跳转到欢迎页面,如图 10-15 和图 10-16 所示;若用户名密码错误,则提示错误,如图 10-17 所示。

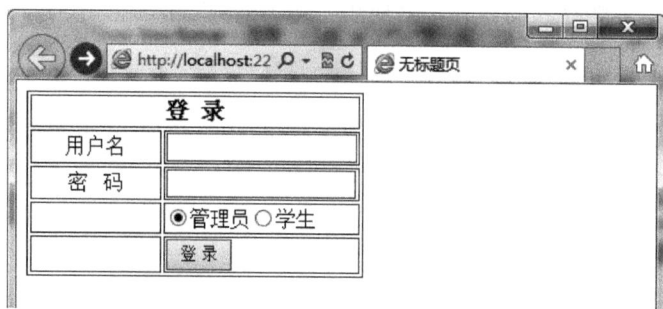

图 10-14 登录页面

图 10-15 选择管理员登录,输入用户名、密码运行结果

图 10-16 选择学生登录,输入用户名、密码运行结果

【操作步骤】

(1) 打开 Visual Studio 2010,然后新建一个 ASP.NET 网站,向 Default.aspx 页面中添加一个用于布局的 HTML 表格,适当调整表格的行列数。向表格中添加必要的说明文字,添加两个文本框控件 TextBox1、TextBox2,添加一个按钮控件 Button1。适当调整各控件的大小及位置。向网站中添加两个新网页 manager.aspx 和 guest.aspx。

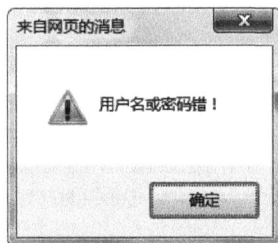

图 10-17　用户名密码错误时运行结果

（2）设置两个文本框的 ID 属性分别为 TextUsername 和 TextPassword，设置的 TextMode 属性为 password；设置按钮 Button1 的 ID 属性为 ButtonLogin，"密码"文本框 Text 属性为"登录"，控件的其他初始属性将在页面装入事件中通过代码进行设置。

（3）在 Web.config 文件中配置数据库连接字符串，在配置节＜connectionStrings＞下添加连接字符串，代码如下：

```
＜connectionStrings＞
        ＜add name = "tsdbconnection" connectionString = "server = localhost;database = 学生成
绩管理数据库;integrated security = true;" providerName = "system.data.sqlclient"/＞
    ＜/connectionStrings＞
```

（4）切换到 Default.aspx 的代码编辑窗口，添加必需的命名空间引用：

```
using System.Data;
using System.Data.SqlClient;
using System.Configuration;
```

添加 ButtonLogin_Click 事件代码：

```
protected void ButtonLogin_Click(object sender, EventArgs e)
    {
        string ConnStr = ConfigurationManager.ConnectionStrings["tsdbconnection"].ToString();
        using (SqlConnection conn = new SqlConnection(ConnStr))
        {
        conn.Open();
        string StrSQL2 = "select studname from 学生表 where studname = '" + TextUsername
.Text + "'and studno = '" + TextPassword.Text + "'";
        if (RadioButtonList1.Items[0].Selected)
        {

        if (TextUsername.Text == "admin"&&TextPassword.Text == "123")
          {

              Session["pass"] = "admin";
            Response.Redirect("manager.aspx");
          }
          else
          {
            Response.Write("＜script language = javascript＞alert('用户名或密码错!');
＜/script＞");
```

成绩管理系统数据库应用程序设计

```
                            return;
                        }
                }
                else
                {
                        SqlCommand com = new SqlCommand(StrSQL2, conn);
                        SqlDataReader dr = com.ExecuteReader();
                        dr.Read();
                        string UserName;
                        if (dr.HasRows)
                        {
                            UserName = dr["studname"].ToString();
                            Session["pass"] = UserName;
                            Response.Redirect("guest.aspx");
                        }
                        else
                        {
                        Response.Write("<script language = javascript> alert('用户名或密码错!');
</script>");
                            return;
                        }
                }
        }
}
```

（5）页面 manager.aspx 装入时执行的事件过程代码如下：

```
protected void Page_Load(object sender, EventArgs e)
    {
        this.Title = "管理页面";

        string IsPass = (string)Session["pass"];
        if (IsPass == "")
        {
            Response.Write("<script language = javascript>alert('请先登录!');</script>");
            Response.Redirect("default.aspx");
        }
        Response.Write("欢迎 " + IsPass + "管理员登录");
    }
```

（6）页面 guest.aspx 装入时执行的事件过程代码如下：

```
protected void Page_Load(object sender, EventArgs e)
    {
        this.Title = "学生页面";
        string IsPass = (string)Session["pass"];
        if (IsPass == "")
        {
            Response.Write("<script language = javascript>alert('请先登录!');</script>");
            Response.Redirect("default.aspx");
        }
        Response.Write("欢迎 " + IsPass + "同学登录");
    }
```

10.1.4 数据适配器对象（DataAdapter）

数据适配器对象（DataAdapter）在物理数据库表和内存数据表（结果集）之间起着桥梁的作用。它通常需要与 DataTable 对象或 DataSet 对象配合来实现对数据库的操作。

1. DataAdapter 对象概述

DataAdapter 对象是一个双向通道，用来把数据从数据源中读到一个内存表中，以及把内存中的数据写回到一个数据源中。而这两种操作分别称作填充（Fill）和更新（Update）。DataAdapter 对象通过 Fill 方法和 Update 方法来提供这一桥接器。

DataAdapter 对象可以使用 Connection 对象连接到数据源，并使用 Command 对象从数据源检索数据以及将更改解析回数据源。

2. DataAdapter 对象的属性和方法

DataAdapter 对象在使用前也需要进行实例化，下面以创建 SqlDataAdapter 对象为例，介绍使用 DataAdapter 类的构造函数创建 DataAdapter 对象的方法。

常用的创建 SqlDataAdapter 对象的语法格式如下：

```
SqlDataAdapter 对象名 = new SqlDataAdapter(SglStr,conn);
```

其中 SqlStr 为 Select 查询语句或 SqlCommand 对象，conn 为 SqlConnection 对象。

3. DataAdapter 对象的常用属性

SelectCommand：获取或设置一个语句或存储过程，用于在数据源中选择记录。

InsertCommand：获取或设置一个语句或存储过程，用于在数据源中插入新记录。

UpdateCommand：获取或设置一个语句或存储过程，用于更新数据源中的记录。

DeleteCommand：获取或设置一个语句或存储过程，用于从数据源中删除记录。

需要注意的是，DataAdapter 对象的 SelectCommand、InsertCommand、UpdateCommand 和 DeleteCommand 属性都是 Command 对象。

4. DataAdapter 对象的常用方法

Fill()方法：用从源数据读取的数据行填充至 DataTable 或 DataSet 对象中。

Update()方法：在 DataSet 或 DataTable 对象中的数据有所改动后更新数据源。

10.1.5 DataSet（数据集）

DataSet（数据集）对象是 ADO.NET 的核心构件之一，它是数据的内存主流表示形式，提供了独立于数据源的一致关系编程模型。DataSet 表示整个数据集，其中包括有表、约束和表与表之间的关系。由于 DataSet 独立于数据源，故其中可以包含应用程序的本地数据，也可以包含来自多个数据源的数据。

DataSet（数据集）相当于内存中暂时存放的数据库，它不仅可以包括多张数据表，还可以包括数据表之间的关系和约束，DataSet 允许将不同类型的数据表复制到同一个数据集中，甚至还允许数据表与 XML 文档组合到一起协同操作。

DataSet 提供了对数据库的断开操作模式（也称为离线操作模式），当 DataSet 从数据源获取数据后就断开了与数据源之间的连接。允许在 DataSet 中定义约束和表关系，添加、删除或编辑记录，还可以对数据集中的数据进行查询、统计等。当完成了各项数据操作后，还可以将

DataSet 中的数据送回到数据源以更新数据库记录。

1. DataSet 与 DataAdapter

DataSet 是实现 ADO. NET 断开式连接的核心,它通过 DataAdapter 从数据源获得数据后就断开了与数据源之间的连接,此后应用程序所有对数据源的操作(定义约束和关系、添加、删除、修改、查询、排序、统计等)均转向到 DataSet,当所有这些操作完成后可以通过 DataAdapter 提供的数据源更新方法将修改后的数据写入数据库。

2. DataSet 中的对象、属性和方法

在 DataSet 内部是一个或多个 DataTable 的集合。每个 DataTable 由 DataColumn、DataRow 和 Constraint(约束)的集合以及 DataRelation 的集合组成。DataTable 内部的 DataRelation 集合对应于父关系和子关系,二者建立了 DataTable 之间的连接。

1) DataSet 中的对象

DataSet 由大量相关的数据结构组成,其中最常用的有如下 5 个子对象。

DataTable:数据表。使用行、列形式来组织的一个矩形数据集。

Datacolumn:数据列。一个规则的集合,描述决定将什么数据存储到一个 DataRow 中。

DataRow:数据行。由单行数据库数据构成的一个数据集合。该对象是实际的数据存储。

Constraint:约束。

DataRelation:数据表之间的关联。描述了不同的 DataTable 之间的关联。

2) DataSet 对象的常用属性

DataSetName:获取或者设置当前 DataSet 的名称。

Tables:获取包含在 DataSet 中的表的集合。

3) DataSet 对象的常用方法

Clear():通过移除所有表中的所有行来清除任何数据的 DataSet。

Clone():复制 DataSet 的结构,包括所有 DataTable 架构、关系和约束。不复制任何数据。

Copy():复制该 dataSet 的结构和数据。

3. 使用 DataSet 访问数据库

DataSet 的基本工作过程为:首先完成与数据库的连接,DataSet 在存放 ASP. NET 网站的服务器上为每一个用户开辟一块内存,通过 DataAdapter(数据适配器),将得到的数据填充到 DataSet 中,然后把 DataSet 中的数据发送给客户端。

ASP. NET 网站服务器中的 DataSet 使用完以后,将释放 DataSet 所占用的内存。客户端读入数据后,在内存中保存一份 DataSet 的副本,随后断开与数据库的连接。

在这种方式下应用程序所有针对数据库的操作都是指向 DataSet 的,并不会立即引起数据库的更新。待数据库操作完毕后,可通过 DataSet、DataAdapter 提供的方法将更新后的数据一次性保存到数据库中。

创建数据集 DataSet 对象的语法格式为:

```
DataSet 数据集对象名 = new DataSet();
```

填充 DataSet 是指将 DataAdapter 对象通过执行 SQL 语句从数据源得到的返回结果,使用 DataAdapter 对象的 Fill 方法传递给 DataSet 对象。

其常用语法格式如下:

```
Adapter.Fill(ds);
```

或

```
Adapter.Fill(ds,tablename);
```

其中,Adapter 为 DataSetAdapter 对象实例;ds 为 DataSet 对象;tablename 为用于数据表映射的源表名称。在第一种格式中仅实现了 DataSet 对象的填充,而第二种格式则实现了填充 DataSet 对象和指定一个可以引用的别名两项任务。

【例 10.7】 使用 DataSet 浏览数据库。程序运行后能将学生成绩管理数据库学生表中所有记录显示到 GridView 控件中。程序运行结果如图 10-18 所示。

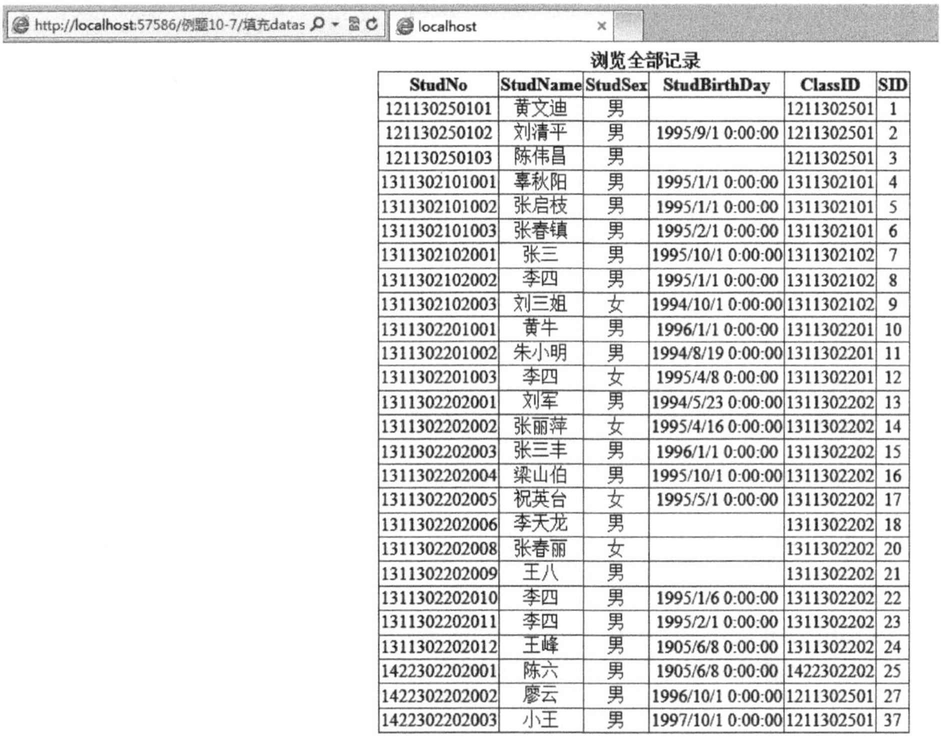

浏览全部记录

StudNo	StudName	StudSex	StudBirthDay	ClassID	SID
121130250101	黄文迪	男		1211302501	1
121130250102	刘清平	男	1995/9/1 0:00:00	1211302501	2
121130250103	陈伟昌	男		1211302501	3
1311302101001	辜秋阳	男	1995/1/1 0:00:00	1311302101	4
1311302101002	张启枝	男	1995/1/1 0:00:00	1311302101	5
1311302101003	张春镇	男	1995/2/1 0:00:00	1311302101	6
1311302102001	张三	男	1995/10/1 0:00:00	1311302102	7
1311302102002	李四	男	1995/1/1 0:00:00	1311302102	8
1311302102003	刘三姐	女	1994/10/1 0:00:00	1311302102	9
1311302201001	黄牛	男	1996/1/1 0:00:00	1311302201	10
1311302201002	朱小明	男	1994/8/19 0:00:00	1311302201	11
1311302201003	李四	女	1995/4/8 0:00:00	1311302201	12
1311302202001	刘军	男	1994/5/23 0:00:00	1311302202	13
1311302202002	张丽萍	女	1995/4/16 0:00:00	1311302202	14
1311302202003	张三丰	男	1996/1/1 0:00:00	1311302202	15
1311302202004	梁山伯	男	1995/10/1 0:00:00	1311302202	16
1311302202005	祝英台	女	1995/5/1 0:00:00	1311302202	17
1311302202006	李天龙	男		1311302202	18
1311302202008	张春丽	女		1311302202	20
1311302202009	王八	男		1311302202	21
1311302202010	李四	男	1995/1/6 0:00:00	1311302202	22
1311302202011	李四	男	1995/2/1 0:00:00	1311302202	23
1311302202012	王峰	男	1905/6/8 0:00:00	1311302202	24
1422302202001	陈六	男	1905/6/8 0:00:00	1422302202	25
1422302202002	廖云	男	1996/10/1 0:00:00	1211302501	27
1422302202003	小王	男	1997/10/1 0:00:00	1211302501	37

图 10-18　使用 DataSet 浏览数据库

本例是一个 DataSet 和 DataAdapter 配合使用的例子。程序功能的实现主要经过了以下几个步骤:

(1) 建立与数据库的连接。

(2) 通过 DataAdapter 对象从数据库中取出需要的数据。

(3) 使用 DataAdapter 对象的 Fill 方法填充 DataSet。

(4) 通过 GridView 控件将 DataSet 中的数据输送到表示层显示出来。

【操作步骤】

(1) 打开 Visual Studio 2010,然后新建一个 ASP. NET 网站,向 Default. aspx 页面中添加一个 GridView 控件。

(2) 在 Web. config 文件中配置数据库连接字符串,在配置节＜connectionStrings＞下添加连接字符串，代码如下：

```
< connectionStrings >
< add name = "tsdbconnection" connectionString = "server = localhost; database = 学生成绩管理数据库;
integrated security = true;" providerName = "system.data.sqlclient"/>
</connectionStrings >
```

（3）切换到 Default.aspx 的代码编辑窗口，添加必需的命名空间引用：

```
using System.Data;
using System.Data.SqlClient;
using System.Configuration;
```

添加 Page_Load 事件代码：

```
protected void Page_Load(object sender, EventArgs e)
    {
        SqlConnection conn = new SqlConnection();
        string ConnStr = ConfigurationManager.ConnectionStrings["tsdbconnection"].ToString();
        conn.ConnectionString = ConnStr;
        string Sqlstr = "select * from 学生表";
        SqlDataAdapter da = new SqlDataAdapter(Sqlstr,conn);
        DataSet ds = new DataSet();                    //创建 Dataset 对象
        da.Fill(ds);                                   //填充 Dataset 对象
        GridView1.DataSource = ds.Tables[0];
        GridView1.DataBind();
        GridView1.Caption = "<b>浏览全部记录</b>";
    }
```

任务 10.2   ASP.NET＋SQL Server 2008 实现对学生信息的管理

本案例利用 ASP.NET＋SQL Server 2008 数据库实现对学生成绩管理数据库的学生信息管理。功能包括查询学生、添加学生、编辑学生信息和删除学生信息。

实例效果：

学生信息查询页面效果，如图 10-19 所示。

图 10-19　学生查询页面

输入学号，可以进行学生信息的精确查询，如图 10-20 所示。

输入学生姓名，可以按照姓名进行学生信息的模糊查询，如图 10-21 所示。

单击"添加"按钮，跳转到添加学生信息页面，可以添加学生信息，如图 10-22 所示。

图 10-20　按照学号进行查询

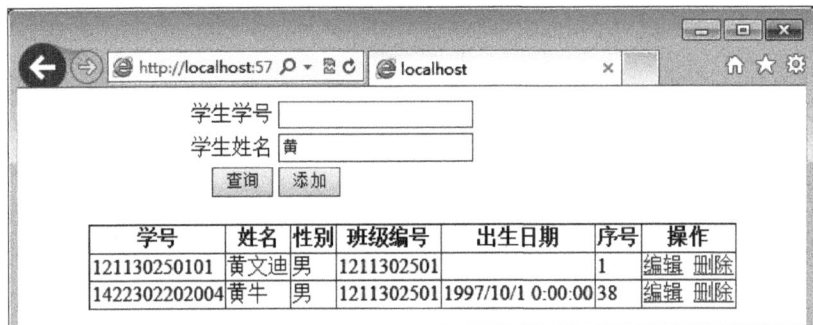

图 10-21　按照姓名进行模糊查询

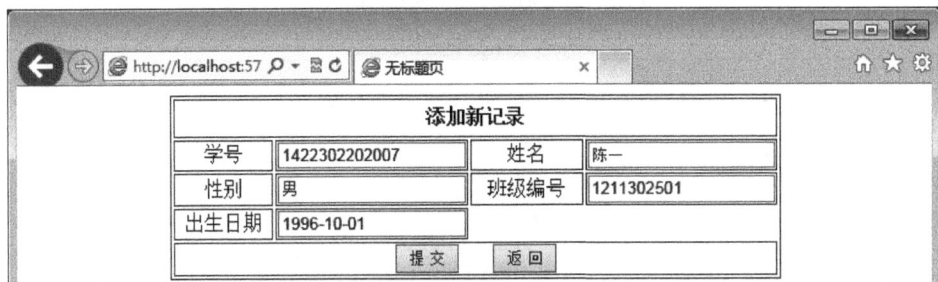

图 10-22　添加学生信息

单击"提交"按钮,完成学生信息的添加,如图 10-23 所示。

单击"返回"按钮,跳转到查询学生信息页面,可以查询刚刚添加的学生信息,如图 10-24 所示。

单击某学生信息的"编辑"按钮,跳转到编辑学生信息页面,在文本框中显示学生原本的信息,如图 10-25 所示。

可以按需要在文本框中修改和编辑学生信息,如图 10-26 所示。

单击"提交"按钮,完成学生信息的编辑,如图 10-27 所示。

单击"返回"按钮,跳转到查询学生信息页面,可以查询刚刚编辑完的学生信息,如图 10-28 所示。

单击某学生信息的"删除"按钮,可以将该学生的信息从数据库中删除,如图 10-29

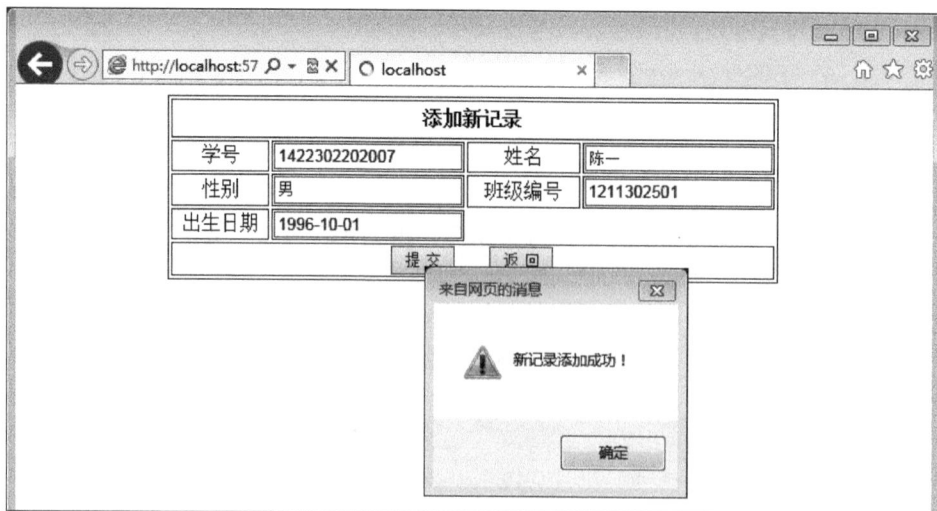

图 10-23　完成添加学生信息

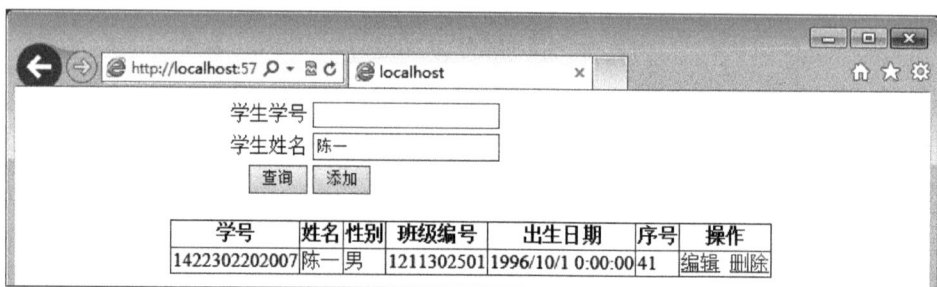

图 10-24　查询添加的学生信息

图 10-25　编辑学生信息

所示。

学生信息管理任务设计过程如下。

【操作步骤】

（1）打开 Visual Studio 2010，然后新建一个 ASP.NET 网站，添加三个 Web 窗体，查询.aspx（查询学生信息）、添加.aspx（添加学生信息）、编辑.aspx（编辑学生信息）。

（2）在 Web.config 文件中配置数据库连接字符串，在配置节＜connectionStrings＞下

图 10-26 修改学生信息

图 10-27 完成学生信息的编辑

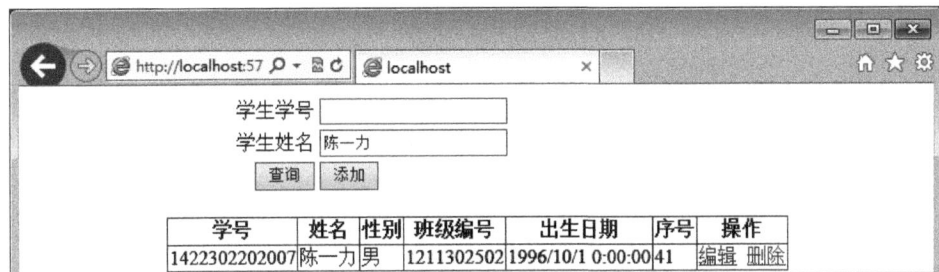

图 10-28 查询编辑后的学生信息

添加连接字符串,代码如下:

```
<connectionStrings>
<add name = "tsdbconnection" connectionString = "server = localhost;database = 学生成绩管理数
据库;integrated security = true;" providerName = "system.data.sqlclient"/>
    </connectionStrings>
```

（3）对查询.aspx进行界面设计。控件包括：两个TextBox、两个Button、两个LinkButton
和一个GridView,界面设计如图10-30所示。

成绩管理系统数据库应用程序设计

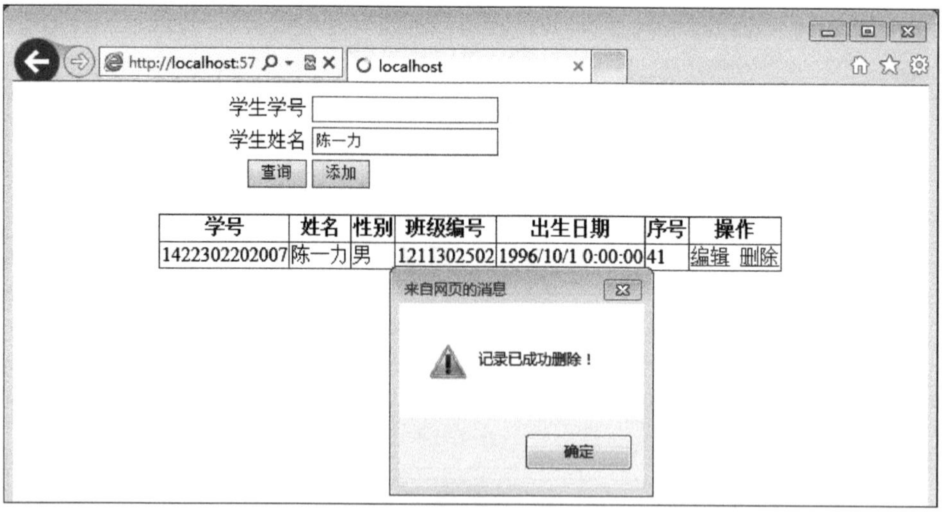

图 10-29　删除学生信息

图 10-30　查询.aspx 界面设计

具体代码如下：

```html
< html xmlns = "http://www.w3.org/1999/xhtml">
< head runat = "server">
    <title></title>
    < style type = "text/css">
        .style1
        {
            width: 100 % ;
        }
    </style>
</head>
< body>
    < form id = "form1" runat = "server">
    < div>

        < table class = "style1">
            < tr>
                < td>
                     </td>
```

```
                    <td>
                         </td>
                    <td align = "right">
                        学生学号</td>
                    <td>
                        <asp:TextBox ID = "TextBox1" runat = "server"></asp:TextBox>
                    </td>
                    <td>
                         </td>
                    <td>
                         </td>
                </tr>
                <tr>
                    <td>
                         </td>
                    <td>
                         </td>
                    <td align = "right">
                        学生姓名</td>
                    <td>
                        <asp:TextBox ID = "TextBox2" runat = "server"></asp:TextBox>
                    </td>
                    <td>
                         </td>
                    <td>
                         </td>
                </tr>
                <tr>
                    <td>
                         </td>
                    <td>
                         </td>
                    <td align = "right">
                        <asp:Button ID = "Button1" runat = "server" onclick = "Button1_Click
"Text = "查询" />
                    </td>
                    <td>
                        <asp:Button ID = "Button2" runat = "server" onclick = "Button2_Click
"Text = "添加" />
                    </td>
                    <td>
                         </td>
                    <td>
                         </td>
                </tr>
            </table>
            <br />

            <asp:GridView ID = "GridView1" runat = "server" AutoGenerateColumns = "False"
                DataKeyNames = "studno" HorizontalAlign = "Center"
                onrowcommand = "GridView1_RowCommand">
```

```
        < Columns >
            < asp:BoundField DataField = "studno" HeaderText = "学号" ReadOnly = "True"
                SortExpression = "studno" />
             < asp:BoundField DataField = "studname" HeaderText = "姓名" SortExpression
    = "studname" />
                < asp:BoundField DataField = "studsex" HeaderText = "性别" SortExpression =
"studsex" />
                    < asp: BoundField DataField = " classid" HeaderText = " 班 级 编 号 "
SortExpression = "classid" />
                < asp:BoundField DataField = "studbirthday" HeaderText = "出生日期"
                    SortExpression = "studbirthday" />
                 < asp:BoundField DataField = "sid" HeaderText = "序号?" InsertVisible =
"False"
                    ReadOnly = "True" SortExpression = "sid" />
            < asp:TemplateField HeaderText = "操作">
                < ItemTemplate >
                    < asp:LinkButton ID = "LinkButton1" runat = "server"
                        CommandArgument = '<% # Eval("studno") %>' CommandName = "bj">
编辑</asp:LinkButton >
                         < asp:LinkButton ID = "LinkButton2" runat = "server"
                        CommandArgument = '<% # Eval("studno") %>' CommandName = "sc">
删除</asp:LinkButton >
                </ItemTemplate >
            </asp:TemplateField >
        </Columns >
    </asp:GridView >

    < br />

</div >
</form >
</body >
</html >
```

为"查询"按钮添加事件代码：

```
protected void Button1_Click(object sender, EventArgs e)
    {
        string sql = "SELECT * FROM 学生表 WHERE ";
        if (TextBox1.Text!= "")
        {
            sql += " studno LIKE'% " + TextBox1.Text + " % '";
        }
        if (TextBox2.Text!= ""&&TextBox1.Text!= "")
        {
            sql += " AND studname LIKE'% " + TextBox2.Text + " % '";
        }
        if (TextBox2.Text != "" && TextBox1.Text == "")
        {
            sql += " studname LIKE'% " + TextBox2.Text + " % '";
        }
```

```
        SqlConnection conn = new SqlConnection();
        string ConnStr = ConfigurationManager.ConnectionStrings["tsdbconnection"].ToString();
        conn.ConnectionString = ConnStr;
        SqlDataAdapter da = new SqlDataAdapter(sql, conn);
        DataSet ds = new DataSet();
        da.Fill(ds);
        GridView1.DataSource = ds.Tables[0];
        GridView1.DataBind();
    }
```

为"添加"按钮添加事件代码：

```
protected void Button2_Click(object sender, EventArgs e)
{
    Response.Redirect("添加.aspx");
}
```

添加 GridView 的 RowCommand 事件代码：

```
protected void GridView1_RowCommand(object sender, GridViewCommandEventArgs e)
    {
        if (e.CommandName == "bj")
        {
            Session["a1"] = e.CommandArgument.ToString();
            Response.Redirect("编辑.aspx");
        }
        if (e.CommandName == "sc")
        {
            string a2 = e.CommandArgument.ToString();
            SqlConnection conn = new SqlConnection();
            string ConnStr = ConfigurationManager.ConnectionStrings["tsdbconnection"].ToString();
            conn.ConnectionString = ConnStr;
            string Sqlstr = "select * from 学生表 where studno = '" + a2 + "'";
            SqlDataAdapter da = new SqlDataAdapter(Sqlstr, conn);
            SqlCommandBuilder cb = new SqlCommandBuilder(da);
            DataSet ds = new DataSet();
            da.Fill(ds);
            ds.Tables[0].Rows[0].Delete();
            da.Update(ds);
            conn.Close();
            Response.Write("<script>alert('记录已成功删除!')</script>");
        }
    }
```

（4）对添加.aspx进行界面设计。控件包括：五个 TextBox、两个 Button。界面设计如图 10-31 所示。

具体代码如下：

```
<html xmlns = "http://www.w3.org/1999/xhtml">
<head runat = "server">
    <title>无标题页</title>
    <style type = "text/css">
```

添加新记录			
学号		姓名	
性别		班级编号	
出生日期			
	提 交	返 回	

图 10-31　添加.aspx 界面

```
        .style1
        {
            text - align: center;
            width: 91px;
        }
        .style2
        {
            height: 31px;
        }
        .style3
        {
            height: 53px;
        }
        .style4
        {
            width: 80px;
        }
    </style>
</head>
<body>
    <form id = "form1" runat = "server">
    <div>
        <table border = "1" style = "width: 500px" align = "center">
            <tr>
                <td colspan = "4" style = "text - align: center" class = "style2">
                    <strong>添加新记录</strong></td>
            </tr>
            <tr>
                <td style = "text - align: center" class = "style4">
                    学号</td>
                <td style = "width: 115px">
                    <asp:TextBox ID = "TextBox1" runat = "server"></asp:TextBox></td>
                <td class = "style1">
                    姓名</td>
                <td style = "width: 115px">
                    <asp:TextBox ID = "TextBox2" runat = "server"></asp:TextBox>
                </td>
            </tr>
            <tr>
                <td style = "text - align: center" class = "style4">
                    性别</td>
```

```
                    <td style = "width: 115px">
                        <asp:TextBox ID = "TextBox3" runat = "server"></asp:TextBox>
                    </td>
                    <td class = "style1">
                        班级编号</td>
                    <td style = "width: 115px">
                        <asp:TextBox ID = "TextBox4" runat = "server"></asp:TextBox>
                    </td>
            </tr>
            <tr>
                    <td style = "text - align: center; height: 23px;" class = "style3">
                        出生日期</td>
                    <td style = "text - align: center; height: 23px;" class = "style3">
                        <asp:TextBox ID = "TextBox6" runat = "server"></asp:TextBox>
                    </td>
            </tr>
            <tr>
                    <td style = "text - align: center; height: 23px;" class = "style3" colspan = "4">
                        <asp:Button ID = "Button1" runat = "server" OnClick = "Button1_Click"
                            Text = "提交" />
                             
                         <asp:Button ID = "Button2" runat = "server" OnClick = "Button2_Click"
Text = "返回" /></td>
            </tr>
        </table>
        <br />
        <br />

    </div>
    </form>
</body>
</html>
```

为"提交"按钮添加事件代码：

```
protected void Button1_Click(object sender, EventArgs e)
    {
        SqlConnection conn = new SqlConnection();
        string ConnStr = ConfigurationManager.ConnectionStrings["tsdbconnection"].ToString();
        conn.ConnectionString = ConnStr;
        string Sqlstr = "select * from 学生表";
        SqlDataAdapter da = new SqlDataAdapter(Sqlstr, conn);
        SqlCommandBuilder cb = new SqlCommandBuilder(da);
        DataSet ds = new DataSet();
        da.Fill(ds);
        DataRow newrow = ds.Tables[0].NewRow();
        newrow["studno"] = TextBox1.Text;
        newrow["studname"] = TextBox2.Text;
        newrow["studsex"] = TextBox3.Text;
        newrow["classid"] = TextBox4.Text;
        newrow["studbirthday"] = TextBox6.Text;
```

成绩管理系统数据库应用程序设计

```
ds.Tables[0].Rows.Add(newrow);
da.Update(ds);
conn.Close();
```
Response.Write("<script language=javascript>alert('新记录添加成功!')</script>");
```
}
```

为"返回"按钮添加事件代码：

```
protected void Button2_Click(object sender, EventArgs e)
{
    Response.Redirect("查询.aspx");
}
```

（5）对编辑.aspx进行界面设计。控件包括：五个 TextBox、两个 Button。界面设计如图 10-32 所示。

图 10-32 编辑.aspx 界面

具体设计代码如下：

```
<html xmlns="http://www.w3.org/1999/xhtml">
<head runat="server">
    <title>无标题页</title>
    <style type="text/css">

        .style2
        {
            height: 31px;
        }
        .style1
        {
            text-align: center;
        }
        .style3
        {
            height: 41px;
        }
    </style>
</head>
<body>
    <form id="form1" runat="server">
```

```
< div style = "height: 241px">
    < table border = "1" style = "width: 500px" align = "center">
        < tr >
            < td colspan = "4" style = "text - align: center" class = "style2">
                < strong >修改记录</strong ></td >
        </tr >
        < tr >
            < td style = "text - align: center" class = "style4">
                学号</td >
            < td style = "width: 115px">
                < asp:TextBox ID = "TextBox1" runat = "server"></asp:TextBox ></td >
            < td class = "style1">
                姓名</td >
            < td style = "width: 115px">
                < asp:TextBox ID = "TextBox2" runat = "server"></asp:TextBox >
            </td >
        </tr >
        < tr >
            < td style = "text - align: center" class = "style4">
                性别</td >
            < td style = "width: 115px">
                < asp:TextBox ID = "TextBox3" runat = "server"></asp:TextBox >
            </td >
            < td class = "style1">
                班级编号</td >
            < td style = "width: 115px">
                < asp:TextBox ID = "TextBox4" runat = "server"></asp:TextBox >
            </td >
        </tr >
        < tr >
            < td style = "text - align: center; height: 23px;" class = "style3">
                出生日期</td >
            < td style = "text - align: center; height: 23px;" class = "style3">
                < asp:TextBox ID = "TextBox6" runat = "server"></asp:TextBox >
            </td >
        </tr >
        < tr >
            < td style = "text - align: center; height: 23px;" class = "style3" colspan = "4">
                < asp:Button ID = "Button1" runat = "server" OnClick = "ButtonSubmit_
Click"
                    Text = "提交" />
                     
                < asp:Button ID = "Button2" runat = "server" OnClick = "ButtonBack_Click"
Text = "返回" /></td >
        </tr >
```

```
</table>
< br />
< br />
< br />
```

```
</div>
</form>
</body>
</html>
```

添加 Page_Load 事件：

```
protected void Page_Load(object sender, EventArgs e)
    {
        if (!IsPostBack)
        {
            SqlConnection conn = new SqlConnection();
            string ConnStr = ConfigurationManager.ConnectionStrings["tsdbconnection"]
.ToString();
            conn.ConnectionString = ConnStr;
            string SqlStr = "select * from 学生表 where studno = '" + Session["a1"]
.ToString() + "'";
            SqlCommand com = new SqlCommand();
            com.Connection = conn;
            com.CommandText = SqlStr;
            SqlDataAdapter da = new SqlDataAdapter();
            da.SelectCommand = com;
            DataTable dt = new DataTable();
            da.Fill(dt);                              //填充 dt
            DataRow MyRow = dt.Rows[0];               //从数据表中提取第 0 行
            TextBox1.Text = MyRow["studno"].ToString();
            TextBox2.Text = MyRow["studname"].ToString();
                                              //从行中提取字段值,并赋值给文本框
            TextBox3.Text = MyRow["studsex"].ToString();
            TextBox4.Text = MyRow["classid"].ToString();
            TextBox6.Text = MyRow["studbirthday"].ToString();
            conn.Close();
        }
    }
```

添加"提交"按钮事件代码：

```
protected void ButtonSubmit_Click(object sender, EventArgs e)
    {
        SqlConnection conn = new SqlConnection();
        string ConnStr = ConfigurationManager.ConnectionStrings["tsdbconnection"].ToString();
        conn.ConnectionString = ConnStr;
        string SqlStr = "select * from 学生表 where studno = '" + TextBox1.Text + "'";
        SqlDataAdapter da = new SqlDataAdapter(SqlStr, conn);
        SqlCommandBuilder cb = new SqlCommandBuilder(da);
```

```
        DataSet ds = new DataSet();
        da.Fill(ds);
        ds.Tables[0].Rows[0]["studno"] = TextBox1.Text;
        ds.Tables[0].Rows[0]["studname"] = TextBox2.Text;
        ds.Tables[0].Rows[0]["studsex"] = TextBox3.Text;
        ds.Tables[0].Rows[0]["classid"] = TextBox4.Text;
        ds.Tables[0].Rows[0]["studbirthday"] = TextBox6.Text;
        da.Update(ds);
        conn.Close();
    Response.Write("<script>alert('记录更新成功!');</script>");
    }
```

添加返回按钮事件代码：

```
protected void ButtonBack_Click(object sender, EventArgs e)
{
    Response.Redirect("查询.aspx");
}
```

小　　结

从 SQL Server 数据库服务器中获取数据，并通过网页形式发布这些数据是商务网站的主要工作方式之一，由此形成了数据网页。

本次任务讲解了利用 ASP. NET 操纵 SQL Server 2008 数据库的技术，重点讲解 ADO. NET 对象中的 SqlConnection 对象、SqlCommand 对象、SqlDataReader 对象、DataAdapter 对象和 DataSet 对象，还讲解了数据库数据前台显示控件 GridView，并且每个知识点都通过实例来分析讲解。完成任务十后，能掌握 ASP. NET 数据库操作技术。

动 手 实 践

实训目的

(1) 掌握使用 SqlConnection 对象连接 SQL Server。
(2) 掌握使用 SqlCommand 对象操作数据库。
(3) 掌握 SqlDataReader 对象的应用方法。
(4) 掌握 SqlDataAdapter 对象和 DataSet 对象的应用。
(5) 掌握常用的数据绑定控件。

实训内容

(1) 使用 Command 对象查询课程表中的记录，如图 10-33 所示。
(2) 使用 DataSet 对象实现为班级表添加新记录，界面如图 10-34 所示，在文本框中填入班级信息，如图 10-35 所示，提交完成新记录的添加，如图 10-36 所示。

图 10-33　查询课程表

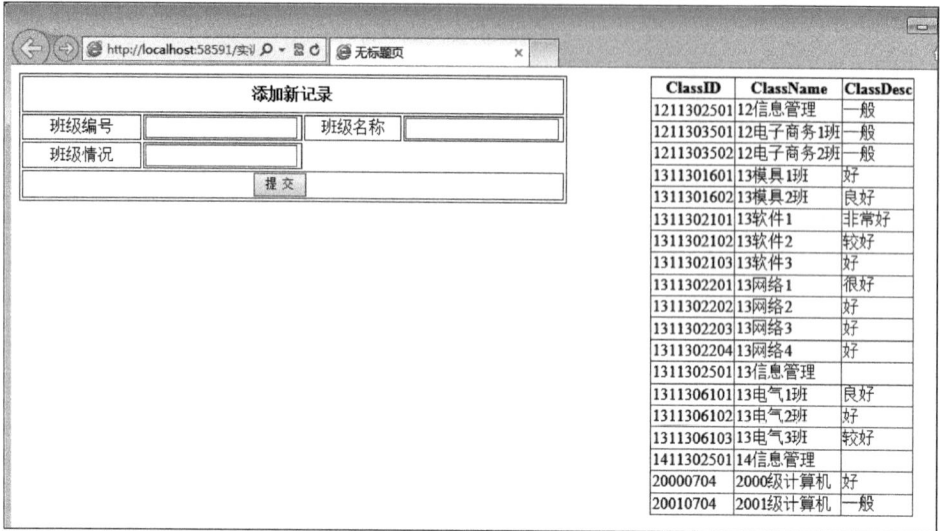

图 10-34　班级表添加新记录界面

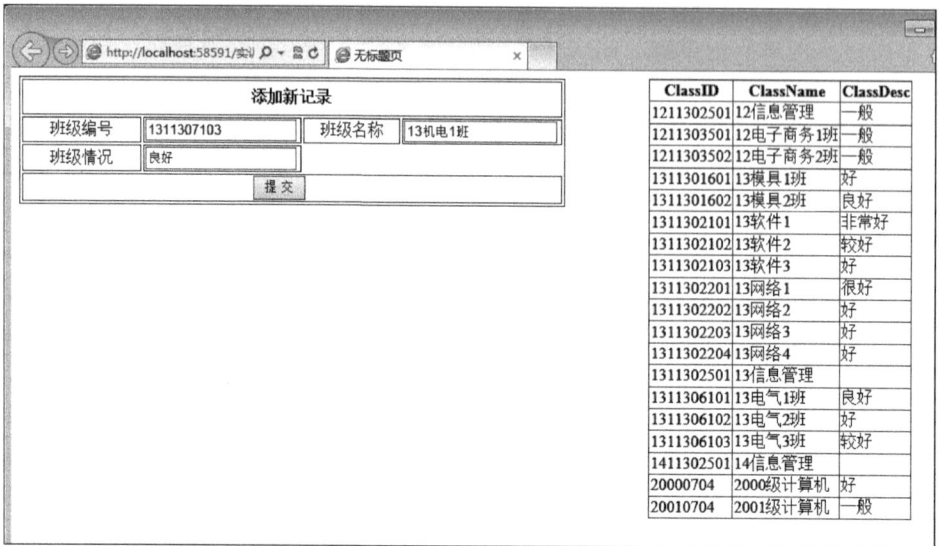

图 10-35　填入班级信息

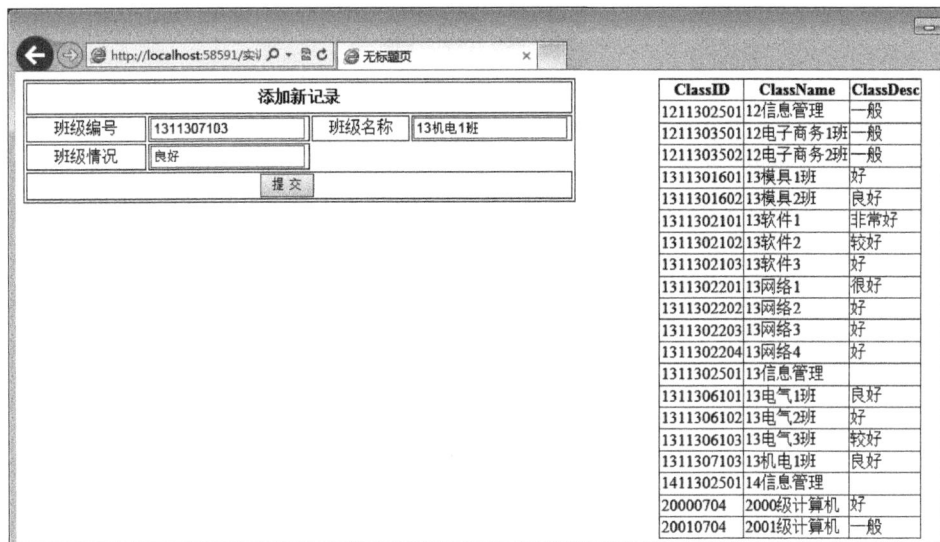

图 10-36　完成新记录的添加

成绩管理系统数据库应用程序设计

参 考 文 献

[1] 鲁宁.数据库原理与应用[M].四川:西南交通大学出版社,2010.

[2] 文东,赵俊岚.数据库系统开发基础与项目实训[M].北京:北京科海电子出版社,2009.

[3] 软考新大纲组研究组.软件设计师考试考眼分析与样卷解析[M].北京:机械工业出版社,2012.

[4] 尹志宇,郭晴.数据库原理与应用教程[M].北京:清华大学出版社,2013.

[5] 孙风庆,于峰.SQL Server 2008 数据库原理及应用[M].北京:北京邮电大学出版社,2012.

[6] 赵增敏,王庆建,米旭.SQL Server 7.0 实用教程[M].北京:电子工业出版社,2001.